Ecohéroes

CARLOS FRESNEDA

ECOHÉROES

100 voces por la salud del planeta

RBA

© del texto: Carlos Fresneda Puerto, 2020.
© de esta edición: RBA Libros, S. A., 2020.
Avda. Diagonal, 189 - 08018 Barcelona.
rbalibros.com

Primera edición: octubre de 2020.

REF.: ONFI298
ISBN: 978-84-9187-568-0
DEPÓSITO LEGAL: B.13.021-2020

GRAFIME • PREIMPRESIÓN

Impreso en España • *Printed in Spain*

Queda rigurosamente prohibida sin autorización por escrito del editor cualquier forma de reproducción, distribución, comunicación pública o transformación de esta obra, que será sometida a las sanciones establecidas por la ley. Pueden dirigirse a Cedro (Centro Español de Derechos Reprográficos, www.cedro.org) si necesitan fotocopiar o escanear algún fragmento de esta obra (www.conlicencia.com; 91 702 19 70 / 93 272 04 47).
Todos los derechos reservados.

PARA ALBERTO,
SIEMPRE VIVO EN MÍ,
POR MOSTRARME EL CAMINO DEL AMOR
Y LA PERSISTENCIA.

Cambia lo superficial,
cambia también lo profundo,
cambia el modo de pensar;
cambia todo en este mundo.

MERCEDES SOSA,
«Todo cambia»

CONTENIDO

Prólogo. *Lo impensable*   15

1. CIUDADES

Otra manera de «convivir»	23
El efecto Copenhague	29
Acupuntura urbana	35
El proyecto Mannahatta	41
El apicultor entre rascacielos	47
¡Bendita bicicleta!	53
Doctores contra el diésel	59
En busca de la ciudad feliz	65
Vivir en una ecoaldea	71

2. ALIMENTACIÓN

Cultiva ecológico, cultiva salud	79
El granjero en el tejado	85
¡Libertad para las semillas!	91
El planeta en el plato	97
El chef solidario y solar	103
Increíbles y comestibles	109
Saber comer	115

3. CIENCIA

Bienvenido, Mr. Gaia	123
Biofilia	129
Jane	135
Cómo evitar el colapso	141
Atrapados en el Antropoceno	147
Imitar a la naturaleza	153

4. NATURALEZA

La Madre de los Árboles	161
El Mesías de las Plantas	167
Todos los hongos son mágicos (la red de la vida)	171
El Edén más audaz	177
El hombre y la higuera	183
El portavoz del silencio	189

5. AGUA

Su Majestad de las Profundidades	195
De peces y plásticos	199
Adiós al hielo	205
Río arriba	211
La era de las ecomáquinas	217

6. CLIMA

¿Quién teme al clima extremo?	225
Greta	231
Guardianas de la Amazonia	237
El efecto invernadero en 10 minutos	243

Rebelión o extinción	249
La última frontera	255
Refugiados climáticos	261

7. ENERGÍA

Autosuficiencia conectada	269
Somos energía	275
La revolución de los «negavatios»	281
La mecánica del corazón	287
¿A qué esperamos?	293

8. ECONOMÍA

La odisea circular	301
La naturaleza tiene un precio	307
Antes del amanecer	313
La auténtica transición	319
El capitalismo del desastre	325

9. CONSUMO

Rediseñar el mundo desde la cuna	333
La historia de las cosas	339
Otra moda es posible	345
Barrios sin plásticos	351
Reparar y no desesperar	357
Simplicidad radical	363

10. EDUCACIÓN

La sabiduría de Félix	371
La naturaleza, madre y maestra	377
La utopía práctica	383
Malala	389
Educar para la vida	393

Epílogo. Bendita inquietud	399
Agradecimientos	407
Lista de ecohéroes	409

PRÓLOGO

LO IMPENSABLE

Lo impensable era que el mundo pudiera parar de pronto. Que una amenaza exterior nos obligara a ponerlo todo en suspenso y nos tuviera atrapados día y noche en nuestras propias casas. Que cerraran las oficinas, las escuelas, las tiendas, los cines, los bares. Que las ciudades se quedaran desiertas, como en una película de zombis, y que la única señal de vida fuera un puñado de seres solitarios haciendo cola ante el supermercado y guardando la distancia social de rigor.

Lo impensable era lo más parecido a una guerra, pero sin bombas cayendo del cielo. Eso sí, con trágicas letanías diarias en televisión, con eternas proclamas contra el enemigo interior, con una sensación de pánico general y un miedo más o menos inconfesable: nada volverá a ser lo mismo.

Lo impensable golpeó como un suceso traumático, como una muerte en el seno de la familia, multiplicado por mil, por millones, y extendido durante meses por todo el planeta. Cada país sacó a relucir lo mejor o lo peor de sí mismo. Nuestros líderes quedaron en evidencia. A todos nos pilló desprevenidos.

Fue una emergencia sanitaria, pero podía haber sido una emergencia climática o una crisis energética. La epidemia del Coronavirus sirvió para demostrar que no estamos preparados para un impacto, que no sabemos plantarle cara a la adversidad, que puntuamos cero en esa cualidad tan básica para la supervivencia que es la resiliencia.

Lo impensable nos ha obligado a repensarlo todo. Efectivamente, nada volverá a ser igual. Estamos pasando por un doloroso período de ajuste en el que tendremos que evaluar nuestra situación. El impacto económico tras la crisis sanitaria nos puede llevar a la parálisis o puede servir de revulsivo para acometer los cambios inaplazables. Superado el miedo inicial, el cuerpo y la mente nos piden «un nuevo principio».

A la salida del túnel, hemos descubierto que todo o casi todo se había quedado ya obsoleto: de los hábitos de trabajo a la manera de movernos. Las oficinas ya no son lo que eran, el coche ha envejecido en el garaje. Hemos vuelto a respirar a pleno pulmón y a descubrir lo que es una ciudad libre de humos. Hemos decidido no contribuir a ese enemigo público que es la contaminación y a reclamar un medio ambiente sano.

Durante la cuarentena aprendimos a vivir dentro de unos límites, y en la vuelta a la normalidad hemos tomado probablemente la decisión de no pisar un centro comercial y volver a comprar en las tiendas del barrio. Lo que antes valía ya no vale: hemos cambiado también nuestros hábitos alimenticios, nos hemos vuelto más ahorradores, ya no caemos en la trampa del «usar y tirar».

Lo impensable ha servido también para imprimir un giro repentino a la economía: adiós al modelo neoliberal que había regido durante casi medio siglo. Ahora le toca al Estado recomponer las piezas y plantearse medidas como la renta básica para los ciudadanos, algo que hace unos meses parecía una solución radical. Todo huele de nuevo a «rescate», pero con la lección aprendida del 2008 se abre la oportunidad de un cambio de dirección y de una recuperación «verde».

El hundimiento del precio del petróleo se interpreta también como el ocaso de los combustibles fósiles. ¿Quién quiere volver a las ciudades contaminadas y congestionadas propias de la era a. C. (antes del Coronavirus)? ¿A qué esperamos para acelerar de una vez la transición hacia las energías limpias? ¿Por qué no aprovechar la caída de las emisiones de CO_2 para marcar la pauta en lo que queda de década? Los cambios suelen ocurrir por dos razones: por necesidad o por convicción. Lo impensable ha servido para que las dos vías se junten en este momento crucial, obligados como estamos a dar un volantazo en nuestras vidas ante esa otra amenaza invisible y a medio plazo que es el cambio climático.

Las lecciones de la epidemia pueden servirnos para aplicarlas a esta otra crisis, que es como un gigante dormido que periódicamente se despierta (recordemos que la década arrancó con los pavorosos incendios de Australia, que afectaron a una superficie superior a la de Andalucía). La sensación de urgencia global y la acción contundente de los Gobiernos se puede trasplantar también a futuras crisis.

Pero si algo quedó claro durante la epidemia es que el mundo que habíamos construido no nos vale en la era d. C. (después del Coronavirus). El año 2020 puede marcar el punto de inflexión. La experiencia ha de servir para construir economías y sociedades más resilientes, con un renovado énfasis en lo local en todas las esferas: del urbanismo a la movilidad, de la energía a la alimentación, de la producción al consumo, de la educación a la sostenibilidad.

Muchas de las soluciones se han ido gestando durante décadas en distintos lugares del planeta. Algunas de ellas las tenemos incluso a la vuelta de la esquina y ni siquiera habíamos reparado en ellas. Ha llegado tal vez el momento de conectar los puntos y hacer visible ese mundo emergente al que no suelen prestar atención los medios. Ese es el propósito de este libro.

Como escribió un grafitero anónimo en los muros de Hong Kong: «No podemos volver a la normalidad, porque la normalidad era el problema en primer lugar».

Estamos ya inmersos en la «década crítica». En los próximos diez años, la humanidad se enfrenta al reto de una transformación sin precedentes para mantener el aumento de las temperaturas por debajo de la línea roja de 1,5 grados que recomiendan los científicos. La escala y la rapidez con la que debe hacerse la transición afecta a todas y cada una de las áreas de nuestra vida.

En el arranque de la década, el grupo The Exponential Roadmap —integrado por 55 expertos internacionales en los campos más diversos— identificó hasta 36 «soluciones» para dar la vuelta a la tortilla y reducir a la mitad las emisiones de CO_2 de aquí al 2030, con la meta de llegar a la neutralidad de carbono para el 2050.

En las páginas siguientes vamos a emprender esa «hoja de ruta», recalcando la situación actual y recordando lo que nos falta. Pero más allá de los números, vamos a vislumbrar las soluciones y a conocer a sus protagonistas. Los hemos llamado ecohéroes y ecoheroínas en un reconocimiento a su labor personal, tantas veces apoyada en pequeños colectivos fieles al principio de la antropóloga estadounidense Margaret Mead: «Nunca dudes de que un pequeño grupo de ciudadanos pensantes y comprometidos puede cambiar el mundo; de hecho, siempre ha sido así».

Vamos a empezar nuestro viaje precisamente en las ciudades, donde se juega el futuro del planeta. Más de la mitad de la población mundial vive ya en los grandes núcleos urbanos, responsables del 70 por ciento de las emisiones. Ante la pasividad de los Gobiernos, la respuesta está precisamente en las ciudades que exploran «otra manera de convivir», que se renaturalizan desde dentro, que descubren las ventajas de la movilidad sin humos.

Como ha quedado de manifiesto durante la epidemia, hay que cambiar radicalmente nuestros hábitos de transporte para plantarle cara a la contaminación, el asesino invisible. La mayoría de las emisiones proviene de los viajes cortos, principalmente de los coches, que tienen los días contados dentro de la ciudad. La revolución de la micromovilidad —a pedal o eléctrica— está aquí para quedarse.

La era de los combustibles fósiles está tocando a su fin: la transición hacia las energía renovables se sigue acelerando en todo el mundo (el parón del Coronavirus no puede servir como excusa, en todo caso de acicate). La energía solar y la eólica se imponen por su propia lógica y desde lo local, al igual que la eficiencia: el poder del «negavatio».

El giro de la economía hacia la «relocalización» es inaplazable. En los últimos años se ha hablado mucho de la economía circular ante la imperiosa necesidad de reaprovechar los recursos y eliminar los residuos. Se impone un nuevo modelo de producción y consumo. Y también un nuevo propósito: una economía regenerativa y baja en carbono al servicio de las personas y del planeta, como contrapunto a la destrucción ecológica.

Sin embargo, lo más difícil de cambiar en una década, advierten los expertos, serán nuestras pautas de alimentación. Los monocultivos agrícolas y la ganadería ejercen una gran presión sobre los ecosistemas de la Tierra. Y el alto consumo de productos de origen animal ha acentuado aún más esa tendencia en lo que va de siglo. El planeta se tiene que poner a dieta, preferentemente vegetal, ecológica y local.

La Tierra ha perdido más de la mitad de su biodiversidad en los últimos cuarenta años. Y si la temperatura global aumentara más de 2 grados, un tercio de los animales y más de la mitad de las plantas estarían amenazados de extinción. La ciencia ha establecido el vínculo insoslayable entre las acciones humanas y la sexta extinción masiva, en esta época que los geólogos han rebautizado ya como el Antropoceno.

El cambio climático ha dejado de ser un concepto abstracto para convertirse en una amenaza cercana y real, y más en un país como el nuestro, donde hace falta además una cultura del agua. Nuestros recursos hídricos han caído un 20 por ciento en lo que va de siglo, y en nuestros océanos habrá más plástico que peces para el 2050 con la tendencia actual. Las alarmas sonaron en la antesala del Coronavirus, y millones de niños y adolescentes dieron al mundo una insólita lección con las huelgas climáticas. Educación y activismo han ido hermanados desde entonces y reclaman una acción política que no llega. Las pequeñas acciones diarias cuentan —como cuenta también ese cambio profundo en nuestra conciencia—, pero el impulso final hay que darlo desde arriba, y solo será posible con la presión de los ciudadanos.

Christiana Figueres, exresponsable del clima en la ONU y artífice del Acuerdo de París, rompe precisamente una lanza por el poder de la «desobediencia civil» en un libro premonitorio, *The Future We Choose* (escrito junto con Tom Rivett-Carnac). «La decisión está en manos de los políticos y la única manera de sacarles de la complacencia es reclamando una acción urgente», advierte Figueres. «Hace años podían aferrarse al argumento económico o tecnológico, pero ahora no: las energías renovables no solo son mejores para la salud del planeta, sino que además son ya más rentables».

«El período comprendido entre el 2020 y el 2030 va a tener más impacto en la Tierra que cualquier otra década en la historia», asevera Figueres, que hace una llamada al «optimismo tenaz» frente al pesimismo rampante. «Aunque nos pueda parecer un reto demasiado arduo, tenemos todas las herramientas necesarias para resolver la crisis climática. La destrucción del pasado ya está escrita, pero aún tenemos en nuestra mano la pluma que nos permitirá escribir el futuro. A partir de ahora».

1
CIUDADES

El 60 por ciento de la población mundial vivirá en las ciudades en el 2030.

Los núcleos urbanos ocupan el 3 por ciento de la superficie terrestre y son responsables del 70 por ciento de las emisiones de CO_2.

La contaminación atmosférica causa 8,8 millones de muertes prematuras al año y cayó más de un 40 por ciento en las ciudades europeas durante el confinamiento por el Coronavirus.

OTRA MANERA DE «CONVIVIR»

Somos el espacio en el que habitamos. Nunca hemos tenido esa sensación tan inquietante y profunda como en las largas semanas de cuarentena por el Coronavirus. Habituados a entrar y salir, jamás pensamos que podríamos quedar atrapados entre cuatro paredes, a solas con nuestros miedos, en una ciudad desolada que nos costaba reconocer cada vez que nos asomábamos a la ventana.

Hemos asistido a una tensión constante entre los límites de la soledad y «el despertar de lo común» que venía ya de antes, como apunta el arquitecto **Iñaki Alonso**: «Estamos entrando en un nuevo paradigma poscapitalista, más o menos catastrofista, pero seguramente transformador. En ese contexto, la arquitectura tiene mucho que decir. Como ha ido sucediendo a lo largo de la historia, la arquitectura ha sabido leer los grandes cambios de la humanidad y ha aportado soluciones a nuestras formas de vivir».

Curiosamente, la epidemia golpeó cuando faltaban pocos días para culminar el primer proyecto de *cohousing* ecológico de Madrid: Entrepatios Las Carolinas. Todo estaba listo para rematar el sueño de diecisiete familias (incluida la del propio Iñaki) que llevaban quince años esperando el momento final para ocupar sus nuevas viviendas. El confinamiento retrasó las obras, pero sirvió también de preámbulo y reflexión...

«Lo que ha cambiado es nuestro sentimiento de vulnerabilidad como sociedad», advierte Iñaki. «Eso va a tener mucho impacto en el subconsciente colectivo. Por un lado, puede generar miedo o parálisis; por otro, puede impulsar nuevos modelos como el nuestro, concebido precisamente para la construcción de comunidades proactivas que estén mejor preparadas ante contextos de crisis (climática, energética o pandémica)».

La epidemia ha servido para demostrar que «vivimos más juntos, pero con mayor grado de soledad», explica Iñaki, al frente del estudio de arquitectura sAtt. «Hay que dejar atrás el concepto modernista de la vivienda como "máquina de habitar" y pensar en las ciudades como "organismos vivos", empezando por las propias casas».

Iñaki Alonso nos propone salir de la «burbuja individualista en la que vivimos» y aplicar a las viviendas la misma «cultura colaborativa» que se ha instalado en otras esferas de nuestra vida: «Vamos a pasar del *coworking* al *cohousing*, y de ahí al *coeverything*, con un nuevo equilibrio entre lo privado y lo común».

En Entrepatios, el cambio de mentalidad empieza por el tejado... «Normalmente el ático se reserva para el vecino más rico y privilegiado. Aquí lo hemos convertido en un espacio para la comunidad, con una cocina de uso compartido, con espacios de *coworking* y con una amplísima terraza abierta para todos... Y con sitio para las placas solares de 30 kilovatios, que cubrirán la mitad de las necesidades energéticas».

Desde la soleada terraza de Entrepatios se otea a lo lejos el Pirulí y se siente muy cerca el Parque Lineal del Manzanares. Estamos en Usera, orientados hacia el sur, en este edificio de diseño bioclimático, construido principalmente con madera contralaminada y usando aislamientos de reciclado textil, que sigue los principios de la *passivhaus* para la máxima eficiencia energética.

«Ha sido una larga lucha hasta lograr hacer las cosas de un modo diferente y concebir un tipo de vivienda más respetuosa con el medio ambiente y también más coherente con los valores sociales de quienes nos disponemos a habitarla», comenta Iñaki mientras recorre los pasillos exteriores al estilo corrala para facilitar la relación entre los vecinos y el crecimiento de una cubierta vegetal con jardineras y celosías.

«Lo que queremos es crear un modelo de vivienda ajustada a los tiempos en que vivimos y apoyada en tres pilares: el ambiental, el social y el económico», recalca este arquitecto madrileño de cuarenta y nueve años. La economía de triple balance y el modelo circular, de total reaprovechamiento de los recursos, son otros de los principios que inspiran Entrepatios, donde se ha introducido una herramienta innovadora —el Ecómetro— para calcular la huella ecológica del edificio en todo su ciclo de vida.

«Hemos logrado reducir el impacto del edificio sobre el cambio climático en un 39 por ciento con respecto a un bloque de ladrillo y hormigón», señala Iñaki. «El consumo de energía es notablemente menor: la factura de la luz va a ser de 20 a 25 euros por vecino. Y eso por no hablar de cómo se ha simplificado el proceso productivo, armando básicamente el edificio como un mecano».

Más allá de las opciones antitéticas de comprar o alquilar, Entrepatios funciona en régimen de «cesión de uso». La noción de cooperativa ecosocial introduce elementos del «procomún» y supone una implicación más directa y participativa de los vecinos... «El pánico a las reuniones de la comunidad desaparece en cuanto descubrimos que es posible vivir de otra manera compartiendo espacios y usos».

La «diferencia» salta a la vista, con esa fachada «amable» y cálida de las diecisiete viviendas dispuestas en tres pisos, en contraste con el ladrillo de la periferia madrileña. Entrepatios, que recibió el Premio Europa de Vivienda Cooperativa en el 2019, es al fin y al cabo la primera «pica» de lo que ya se llama Distrito Natural: la red de coviviendas ecológicas de «cero emisiones», con diez proyectos en el Madrid periférico.

«La experiencia acumulada nos va a permitir culminar a partir de ahora los proyectos en dos años, entre permisos y construcción», advierte Iñaki Alonso. «Hemos demostrado que otra manera de construir y convivir es posible».

Más allá de su faceta como arquitecto, Iñaki Alonso ha sido un auténtico dinamizador de la cultura de Madrid (con el Teatro del Barrio) y de la economía alternativa (es cofundador de SANNAS, la red de empresas sociales «con ánimo de cambio»). Su visión de futuro va más allá con el proyecto Madrid Transita, convencido como está de que nos encontramos «en una era de cambio que podemos comparar con el Renacimiento, con un planeta en crisis y con el protagonismo renovado de las ciudades».

«Debemos superar el modelo de ciudad del siglo XX, excesivamente zonificada e insostenible, pensada para el coche y la energía fósil y barata», afirma Iñaki. «Tenemos que transitar hacia un modelo más compacto y complejo donde las viviendas sean capaces de producir tanta energía como consumen, de reciclar sus propias aguas y aprovechar sus residuos orgánicos, de contar con espacios comunes donde se crean relaciones y se construye vida. Ciudades resilientes ante las crisis energéticas, los cambios climáticos y otras "agresiones" que podamos sufrir en el futuro».

• • •

Resistencia ante la adversidad. Capacidad de adaptación a los cambios. Flexibilidad ante una situación límite. Habilidad para sobreponerse y salir fortalecidos ante una crisis... Todo eso y mucho más es la «resiliencia», un término que tiene su origen en la psicología y en la ingeniería y que en las últimas décadas se ha extendido a la ecología, la economía o el urbanismo.

Resiliencia deriva del latín «resilio», que significa «rebotar o volver hacia atrás». Aplicada a la resistencia de materiales, se refiere a la capacidad para recobrar la forma original después de un impacto o un esfuerzo. En el terreno personal es más bien la capacidad de sobreponerse a una pérdida o a una experiencia traumática.

El epicentro de ese emergente campo de las ciencias sociales se encuentra en los países nórdicos, en el Centro para la Resiliencia de Estocolmo (SRC), pionero de la idea de los «límites planetarios». Desde su creación en el 2007, el SRC se ha convertido en la referencia mundial gracias a la labor de científicos «transdisciplinarios» como Johan Rockström o **Carl Folke.**

Folke se siente deudor del visionario C. S. Holling, el primero en tender puentes en los años setenta entre la ecología y la economía, hasta entonces dos disciplinas prácticamente incompatibles. «La resiliencia refleja la habilidad de la gente, de las sociedades y de las culturas para adaptarse a un entorno siempre cambiante», advierte Folke. «Trasladado al contexto de las ciudades, se trata de la capacidad para hacer frente a los cambios, tanto los que se esperan en el futuro como los que sobrevienen de una manera abrupta».

«Resiliencia es persistencia, adaptabilidad e innovación», recalca el investigador sueco. «En algunos campos, la resiliencia se entiende de una manera estrecha, de vuelta a la normalidad o al equilibrio después de una perturbación... En el caso de los ecosistemas, la clave está, sin embargo, en la evolución y el dinamismo, en la proyección hacia el futuro».

Ciudades compactas, con amplias zonas peatonales y redes de comunicación eficientes, con fuertes lazos sociales en las comunidades y en los barrios, con una sólida economía local y con autosuficiencia energética, con redes de huertos urbanos y periurbanos, con tejados verdes que capten el agua de la lluvia y con barreras naturales contra los riesgos de inundaciones...

La ONU (a través del Programa de Ciudades Resilientes) y la Unión Europea (con el proyecto H2020 RESCCUE) se han puesto manos a la obra. Barcelona, Bristol y Lisboa fueron elegidas como ciudades «piloto» por su cercanía a la costa y por su especial vulnerabilidad ante las precipitaciones. La situación límite que vivimos en el arranque de la década nos debe servir como lección: las ciudades necesitan conocerse mejor a sí mismas, con la complicidad y la participación de todos los ciudadanos.

EL EFECTO COPENHAGUE

¿Por qué no hay más ciudades como Copenhague? ¿Por qué persiste ese temor a quitarle el espacio al coche? ¿Por qué no dar prioridad a los peatones y a los ciclistas y crear de paso espacios urbanos más vivibles y respirables?

Todas esas preguntas se las lleva haciendo desde hace más de una década **Mikael Colville-Andersen**, artífice de un proyecto (Copenhagenize) cuyo propósito manifiesto es «viralizar» el modelo danés. Pues resulta que los 600.000 habitantes de Copenhague pedalean cada día 1.340.000 kilómetros, suficientes para dar 31 vueltas a la Tierra (o para viajar más de tres veces a la Luna).

Las mujeres llevan la delantera: no hay más que comprobarlo en hora punta a lo largo de Gothersgade. Aquello es lo más parecido a «un ballet de transporte orgánico», en palabras de Colville-Andersen, que se pasó meses fotografiando el desfile incesante de ciclistas urbanas. Su blog, «Cycle Chic», se convirtió en un fenómeno mundial y fue replicado en más de doscientas ciudades del mundo.

«Todo esto ocurría en el 2007, cuando ver a una mujer o a un hombre bien vestidos en bicicleta era poco menos que una rareza», recuerda Mikael. «Mi objetivo era demostrar que no había que vestirse de licra ni lanzarse como un kamikaze para avanzar entre los coches. Copenhague y Ámsterdam llevaban tiempo marcando el camino: la bicicleta no es solo el método de transporte más "chic", sino también el más limpio, el más económico y el más saludable».

¡COPENHAGUÍZATE! es la consigna que lanza ahora Colville-Andersen en su nueva empresa social, desde la que asesora a una larga veintena de ciudades para facilitar la transición hacia las dos ruedas... «Es inútil convencer a la gente de que utilice la bici para salvar el planeta. Lo mejor es hacerles ver que es el sistema más eficiente y efectivo. Así es como ha avanzado Copenhague: las batallas ecologistas quedaron atrás, lo que priman ahora son los datos. Cada kilómetro en bici le supone un ahorro de 24 céntimos a la economía local y de un euro en gastos de salud».

Más datos: el 62 por ciento de los vecinos de Copenhague pedalean de la casa al trabajo, como lo hacen también el 63 por ciento de los diputados. Nueve de cada diez daneses tiene una bicicleta, frente a cuatro de cada diez que tienen coche. Más de 600 tiendas forman el ecosistema local de las dos ruedas. Se destinaron unos 268 millones de euros en cinco años a 338 proyectos de infraestructura para bicicletas, incluidos los nuevos puentes de Cykelslangen o el Inderhavnsbroen (entre la legendaria «ciudad libre» de Christiania y el emblemático Nyhavn), que han catapultado la movilidad urbana a otra dimensión.

«Muchas ciudades optan por construir tímidamente carriles bici en vez de apostar por una red integrada, y eso es como dejar a los ciclistas nadando entre los tiburones, que son los coches», apunta Mikael. «Madrid sigue siendo uno de los agujeros negros de la bici en Europa. Sevilla, que saltó del 0 por ciento al 7 por ciento en muy poco tiempo, no ha seguido avanzando como cabía esperar. Barcelona ha cometido errores, como meter la bici en los bulevares quitando sitio al peatón, que es lo último que se debe hacer».

Después de pedalear por 65 ciudades del mundo, Colville-Andersen ha condensado toda su experiencia en una guía global del ciclismo urbano que es también un homenaje a su ciudad adoptiva (nació en Canadá, pero sintió la llamada de sus ancestros daneses). «La bici forma ya parte de nuestra cultura y está aquí para quedarse», asegura. «Después de un siglo de confusión urbana, ha llegado el momento de limpiar nuestras calles con esta herramienta impagable. Necesitamos actuar para salvar nuestras ciudades, y la mejor manera de hacerlo es planificando para permitir que la bici avance».

Papeleras inclinadas para que los ciclistas «encesten» sobre la marcha. Barandillas para poder apoyarse en los semáforos. Aparcamientos para las bicis de carga familiares... El paisaje urbano de Copenhague se ha ido adaptando a lo que otro conocido vecino local, **Meik Wiking**, llama «la felicidad de las pequeñas cosas».

«Los ciclistas de Copenhague no somos tratados como ciudadanos de segunda, sino como los auténticos reyes y reinas del asfalto», asegura Wiking, que pedalea casi todos los días desde su casa hasta el espacio de *coworking* donde tiene su sede el Instituto de Investigación de la Felicidad, junto al lago que bordea el distrito de Nørrebro.

«El uso extendido de la bici es la principal razón por la que Copenhague puntúa siempre tan alto en los rankings de bienestar urbano», sostiene Wiking, embajador mundial del *hygge* y el *lykke* (los dos conceptos vinculados al «buen vivir» a la danesa). «En otras ciudades falta imaginación y coraje, y sobran excusas como decir "tenemos muchas cuestas" o "hace mucho frío". Las dos ruedas tienen para nosotros una connotación de libertad, salud e independencia».

«La bicicleta tiene además otra gran virtud: nos iguala a todos», concluye Wiking. «La auténtica *smart city* es la ciudad social, con espacios para la mayor interacción entre la gente. Si a todo esto le añadimos los miniparques urbanos, los tejados verdes y la meta de ser neutral en carbono para el 2025, tenemos ya el cuadro casi completo. Copenhague no es la utopía, pero está marcando el camino al futuro de las ciudades».

Digamos que Copenhague pisó el freno a tiempo cuando en las grandes ciudades americanas y europeas se impuso la tiranía del coche. Frente al ímpetu de la máquina y el «modernismo», el arquitecto **Jan Gehl** reivindicó las ciudades para las personas, y la dimensión humana y la movilidad activa, tan palpables en la capital danesa. «Todos los retos del siglo XXI se dan de pronto la mano en las ciudades», recalca Gehl. «Y es ahora, pese a todas las resistencias que hubo en su día, cuando salta a la vista el gran esfuerzo realizado por Copenhague al reestructurar su red vial, relegar cada vez más el coche y ganar espacio para los peatones y las bicicletas. Y al ponérselo cada vez más fácil a los vecinos que reclaman el tránsito hacia una ciudad más sostenible y saludable».

• • •

Monopatines, patinetes eléctricos, monociclos equilibrados, *ninebots*, *hoverboards*, *ebikes*, bicicletas plegables... Una revolución cada vez más visible se está cociendo en el asfalto de nuestras ciudades. Las nuevas formas de micromovilidad reclaman su espacio, mientras que el coche se bate inevitablemente en retirada.

«La congestión y la combustión son los dos grandes enemigos de las ciudades», recalca el sudafricano **Ross Douglas**, fundador del festival Autonomy en París. «Durante el último siglo, las ciudades se han adaptado a los coches, y ahora toca dar la vuelta a la ecuación: nuestras calles tendrán que cambiar para adaptarse a la movilidad que viene».

Autonomy surgió precisamente de una experiencia personal: el contraste que el propio Douglas experimentó al viajar en coche por algunas de las ciudades más congestionadas del mundo y pedalear acto seguido en Copenhague...

«Hemos ido aumentando el espacio para el coche privado como si fuera lo más normal. Hemos convertido las ciudades en gigantescos aparcamientos. Los coches se mueven el 5 por ciento de su tiempo y el resto lo pasan ocupando nuestras calles. Nos hemos resignado a cederles el paso y tragarnos la contaminación como algo inevitable».

Bajo la consigna ¡LIBERTAD, IGUALDAD, MICROMOVILIDAD!, París tomó la delantera en el 2016 con el primer festival Autonomy en el espacio futurista de La Villette, en tándem con OuiShare, la plataforma de la economía colaborativa... «La bici compartida fue el primer gran paso. El *smartphone* fue el siguiente peldaño. La fusión de la movilidad y la tecnología digital nos está permitiendo cosas impensables hace unos años».

«La movilidad a la carta se están imponiendo por puro sentido común», señala Ross. «Desplazarse en un coche privado de más de 1.000 kilos y echando humo para cubrir un trayecto de 3 kilómetros en la ciudad ya no tiene sentido. Las calles se están llenando de patinetes eléctricos por una sencilla razón: la gente reclama una manera más limpia y efectiva de moverse. Nuestras ciudades tendrán que hacer sitio a los patinetes del mismo modo que lo hicieron con las bicicletas, pero más rápido y a una escala mayor».

Más de cien expositores convergen todos los años en Autonomy, el mayor muestrario de la micromovilidad que viene. Allí asistimos al lanzamiento del patinete eléctrico plegable Egret, del Futurio X, del Mini Citysurfer o del BMW X2 City... Los fabricantes de automóviles han entrado ya en la rueda, y Uber, Alphabet, Lime y otros gigantes de la movilidad se están encaminando en la dirección de los ya bautizados como vehículos de movilidad personal (MVP).

«El coche autónomo, eléctrico y compartido va a cambiar también el modo de movernos», concluye Douglas Ross. «Pero las ciudades van a seguir levantando barreras al tráfico rodado y ganando espacio para la micromovilidad después de este período inevitable de fricción que hemos atravesado. Al final se impondrá aquello de dos ruedas mejor que cuatro».

ACUPUNTURA URBANA

Peatonalizar una calle. Ajardinar una plaza. Poner un museo en una zona degradada. Abrir un teatro en una vieja cantera... Son acciones de «acupuntura urbana» que cambian la energía de una ciudad. «Pinchazos» puntuales que conviene además hacer rápido para que surtan efecto. Ya habrá tiempo luego para «ajustar».

Con esa filosofía, el arquitecto **Jaime Lerner** logró darle la vuelta en poco tiempo a Curitiba, a medio camino entre São Paulo y Porto Alegre. Lo que en los años sesenta era una de tantas ciudades-dormitorio brasileñas, asediada en la periferia por las favelas y congestionada en el centro por el tráfico, se ha convertido en el referente mundial de «sostenibilidad, movilidad y tolerancia», como le gusta decir a su hijo ilustre.

Lerner recuerda cómo llegó a la alcaldía de la ciudad a dedo y durante la dictadura militar en 1971. El tiempo apremiaba: igual que le pusieron le podían quitar. Con esa sensación de urgencia, junto a un equipo de «jóvenes comunistas» del Institute for Research and Urban Planning of Curitiba, desplegó el plano de la ciudad y sacó sus «agujas».

En pleno proceso de «ensanchamiento» de las calles para hacer sitio a los coches, Lerner decidió llevar la contraria: «Cuando se amplían las calzadas, se estrecha la mentalidad». Su primer objetivo fue peatonalizar la Rua XV de Novembro. Los vecinos y los comerciantes se le echaron encima, pero él siguió adelante con sus planes. Tuvo además la osadía de hacerlo en 72 horas para evitar una insurrección popular. Casi medio siglo después, la *rua* es el corazón palpitante de Curitiba.

«La ciudad no es el problema, la ciudad es la solución», insiste Lerner. «Tenemos que reinventar el modo en que vivimos, pero tenemos que hacerlo rápido. El cambio climático está ocurriendo, y nosotros somos en gran parte culpables. Hay que buscar alternativas y ponerlas en práctica en las ciudades, sin perder el tiempo, aprendiendo mientras lo haces y rectificando sobre la marcha si hiciera falta».

Soñador y pragmático a partes iguales, Jaime Lerner fue también el artífice del «sistema de autobuses rápidos» (BRT). Cien veces menos costoso que el metro, se extiende por un circuito de carriles de uso exclusivo y se accede directamente a él mediante estaciones tubo que permiten agilizar el pago y minimizar el tiempo de parada. El 85 por ciento de los casi 2 millones de habitantes de Curitiba utilizan regularmente el BRT, replicado en más de 300 ciudades (como el TransMilenio de Bogotá, sin ir más lejos).

Otro de los empeños de Lerner fue reverdecer su ciudad, hasta llegar a los 60 metros cuadrados de áreas verdes por habitante, gracias a acuerdos con las grandes familias terratenientes para ganar espacio público. Las ovejas «cortan» ahora el césped en los parques, y los estanques se han convertido en una red natural para prevenir las inundaciones, como puede apreciarse en *A Convenient Truth: Urban Solutions from Curitiba, Brazil*, el documental dirigido por Giovanni Vaz Del Bello y producido por Maria Terezinha Vaz.

La ciudad brasileña fue también pionera del reciclaje, implicando a los ciudadanos como *carinheiros* en un programa que facilita transporte y comida gratis a quienes cooperan en la recogida y separación de residuos. Fue una de las primeras ciudades en llegar a una tasa del 70 por ciento de reciclaje, y quienes se implicaron más fueron las escuelas, gracias al énfasis de Lerner en la educación integral.

«Curitiba existe y eso es lo importante», afirma Lerner, que volvió a ser alcalde en otras dos ocasiones y luego gobernador del estado de Paraná. «Mi ciudad no es el paraíso, pero sí un modelo de todo lo que se puede hacer con pocos medios y con mucha creatividad. Y también un ejemplo de cómo se puede transformar un espacio urbano en muy poco tiempo con una visión muy clara y echándole coraje, sin perder el tiempo con la burocracia o intentando llegar a un consenso imposible».

Todo el saber acumulado durante sus años de alcalde en Curitiba lo trasplantó Jaime Lerner a un libro, *Acupuntura urbana*, en el que defendía las «intervenciones a pequeña escala» para sanar las ciudades. Con su sonrisa afable y su entusiasmo contagioso, ha predicado sus ideas en los foros mundiales de urbanismo y fue elegido como uno de los 25 pensadores más influyentes del planeta por la revista *Time* en el año 2010.

A través de su estudio, ha participado en el planeamiento urbano y en proyectos en São Paulo, Brasilia, Río de Janeiro o Recife. Más allá de la arquitectura, su interés ha derivado al terreno de la movilidad con el diseño del Deck Dock: un monoplaza eléctrico de 1,3 metros de largo y 60 centímetros de ancho que viaja a la velocidad «humana» de 20 kilómetros por hora y tiene la virtud de «acoplarse» a otros de su especie. Seis Dock Docks ensamblados ocupan lo que un coche convencional.

Mi encuentro con Lerner fue precisamente en la presentación en Nueva York de lo que él mismo señalaba como «el coche más pequeño del mundo, eléctrico y de uso exclusivamente urbano». El venerado urbanista anticipaba ya entonces «la revolución de la micromovilidad y el uso compartido».

«Tenemos que dejar atrás el falso dilema: el coche o el transporte público», advertía. «La solución está en ser capaces de usar todo, pero de un modo inteligente y sin tener nada en propiedad. En pocos años funcionaremos con una "tarjeta de movilidad" que nos servirá para el autobús, el metro, la bicicleta y el coche compartido».

Lerner contemplaba también el advenimiento del patinete eléctrico y otros dispositivos para las distancias cortas en las ciudades, «a los que habrá que ir dejando sitio, igual que hicimos con la bicicleta». El espacio reservado a los coches en las ciudades irá menguando inevitablemente, como la ceniza de los cigarrillos...
«No podemos dejar que el coche maneje nuestras vidas. Aunque tampoco tenemos que verlo necesariamente como el enemigo. El coche es en todo caso como la suegra mecánica: nos conviene mantener con él una relación a distancia».

Y así llegamos hasta la tortuga, que simboliza para Lerner la máxima aspiración de las ciudades en el futuro... «Pero no lo digo por su lentitud, sino porque es capaz de vivir, trabajar y moverse al mismo tiempo. Si a una tortuga le quitamos el caparazón, se muere. Lo mismo ocurre con la ciudad cuando separamos sus funciones. Se acabó eso de vivir en un lado, trabajar en otro y divertirse en otro. En la ciudad del futuro deben primar la vida de barrio y las distancias cortas».

• • •

CAMBIA TU BARRIO, CAMBIA EL MUNDO es el lema que mueve desde 1996 a una peculiar red de activistas urbanos que obedece al nombre de City Repair. Capitaneados informalmente por el arquitecto y permacultor **Mark Lakeman**, los «reparadores de la ciudad» están redefiniendo desde dentro la vida urbana y construyendo la utopía a la vuelta de la esquina.

La ciudad posible se llama Portland, Oregón, en la esquina noroeste de Estados Unidos... «Nadie nos dio permiso, pero así es como comienzan las revoluciones», apunta Lakeman. «Nosotros somos parte de la solución y no podemos quedarnos cruzados de brazos mientras un puñado de políticos deciden cómo se hace una ciudad. Empezamos como un movimiento de resistencia civil ocupando y reinventando espacios. Las autoridades nos miraban con recelo, pero acabaron subiéndose al carro».

Una vez al año se celebra en Portland la Gran Convergencia Vecinal. Los «reparadores de la ciudad» se apropian de medio centenar de espacios, algunos de ellos tan emblemáticos como la Sunnyside Plaza (con un mandala rojo y amarillo disuasorio del tráfico). El activismo ecológico y social rezuma entonces por todos los poros de la ciudad, coincidiendo con el festival floral y con el Pedalpalooza (trepidante celebración de la cultura de la bicicleta).

Todo gira en torno a una misma idea: crear comunidad. No en vano, el estudio de Mark Lakeman se llama precisamente Communitecture, y uno de sus proyectos más celebrados es el arborescente ReBuilding Center, el mayor espacio consagrado a la construcción con materiales usados en Estados Unidos.

Un par de horas en Portland, hermana menor y aventajada de Seattle, servirán para contagiarse de su peculiar energía humana. Conocida por su cerveza y por su pasado industrial, en contraste con su espectacular entorno natural, Portland ha estado en las últimas décadas en la proa contracultural y tecnológica del país.

Cuando tantas ciudades agonizaban, aquí supieron darle la vuelta a la tortilla con el movimiento *smart growth*: crecimiento compacto e inteligente. Lo que hoy es el parque fluvial, atestado de bicicletas, fue en tiempos un congestionado cinturón de asfalto entre el río y la ciudad. La revolución de la agricultura urbana ha calado en Portland, la ciudad con más gallinas (y cabras) per cápita de Estados Unidos.

«En los años ochenta, Portland parecía un lugar irrecuperable y condenado a muerte», apunta el anfitrión Lakeman. «El momento mágico se produjo con la Plaza de los Pioneros, cuando la gente hizo piña para transformar un aparcamiento desolado en un gran espacio público. Esa fue la chispa que hizo prender el gran cambio. Aquello nos dio licencia para reinventar la ciudad, y en ello estamos».

En plena Gran Convergencia Vecinal, los «reparadores de la ciudad» ocupan una docena de intersecciones en Portland. Un cruce de la Novena Avenida queda rebautizado temporalmente como Plaza Comparte-Lo. Los coches están prohibidos durante el fin de semana... Padres e hijos llegan pertrechados con rodillos, brochas y botes. El pintor Pat Wojciechowski saca el boceto de un estanque de nenúfares con un caimán que asoma entre los cañaverales. Desde lo alto de una escalera va comprobando cómo avanza la obra. Una inmensa flor rosa marcará el centro de la intersección, que nunca volverá a ser la misma. Todo huele a pintura y a celebración conforme avanza la tarde, que culminará con un círculo de gratitud y una hoguera vecinal bajo la luz de la luna.

EL PROYECTO MANNAHATTA

Pega el sol en el Umpire Rock, el ancla rocosa de Manhattan. **Eric Sanderson**, ecologista del paisaje, se ajusta el sombrero de explorador y trepa en plan aventurero hasta lo más alto. Como por arte de magia, los rascacielos van emergiendo a sus espaldas, en eterno forcejeo con las copas de los árboles.

Estamos en Central Park, en uno de los contadísimos vestigios de lo que era Mannahatta (la isla de las muchas colinas) antes de que pasara por encima el rodillo de la civilización. Sanderson arranca aquí, en uno de los puntos más altos del oasis urbano, sus viajes fascinantes por el Nueva York de hace cuatrocientos años...

«En Mannahatta había 627 especies de plantas, 233 variedades de pájaros y una biodiversidad por hectárea superior a las de Yosemite o Yellowstone. Si hubiera llegado así a nuestros días, sería sin duda la pequeña joya de nuestros parques nacionales».

A Sanderson le gusta recordar que gran parte del mérito de la conservación de la isla fue de los indios lenape, auténticos pioneros de eso que hoy llamamos «desarrollo sostenible», en aparente armonía con la vida silvestre. Pero la llegada de Henry Hudson en 1609 cambió de una vez por todas el destino del prodigioso estuario, donde el azul del Atlántico rompía en un fragor de bosques y marismas...

Times Square era un estanque donde abrevaban los castores y las nutrias. En los altos de Harlem abundaban los osos negros. Los pumas eran una presencia habitual en la impenetrable fronda, recreada por Eric Sanderson manzana a manzana: desde el espolón de Battery Park hasta la popa de Inwood Hill, el único reducto de bosque autóctono que escapó al avance impetuoso de la civilización.

Sanderson recuerda que, hace más o menos dos siglos, la isla pasó por un apabullante proceso de «reducción topográfica». Casi todas las colinas desaparecieron del mapa, toda su rebosante naturaleza quedó arrasada. Manhattan se convirtió en una previsible sucesión de calles y avenidas trazadas con tiralíneas.

La apisonadora que trajo la «rejilla urbana» reservó afortunadamente un inmenso rectángulo para un futuro parque... «La construcción de Central Park fue la primera gran batalla ecológica. La decisión de preservar un gran trozo de naturaleza en el corazón de la ciudad fue uno de los grandes regalos de Nueva York al mundo. Este parque, en gran parte "artificial" [diseñado por el paisajista Frederick Law Olmsted], es también un gran ejemplo de lo que el hombre puede hacer trabajando con la naturaleza».

Las exploraciones de Sanderson a lo largo y ancho de la isla dieron lugar a un apasionante libro, *Mannahatta: A Natural History of New York City*, y a una web que permite a cualquier neoyorquino reconstruir cómo era hace cuatrocientos años la manzana donde vive. Sanderson tendió después los puentes a los otros cuatro distritos de Nueva York en el llamado Proyecto Welikia [la palabra significa «buena casa» en el idioma de los lenape].

«Lo que hoy conocemos como Manhattan es el resultado de fuerzas titánicas a cámara lenta», recuerda el explorador urbano. «Puestos a mirar hacia atrás, podríamos haber elegido cómo era la isla hace 10.000 años: un gran fiordo en el cañón del río Hudson. Podíamos habernos remontado también unos 200.000 años, cuando los glaciares llegaban hasta Manhattan y raspaban su superficie».

La elección final del 12 de septiembre de 1609 como punto de referencia tiene sin embargo para Sanderson una gran carga simbólica: «Me interesaba recalcar el contraste entre la relación simbiótica con la naturaleza de los pueblos indígenas y el impacto brutal de la llegada de la civilización. Los lenape [palabra que significa "gente real" en su propia lengua] habitaron las colinas de Mannahatta durante miles de años, viviendo básicamente de la recolección y de la caza, totalmente integrados en su hábitat. La destrucción y la agresión a la naturaleza llegó con los primeros colonos».

Esa manera de arrasar con el pasado ha dejado una profunda huella en Nueva York, emblema de lo que el economista Joseph Schumpeter definió como la «destrucción creadora» del capitalismo... «En grandes ciudades como Londres o París, o incluso en Delhi o en Tokio, uno tiene la sensación de respirar la historia. Nueva York, sin embargo, se proyectó siempre hacia el futuro y contagió ese espíritu "destructor" a todas las ciudades que la han imitado».

«Los rascacielos, que parecen los tótems de la civilización, son de alguna manera la esencia de la impermanencia», advierte Sanderson. «En los próximos cuatrocientos años, casi todos los edificios de Manhattan desaparecerán del mapa y la ciudad será reconstruida, edificio a edificio. Tal vez se salven el Empire State y el Chrysler Building, pero no muchos más».

En su libro, Eric Sanderson intenta precisamente visualizar cómo será Nueva York en el 2409, en un ejercicio de imaginación positiva... «No habrá coches por las calles. La micromovilidad eléctrica será la norma, y habrá espacios compartidos por peatones y bicicletas. Las aceras serán permeables y con sistemas de captación de agua. Florecerán los tejados verdes y los huertos urbanos. La vegetación se abrirá paso entre el cemento».

Pueden llamarle «soñador» a lo John Lennon, pero Sanderson nos invita a sentir un día cualquiera el corazón verde de Nueva York por debajo del cliché de la jungla de asfalto...

Subiendo a la bicicleta y recorriendo el carril que da la vuelta a la isla. Acudiendo un sábado al mercado de granjeros de Union Square. Recorriendo los increíbles jardines comunitarios del Lower East Side. O subiendo hasta el ferrocarril elevado del High Lane, convertido en los «jardines colgantes» de Manhattan.

«Las ciudades están pasando ya por un gran proceso de transformación para hacerse más verdes y habitables», comenta el ecologista del paisaje, que ha publicado un nuevo libro (*Terra Nova: The New World After Oil, Cars, and Suburbs*) donde muestra su peculiar visión del futuro urbano, con las raíces en el presente, pero con un conocimiento muy profundo del pasado... «Para poder avanzar, será necesario dar un pequeño paso hacia atrás, conocer lo que había antes de la "pisada" de la civilización y permitir que la naturaleza vuelva a encontrar su cauce».

· · ·

Día de fiesta sobre los antiguos raíles del High Line. Cientos de neoyorquinos se acercan con sombrillas, cantimploras y cremas protectoras, dispuestos a serpentear por las viejas vías del ferrocarril elevado, transformadas en un jardín colgante que se extiende a lo largo de 2,3 kilómetros sobre la Décima Avenida de Manhattan.

«La gente suele ir a Central Park para huir de la ciudad», apunta *in situ* **Ricardo Scofidio**, uno de los arquitectos implicados en el diseño del High Line. «A este parque se viene sin embargo a sumergirse en Nueva York, a penetrar en sus cañones a 10 metros de altura, a sentir la ciudad desde dentro como nunca antes».

Las sirenas de las ambulancias, las alarmas de los coches y el zumbido incesante del monstruo urbano llegan amortiguados a la quimera de hierro «verde». Los taxis son algo así como los moscardones amarillos que nos hacen cosquillas en los pies. En el paisaje industrial han brotado los brillos metálicos de los hoteles y apartamentos de lujo, que gritan «mírame» a todo el que asciende por las doce escaleras o los cinco ascensores hasta el insólito parque flotante, convertido en modelo mundial de recuperación urbana.

«Quítale el contexto de la dureza industrial que nos rodea, y este parque pierde por completo su fascinación y su razón de ser», concluye sabiamente Scofidio, en el primer tramo del parque en la calle Gansevoort, con los vestigios de los viejos mataderos y el reclamo multicolor de los grafitis bajo sus pies. La primera media milla del High Line abrió en el 2009. Más de 4 millones de visitantes al año y 2.000 millones de dólares en inversiones justificaron con creces la resurrección de la mastodóntica estructura, construida en 1934, abandonada en 1980 y reclamada por la naturaleza salvaje desde entonces.

Joshua David y Robert Hammond, vecinos de Chelsea y del West Village, fueron los primeros en vislumbrar desde lo alto el tremendo potencial de la serpiente «verde». Gran parte del trazado del ferrocarril elevado que llegaba hasta Tribeca fue sucumbiendo por su propio peso. El tramo que llegaba hasta la calle 34 soportó sin embargo el azote del tiempo y se convirtió en una especie de «territorio salvaje» gracias a la intensa labor de los polinizadores y a la brisa del cercano río Hudson.

El alcalde Rudolph Giuliani llegó a firmar incluso la demolición del High Line, pero los vecinos, con su persistencia, lo salvaron de la piqueta y reivindicaron el derecho al trasiego humano entre la herrumbre y la maleza... «Sabíamos que el parque elevado iba a cambiar la dinámica en el oeste de la ciudad, pero nunca imaginamos que se produciría una metamorfosis urbana como esta», reconoce Joshua David. «En torno al High Line está surgiendo no solo un nuevo *skyline*, sino también una vibración que lo transforma todo a su paso y que altera profundamente nuestra relación con la ciudad».

EL APICULTOR ENTRE RASCACIELOS

A las siete de la mañana de un día cualquiera, **Dale Gibson** es un corredor de bolsa perfectamente trajeado en las oficinas de una firma financiera en la City. Pero a las cinco de la tarde, el *stockbroker* se afloja la corbata y se pone el «traje» de apicultor, listo para completar la segunda parte de su jornada. En el tejado de su casa, al sur del Támesis, le espera una ardua faena entre sus ocho colmenas. Allí estará hasta los últimos reflejos del sol en el cercano Shard, el rascacielos más alto de Londres.

Dale acude a la cita diaria en la azotea con el inseparable ahumador y prepara a las abejas para la «invernada» con un sirope medicinal que les servirá al mismo tiempo de alimento y protección contra los hongos durante los meses fríos. El apicultor de la City se mueve como un astronauta ingrávido procurando no interferir excesivamente en la vida hacendosa de las abejas, que en el 2011 contribuyeron a convertir Bermondsey Street Honey (marca registrada) en la mejor miel de Londres.

En la capital británica hay ya más de 650 apiarios repartidos en un radio de 10 kilómetros. Pero la fama de ciudad-jardín no es suficiente, y de hecho hay años en que la producción local se resiente. La miel de Bermondsey se mantiene sin embargo con una producción anual de setecientas a ochocientas jarritas, muy cotizadas por los restaurantes y tremendamente apreciadas por los vecinos.

Lo que empezó como un pasatiempo hace algo más de diez años se ha convertido no ya en el segundo trabajo, sino en la auténtica vocación de Dale Gibson, que ha encontrado una misteriosa conexión entre los oficios de *stockbroker* y *beekeeper*...

«Las abejas son unas excelentes indicadoras ambientales, intuyen cuándo hay una amenaza o un riesgo. También son unas auténticas maestras de economía colaborativa: actúan como un auténtico "macroorganismo". Calculan muy bien hasta dónde pueden llegar, no más allá de 4 kilómetros, para conseguir un buen néctar y obtener un buen retorno. La función del corredor de bolsa tiene algo en común. Se trata de un trabajo de alto conocimiento y ritmo vertiginoso: cada 10 minutos debes tener una idea nueva que pueda garantizarle un "buen retorno" a un inversor».

Llegados a este punto, Gibson rompe una lanza por la ética del *stockbroker*, que debería ser la misma que la ética del apicultor: «Del mismo modo que no puedes jugar alegremente con el dinero ajeno, tampoco puedes venir a jugar con las colmenas. Hay que ser tremendamente respetuoso con las abejas y con su entorno. Tienes que hacer lo posible por lograr una colmena feliz, interfiriendo lo mínimo y procurando sobre todo que a las abejas no les falte alimento en las cercanías. Conviene tener en cuenta un principio muy simple: una abeja con hambre es una abeja cabreada».

A la caída de la tarde, mientras extrae cuidadosamente las alzas de sus colmenas para introducir el sirope medicinal, Gibson nos invita a meternos en la piel de las melíferas: «Es lógico que estén alteradas porque lo que hacemos es irrumpir sin permiso en su hábitat. Donde antes había oscuridad, ahora tienen un fogonazo de luz. La temperatura de 33 grados cae en picado, y encima les movemos los "muebles". Yo me pregunto cómo reaccionarían los humanos si alguien irrumpiera así en nuestra propia casa».

Dale Gibson ve la apicultura como una «danza» entre el

hombre y la abeja... «Es un trabajo físico y duro que requiere además una capacidad de observación y grandes dosis de paciencia». El apicultor de la City no lleva la cuenta personal de picotazos, tampoco son tantos. Su mujer, Sarah, es alérgica a las picaduras de las abejas; se diría casi que ellas lo saben y por ello prefieren no adentrarse en la casa, aunque las ventanas estén abiertas. Las colmenas están emplazadas a ambos lados del tejado a dos aguas de la planta superior, en la calle Bermondsey, cita obligada del Londres gastronómico.

Allí echó raíces el chef extremeño José Pizarro, que utilizó la dulce producción local para su receta de cordero al horno con miel. «José es un gran fan, y también el chef Tom Kerridge. Hacemos lo que yo llamo una miel "honesta". Los mismos principios de lentitud y trato amable a las abejas los aplicamos al proceso de extracción y filtrado. Hemos ayudado a crear su propio apiario en el Soho House, y vendemos miel artesanal no solo de la ciudad (Metro), sino también de nuestras colmenas en el campo (Union)».

Tras una larga década pluriempleado con sus abejas, Gibson ha acumulado la suficiente sabiduría para animar o disuadir a quien esté pensando dedicarse a la apicultura urbana. «Lo fundamental es asegurar que las abejas tengan que comer, igual que le procuramos el pasto al ganado. Y no basta con dedicarse a ellas por puro entretenimiento. No es un hobby cualquiera: la miel no cae del cielo».

Entre los rascacielos de Manhattan, por cierto, **Andrew Coté** lleva más de quince años reclamando el papel de las abejas para «renaturalizar» la jungla de asfalto. «Fue una batalla tan dura como lograr la legalización de los matrimonios gais», recuerda. «Durante un tiempo existió la percepción errónea de "abeja igual a peligro". Para empezar, hay muchos tipos de abejas, y la melífera es de las menos agresivas. Lo que era del todo absurdo es que existiera una ordenanza que te impidiera criar abejas en Nueva York. Hemos demostrado con creces que se puede hacer de una manera segura en los tejados y en las terrazas, sin interferir en las vidas de los urbanitas».

«Las abejas encajan como buenas vecinas en la ciudad, siempre y cuando tengan vegetación cerca», advierte Andrew Coté. «Lo único que necesitan las abejas obreras en su corta y laboriosa vida es agua, polen y néctar. Los humanos no les interesamos en absoluto, y lo más probable es que nos ignoren, a no ser que vayamos a robarles con malas maneras su "tesoro"».

Por méritos acumulados, Coté fue elegido presidente de la Asociación de Apicultores de Nueva York, con más de doscientos miembros y mil simpatizantes *beekeepers* que celebran animadas reuniones todos los meses. Es también miembro activo de Abejas sin Fronteras, y ha podido comprobar en diversas partes del mundo el problema acuciante del colapso de las colmenas...

«Si la abeja desapareciera del planeta, al ser humano le quedarían solo cuatro años de vida», advierte Coté. «No está muy claro si esto lo dijo Einstein o si fueron los apicultores belgas en unas protestas a finales de los ochenta... Lo cierto es que dependemos de ellas para la polinización de los cultivos, y los últimos estudios apuntan a que el 40 por ciento de los insectos polinizadores están en declive o en peligro de extinción».

Con su propia marca, Andrew's Honey, el puesto de Coté es una atracción obligada en el mercado de granjeros de Union Square, donde se puede adquirir miel (y también polen, propóleo y jalea real) de la Segunda Avenida, de la Sexta Avenida, del Lower East Side, de Queens y de Brooklyn).

«Que nadie se lleve a engaño: criar abejas no tiene nada de romántico y es un trabajo casi tan duro como el campo», comenta el apicultor entre rascacielos, antes de llevarnos a sus colmenas predilectas, las de la Segunda Avenida con la calle 14. «Son tan poco agresivas que casi me dejan trabajar sin mascarilla ni traje protector. Nada que ver con las abejas de la

Sexta Avenida: un día me puse los guantes equivocados y me llevé al menos veinte picotazos. ¿Pero qué podemos esperar de ellas en esta situación? ¿Cómo reaccionaríamos nosotros si vinieran unos ladrones vestidos de blanco a llevarse el fruto de nuestro trabajo?».

¡BENDITA BICICLETA!

En Sevilla fraguó el milagro de las dos ruedas, y Santa Cleta fue su patrona. Desde el «santuario» de la bicicleta, en pleno barrio de la Macarena, se destiló esa prodigiosa metamorfosis de la ciudad blanca, cálida y plana. De crisálida a mariposa. Uno recuerda las insufribles travesías en coche de Sevilla camino de la costa gaditana. Y uno recuerda también el reencuentro con la ciudad al cabo de los años, pedaleando viento en popa por el Guadalquivir hasta el puente de Triana. Esta no es ya la ciudad donde creció mi madre, me la han cambiado...

El cambio de piñón se produjo en el 2006, cuando aparecieron los primeros carriles bici. Los comerciantes, los taxistas y los automovilistas montaron un cristo. Hubo que derribar las barreras del «señoritismo» («el muy inútil carril bici», proclamó el *ABC*) y plantar cara a la visión rancia de la ciudad sin bajarse del coche.

Pero el impulso fue posible gracias a la actuación del ex primer teniente de alcalde Antonio Torrijos, al empeño de grupos como A Contramano y al acierto del biólogo Manuel Calvo, artífice del diseño de la primera red de carriles bici en la ciudad, celebrada como un modelo de «homogeneidad, segregación y continuidad».

La telaraña verde se extendió por 170 kilómetros, arropada por uno de los primeros servicios de bicicletas públicas (Sevici). En un tiempo récord se llegó a los 70.000 viajes diarios en bici, casi el 10 por ciento de los desplazamientos. Sevilla fue elegida en el 2014 como la cuarta mejor ciudad de Europa para las dos ruedas, por detrás de Ámsterdam, Copenhague y Utrecht.

Desde el mirador de la tienda/taller Santa Cleta, en la calle Fray Diego de Cádiz, la madrileña **Isabel Porras** contribuyó a su manera al «milagro» junto a su media naranja, Gonzalo Bueno, y el tercer mosquetero de la cooperativa, Fernando Martínez Andreu. Más de siete años duró la singladura de las dos ruedas, que logró cambiar la ciudad barrio a barrio.

«Antes de la revolución del carril había en Sevilla seis tiendas de bicicletas, y en poco tiempo nos pusimos en más de 25», recuerda Isabel Porras. «En aquel momento no había ecomensajerías en Sevilla, y de pronto surgieron media docena. El sector del cicloturismo cobró también mucho auge, y los operadores y los hoteles que trabajan con bicis se han multiplicado».

La bici no solo ha transformado la ciudad, sino que también se ha convertido en el motor de una economía local que se propaga y se retroalimenta. Un estudio de la Universidad de Sevilla estimó que cada kilómetro de carril bici genera tres puestos de trabajo (entre empleos directos y «efectos de arrastre»). El informe reveló la creación de «jugosos nichos económicos» en la ciudad, con unas 65 empresas ligadas al éxito de la bicicleta.

Y todo esto sin tener en cuenta el bendito potencial de la bicicleta como palanca de cambio social, como podía apreciarse a cualquier hora en la trastienda de Santa Cleta, auténtico centro de agitación de las dos ruedas. «Nosotros vemos la bici como una herramienta de empoderamiento», asegura Isabel Porras. «No solo evitas emisiones de CO_2 y contribuyes a una ciudad más saludable, sino que también adquieres una auténtica autonomía. Moverse en bici es uno de esos pequeños logros, como cultivar un huerto, que te hacen tomar las riendas de tu propia vida y asomarte al mundo de otra manera».

En Santa Cleta, Isabel descubrió una realidad oculta que ni siquiera intuía: uno de cada diez españoles no sabe montar en bici, y el 85 por ciento de los que «no saben» son mujeres. O no aprendieron de niñas, o le cogieron miedo o se toparon con el muro de las resistencias culturales, que aún perduran. Pues la bicicleta, ya se sabe, ha sido siempre un «sospechoso» símbolo de liberación desde los tiempos de las sufragistas.

APRENDE A MONTAR EN BICICLETA Y A SER MÁS LIBRE fue el reclamo que utilizó Isabel para atraer a los neófitos de las dos ruedas. Algún que otro hombre acudió a la llamada, pero casi todos fueron mujeres, de los treinta a los sesenta años, funcionarias y estudiantes, inmigrantes y trabajadoras autónomas, profesoras, enfermeras y doctoras, que se decían con incredulidad a sí mismas: «¿Cómo no lo había intentado antes?».

De aquella experiencia nació un libro, de título bicicletero y reivindicativo: *Sin cadenas*. Isabel sigue los pasos de Sue Macy, autora de *Wheels of Change*, y recuerda que la bicicleta ha sido «un instrumento de empoderamiento a través de la historia».

Pero más que en las batallas del pasado, *Sin cadenas* se centra sobre todo en las luchas del presente. En historias como las de Susana, que ha sabido «normalizar su miedo» y sentirse finalmente «bien, libre y capaz». O María, que renunció de niña cuando le quitaron los ruedines y no sabía mantenerse. O Angie, que recordaba el día en que su padre les regaló bicicletas a sus dos hermanos y les negó el mismo derecho a las dos hermanas: «Las bicis no son para niñas».

A Isabel le gusta recordar también los casos de mujeres de los barrios periféricos o de inmigrantes, que ahora llegan pedaleando en 15 minutos allí donde no llega el transporte público o donde antes tardaban 50 minutos andando. La bicicleta no es solo la opción más ecológica, sino también la más eficiente y económica para muchas mujeres.

Isabel mira a su alrededor y certifica que aún queda un largo camino para lograr la igualdad en su ciudad «adoptiva», instalada en un «falso techo» femenino del 35 por ciento en el uso de la bicicleta, frente al 55 por ciento de los Países Bajos o el 50 por ciento de Alemania. La cofundadora de Santa Cleta lamenta también los años de abandono que siguieron al despegue de la bici en Sevilla, que cayó hasta el número 14 en la lista de mejores ciudades europeas para las dos ruedas y está necesitando una «remontada».

La lección más básica que Isabel impartía a sus más de cuatrocientos secuaces de *Sin cadenas* era precisamente esa: la importancia del impulso inicial, necesario para la primera pedalada y para encontrar el equilibrio sobre la marcha. Luego, cuando uno se habitúa ya a ese impulso todos los días, se acaba aprendiendo la noción más esencial: «Usando la bici mejoras tú y mejoramos todos».

• • •

Pedalear tiene premio. Y también caminar y correr. Cualquier forma de moverse sin producir emisiones de CO_2 se verá recompensada sobre la marcha con «ciclos», la moneda de cambio de la movilidad sin humos con la que conseguiremos descuentos en tiendas, restaurantes y establecimientos comprometidos con una ciudad más «verde».

La original idea del biólogo **Gregorio Magno**, creador de Ciclogreen, echó a rodar por Sevilla justo a tiempo para la cumbre de París, donde fue distinguida con un premio en la categoría de mitigación del cambio climático. Desde la tecnoincubadora Andalucía Emprende, en la isla de la Cartuja, Gregorio y su equipo han contribuido activamente al «cambio de piñón» a orillas del Guadalquivir y en más de ochenta ciudades.

La primera pedalada de Ciclogreen se produjo en el 2013, cuando los desplazamientos en bicicleta en Sevilla llegaron al 10 por ciento, si bien tocaron techo tras la eclosión inicial. Gregorio Magno, que venía de hacer el doctorado en la Estación Biológica de Doñana, se puso a darle vueltas a cómo estimular el uso de las dos ruedas, aunando emprendimiento, medio ambiente y retorno social.

A Gregorio se le ocurrió introducir elementos de juego, «que han demostrado ser una herramienta eficaz para fomentar el cambio de hábitos de los ciudadanos». Así surgió el sistema de puntos y recompensas de Ciclogreen, que combina la gamificación y la ubicuidad del teléfono móvil, nuestra eterna sombra.

Ciclogreen arrancó gracias al uso de una aplicación que permite registrar los recorridos, calcular los kilómetros y transformarlos en «ciclos». «Se trata de incentivar los desplazamientos a pie, en patinete o en bicicleta con puntos canjeables o "recompensas" con descuentos que sirven para promocionar la economía verde local».

«El uso de la bici es fundamental para lograr ciudades más habitables», recalca Gregorio, que aún recuerda los viejos atascos de tráfico a los pies de la catedral y la Giralda. «Sevilla es una ciudad bellísima e ideal para acelerar ese cambio. Y es también una ciudad más amable, en la que la gente se comunica con su entorno gracias a la facilidad para caminar y moverse en bici».

Su experiencia en Doñana le sirvió para acercarse a la ciudad como un ecosistema. Otro gallo cantaría si contempláramos a los peatones y a los ciclistas como especies protegidas, y a los coches como especies invasoras. Lo que avanza quemando petróleo y echando humo pertenece a la categoría de «depredadores urbanos».

«Yo ya pedaleaba entre los coches antes de que hicieran los carriles bici y he vivido la transformación desde dentro», precisa el fundador de Ciclogreen. «Al principio hubo resistencias, pero han ido cayendo por su propio peso. Ya nadie duda del placer y los beneficios que aporta esta primavera de los pedales. Ahora son la gente, las universidades y las empresas las que impulsan el cambio. Pero tenemos que continuar avanzando».

En su primer año y medio, sin ir más lejos, los 1.500 usuarios de la plataforma (ahora superan ya los 50.000) pedalearon o caminaron más de 220.000 kilómetros y evitaron al mismo tiempo la emisión de 55 toneladas de CO_2. Desde su proyecto en colaboración con Telefónica, con cerca de mil empleados en Sevilla, Ciclogreen le ha dado un nuevo sentido a la «responsabilidad social corporativa», pues está visto y demostrado que el uso de la bicicleta mejora la salud, reduce el absentismo e incrementa la productividad: «Ir pedaleando al trabajo un lunes es lo más parecido a convertirlo en sábado».

DOCTORES CONTRA EL DIÉSEL

Pertrechados con sus batas y sus fonendoscopios, los Doctores contra el Diésel se plantaron ante Downing Street y extendieron su «receta» para prevenir las 40.000 muertes prematuras al año por contaminación en el Reino Unido... Prohibición total de coches diésel en Londres para el 2025. Peajes de combustión. Incentivos para electrificar las flotas. Creación de zonas de «aire limpio» alrededor de las escuelas.

«Estamos hablando de medidas muy realistas», explica el pediatra **Jonathan Grigg**, cofundador de Doctores contra el Diésel, el grupo de cuatrocientos galenos que se han movilizado contra el humo de los coches en la capital británica. «Los cambios que afectan a la salud pública se pueden hacer de un día para otro, como se hizo con la prohibición de fumar. Ahora nos puede parecer poco viable, pero los habitantes de las ciudades, y sobre todo los niños, no pueden esperar».

Por la consulta del doctor Grigg desfilan incesantemente niños con asma a edades cada vez más tempranas. Los chavales saben instintivamente lo que les pasa, pero lo más difícil es convencer a sus padres «y hacerles ver el vínculo directo entre el coche que conducen hasta el colegio y el aire que respiran sus propios hijos».

«La contaminación es el tabaco del siglo XXI, lo ha dicho la Organización Mundial de la Salud», advierte Grigg. «Todos los años se producen más de 7 millones de muertes prematuras por la mala calidad del aire en el mundo, y eso es algo contra lo que los médicos tenemos que levantar la voz. Estamos ante una auténtica emergencia. La falta de acción política es un escándalo».

Los peajes de combustión al estilo Londres o las barreras al tráfico en el centro de las ciudades europeas no son más que el primer paso, señala Grigg. Las zonas de aire limpio tienen que extender su radio a la periferia. Y el foco absoluto de la atención deben ser las escuelas, «donde estamos criando generaciones que crecerán con graves problemas respiratorios».

«Al menos existe ya un reconocimiento del problema», reconoce el pediatra. «Pero ahora hacen falta incentivos para renovar la flota de automóviles en las ciudades, que debería ser principalmente eléctrica. No podemos seguir quemando alegremente petróleo por nuestras calles».

Lo ocurrido durante el confinamiento por el Coronavirus, con una caída de hasta el 60 por ciento del dióxido de nitrógeno y algo menos de las partículas en suspensión en las grandes ciudades, ha servido, de hecho, de acicate a Londres, Milán o Bruselas para seguir ganando espacio al coche. El urbanismo táctico y los planes de calles abiertas han permitido ganar espacio para peatones y ciclistas, y han trazado el camino hacia ciudades más saludables en toda Europa.

«La gente ha podido respirar durante dos meses el aire limpio y se ha dado cuenta de los grandes beneficios», apunta el doctor Grigg. «Una emergencia sanitaria ha servido al mismo tiempo para hacer frente al otro gran reto de salud pública: la contaminación en las ciudades».

Jonathan Grigg y sus Doctores contra el Diésel no están solos en esta cruzada por el aire limpio. A su lado tienen a **Benjamin Barratt**, profesor de Ciencia de la Calidad del Aire en el King's College: «Hasta hace poco se consideraba la contaminación como un problema ecológico que preocupaba solo a la gente sensibilizada. Ahora empieza a verse como un grave problema de salud que afecta a toda la población. Aquí todos somos de alguna manera fumadores pasivos. Todos respiramos el aire de las ciudades».

A diferencia del tabaco, cuyos efectos nocivos se conocen desde hace décadas, el verdadero impacto de la contaminación y su contribución a enfermedades respiratorias, cardiovasculares y cognitivas está empezando a trascender ahora. La preocupación por sus efectos múltiples —puede contribuir al infarto, al ictus y al cáncer de pulmón— ha crecido en paralelo a los inquietantes niveles de NO_2 y partículas en suspensión en las ciudades europeas.

Uno de los campos de investigación donde más se está avanzando es el de los efectos de la contaminación sobre el embarazo y las complicaciones que pueden surgir durante la gestación: desde problemas de crecimiento a trastornos neuropsicológicos. Un estudio de la Universidad de Pittsburgh, publicado por *Science Daily*, concluye que la exposición a altos niveles de partículas en suspensión en las madres embarazadas y en los niños de dos años puede incrementar incluso el riesgo de autismo.

Otros dos estudios, de la Universidad de Harvard y de la Universidad Halle-Wittenberg en Alemania, revelaron el estrecho vínculo entre la mortalidad del Coronavirus y la mala calidad del aire en lugares como Madrid o el norte de Italia. Está probado que la contaminación inhibe el funcionamiento normal de los cilios, unas proyecciones similares a cabellos que están consideradas como la primera línea de protección de los pulmones frente a la invasión de los patógenos.

«Estamos en un momento crítico, como el del Londres ante la soga del *smog* en los años cincuenta», recuerda Benjamin Barratt. «Entonces el problema estaba causado fundamentalmente por el uso del carbón. Cuando la mayor responsabilidad empezó a recaer sobre el tráfico, la primera solución fue eliminar el plomo de la gasolina. Ahora que está comprobado que el diésel es el combustible más "sucio", el siguiente paso está muy claro».

«A diferencia de Asia, donde intervienen muchos factores y hay una gran contaminación industrial, en Europa el principal enemigo está perfectamente localizado y está causado por el tráfico local», advierte Barratt. «La prohibición de los vehículos diésel en el centro de las ciudades va a ser el primer paso, el más urgente y necesario para combatir la contaminación urbana. Pero la gran pregunta es: ¿cuándo haremos lo mismo con todos los coches de combustión?».

• • •

Imaginemos una ciudad sin coches... No es tan difícil si lo intentamos. Lo primero, el silencio repentino. Adiós al rugido de la marabunta motorizada. El canto de los pájaros, el griterío de los niños, las voces humanas. Caminar a nuestras anchas. Recuperar la libertad como peatones y como personas. Y poder respirar a pleno pulmón al salir de casa.

Algo así es lo que experimentan todos los días en el barrio «sin coches» de Vauban, en las afueras de Friburgo. No es extraño que fuera en Alemania, en el corazón motorizado de Europa, donde empezó a tomar cuerpo en el 2006 esta utopía urbana que ha creado escuela en todo el mundo.

Vauban fue la base del ejército francés tras la Segunda Guerra Mundial, y ese aspecto cuartelero perduró hasta el último planeamiento urbano en el arranque del milenio. Los vecinos del barrio de Riesenfeld, con sus edificios eficientes y sus calles diseñadas para ralentizar el tráfico, ya habían marcado el terreno. Pero en Vauban quisieron ir más lejos y borrar los coches de la superficie (salvo en la vía principal).

«La primera decisión fue suprimir los aparcamientos en la calle», recuerda Almut Schuster, uno de los pioneros de ese peculiar barrio de 5.500 habitantes. «Los coches se pueden aparcar solo en dos garajes específicos, y eso ha tenido un efecto disuasorio. Muchos de nosotros ya lo sabíamos: no necesitas el coche para la vida diaria en la gran ciudad. Te ahorras dinero y estrés e inviertes en tu propia salud y en un aire limpio».

El 70 por ciento de los vecinos de Vauban no tienen coche, y el 57 por ciento lo vendieron antes de trasladarse aquí buscando otro estilo de vida. Las bicicletas son las reinas indiscutibles del barrio. El tranvía te lleva en menos de 20 minutos al centro de Friburgo, y para los viajes largos, una familia puede abonarse a una cooperativa de movilidad y usar un coche eléctrico.

Mucho ha llovido desde el experimento de Vauban, y son cada vez más los «ecobarrios» en Europa que han decidido suprimir total o parcialmente el uso del coche. Por extensión, la tendencia ha llegado al centro de las grandes ciudades, con resistencias iniciales (pongamos que hablo de Madrid Central) pero imponiéndose a la larga por razones obvias.

Al otro lado del Atlántico, en el país más motorizado del planeta, la publicación *Carbusters* y el movimiento Car Free Cities lleva tres décadas reivindicando el sueño posible, espoleado entre otros por J. H. Crawford: «El uso del coche como instrumento de movilidad urbana ha llegado a un callejón sin salida. Casi todos los problemas ambientales, sociales y estéticos de las ciudades están asociados con el uso y el abuso del automóvil. Va siendo la hora de reclamar la ciudad para las actividades humanas».

EN BUSCA DE LA CIUDAD FELIZ

«Las ciudades nacieron como proyectos de felicidad colectiva», recuerda el urbanista canadiense Charles Montgomery, autor de *Happy City*. El ágora de la vieja Atenas, la *piazza* romana, la playa fluvial del Sena o las tumbonas de Times Square son a su entender manifestaciones de ese deseo compartido de bienestar, tan esquivo hoy en día en nuestras ciudades.

Una ciudad feliz es una ciudad que camina, con puntos de remanso y encuentro, sin abruptas diferencias entre los que tienen y los que no, con una sensación alterna de continuidad y diversidad, con un ritmo propio, necesariamente humano, marcado por sus habitantes y no por las pautas comerciales, y menos aún por el tráfico incesante...

Happy City Project fue una idea más o menos utópica, lanzada al alimón en el 2010 por **Liz** y **Mark Zeidler** en Bristol, con su fama de ciudad verde, rompedora y creativa, aunque atrapada también en sus duros contrastes y en sus propias contradicciones.

«Al principio chocamos con grandes resistencias, con gente que nos decía que preocuparse por la felicidad es algo demasiado trivial, frente a problemas como la pobreza, el hambre y la desigualdad», recuerda Liz. «Estábamos sufriendo los efectos de la crisis, pero con el tiempo la gente acabó estableciendo la conexión y admitiendo lo evidente: la búsqueda de la felicidad es lo que mueve el mundo».

Eso sí, hablar de «felicidad planetaria» o incluso de felicidad nacional bruta (como llevan haciendo desde hace casi medio siglo en Bután) puede resultarnos algo excesivamente lejano y abstracto. «Las barreras se derriban sin embargo desde lo local», puntualiza Liz. «Los cimientos de la felicidad están en lo que tienes más a mano: tu barrio, tu lugar de trabajo, la escuela a la que llevas a tus hijos».

Desde su lanzamiento, el Happy City Project ha publicado informes anuales en los que ha intentado medir desde otro ángulo el bienestar de los vecinos de Bristol usando referentes como la satisfacción con la vida, la huella ecológica, la desigualdad económica, los equipamientos sociales y culturales, el acceso a los parques e instalaciones deportivas, la movilidad urbana o la existencia de mercados locales y huertos comunitarios.

«El objetivo es llegar a una fórmula válida para cualquier lugar del mundo y que sirva como nueva medida del bienestar urbano», señalan Liz y Mark, que diez años después decidieron extender su proyecto a otras ciudades y rebautizarlo como The Centre for Thriving Places.

La meta es encontrar una nueva manera de medir el progreso económico y social en las ciudades para aplicarlo con el tiempo a los países y superar de una vez la tiranía del producto interior bruto, «que mide como crecimiento económico lo que muchas veces es atraso social y destrucción ecológica».

El Happy City Project identificó cinco factores externos (trabajo, educación, cultura, salud y hogar) y seis claves internas (relaciones, comunidad, cuerpo, mente, propósito y autonomía). Una cadena imaginaria une todos los engranajes, con la sostenibilidad y la igualdad como principios motores.

Bristol apadrinó en cualquier caso la idea y elaboró su propio «mapa de la felicidad», que descubrió grandes carencias de zonas verdes, espacios sociales o transporte público. «Y aun así podemos decir que Bristol es una ciudad relativamente feliz», asegura Liz. «Hay más de mil asociaciones y grupos activos en todos los campos. Es una ciudad muy vibrante en la que siempre hay algo que celebrar. La música y el arte salen constantemente a tu paso: no es extraño que esta fuera la cuna de Banksy».

La «promoción de la felicidad» se convirtió en prioridad local, con charlas en las escuelas, seminarios en las oficinas y actividades callejeras como el Make Sunday Special. A través de campañas como Walk Yourself Happy, se intentó promover el hábito de caminar entre una población de 400.000 habitantes, excesivamente dependiente aún del coche. Un equipo de voluntarios propagaba mientras tanto las cinco claves de la felicidad urbana: conecta, aprende, sé activo, aprecia, contribuye. En el Banco de la Felicidad se compartieron finalmente las ideas, la inspiración y los recursos.

«Creamos algo así como la Wikipedia local de la felicidad», explica Liz. «Todo el que tenga algo que aportar, ya sea a título individual o familiar, o como experiencia de barrio, puede hacer un "depósito" gratuito. Cualquier vecino puede beneficiarse de ese conocimiento y ponerlo en práctica en su propio radio de acción».

Le pregunto a Liz si la felicidad no es acaso un concepto demasiado subjetivo y personal muy difícil de medir y más aún de propagar... «Por supuesto que lo es, pero en esa búsqueda hay muchos elementos comunes. Uno no puede ser feliz viviendo en una ciudad desolada y sin puntos de encuentro que fomente el aislamiento y que solo se pueda recorrer en coche. Pero uno es, en cambio, más feliz si sus vecinos son también felices y si juntos viven en un entorno que no solo sirve para procurar las necesidades básicas, sino que propicia y enriquece las relaciones».

Pese al cambio de nombre del proyecto, Liz reivindica el poder de la incipiente red de «ciudades felices», que tienen mucho en común con las ciudades colaborativas, las ciudades resilientes o las ciudades verdes: «La felicidad puede ser el puente que necesitamos entre el cambio personal y el cambio social.

La sociedad consumista en la que vivimos nos ha hecho creer que la felicidad está en la acumulación material. Y la gente está abriendo por fin los ojos. Va siendo hora de reivindicar todo lo que hemos dejado de lado y que hasta ahora no podíamos medir... Todo eso que es la base de las sociedades humanas y que encuentran su máxima expresión en las ciudades».

• • •

En el documental *La economía de la felicidad*, **Helena Norberg-Hodge** dio la vuelta al mundo intentando encontrar la clave del «bienestar de las comunidades». Su punto de partida fue la región india de Ladakh, donde la disrupción causada por la globalización hizo saltar por los aires el frágil equilibrio de una cultura ancestral. *El futuro es local* es el título de su último libro, en el que reclama la recuperación del tejido económico y social como base de la auténtica prosperidad.

Esa lección la aplicaron en Bristol con el lanzamiento de su propio dinero. Cientos de escolares y decenas de artistas contribuyeron al diseño de los billetes de la libra de Bristol, consagrados a la fauna y flora local, y con una consigna que lo dice todo: «Nuestra ciudad, nuestro dinero, nuestro futuro».

El Ayuntamiento y la Caja de Ahorros local actuaron como depositarios de las primeras 85.000 libras de Bristol, que cotiza a la par con la libra esterlina y se puede cambiar en varios puestos repartidos por la ciudad. Más de 500 comercios locales y miles de ciudadanos han usado desde el 2012 la moneda complementaria en transacciones por un valor de 5 millones de libras.

«Nuestro objetivo es que ese dinero se quede circulando en la economía local, en vez de acabar en la otra punta del país o del planeta», explicaba Ciaran Mundy, uno de los impulsores. «La idea no es tanto subvertir el orden mundial, sino propiciar el giro hacia otro tipo de economía. En todo caso, queremos también cambiar el ADN del dinero y reivindicar otros valores que han quedado aplastados bajo el poder financiero».

En el sur de Londres, el barrio de Brixton se sumó también a la ola de la divisa local con billetes consagrados a su ídolo local, David Bowie, que no tardaron en convertirse en objeto codiciado por los coleccionistas. Las primeras 65.000 libras de Brixton fueron respaldadas por el London Mutual Credit Union, lo cual sirvió para vencer los recelos del Banco de Inglaterra.

«Hasta ahora, las monedas complementarias y otros sistemas de intercambio local han jugado un papel marginal», admitía Rahima Fitzwilliam Hall, una de las impulsoras. «Pero las crisis están empujando a mucha gente a abrir los ojos ante los problemas de nuestro sistema económico. Y la tecnología se va a convertir ahora en nuestra gran aliada: fuimos pioneros en los sistemas de pago digitales».

En España, el 15M dio un impulso al largo centenar de monedas complementarias o «sociales» y los más de trescientos bancos de tiempo. **Julio Gisbert**, autor de *Vivir sin empleo* y máximo experto en la geografía alternativa del dinero, sostiene que podemos hablar ya casi de dos economías paralelas: «Una de carácter convencional y monetario, y otra basada en la colaboración y con raíces en lo local. Las dos coexisten, pero en momentos de crisis es cuando se produce el crecimiento de la economía informal».

El Puma, el Ekhi, el Eco, el Res, el Osel, el Boniato, el Henar, el Zoquito, la Mora o la Turuta son algunos de los ejemplos autóctonos, que suelen darse cita anualmente en los encuentros estatales y en las conferencias internacionales de monedas sociales. «Algunas iniciativas surgen como una situación coyuntural, pero otras pueden sin duda arraigar y convertirse en sistemas complementarios al euro», advierte Julio Gisbert. «La novedad está ahora además en el uso de la tecnología, que posibilita unos niveles de intercambio sin dinero oficial impensables hace tan solo una década».

VIVIR EN UNA ECOALDEA

Liz Walker aprendió de pequeña a ver la vida desde lo alto de un pino de 25 metros, en el patio trasero de la casa de sus padres en Vermont. Allí destiló la savia de la América progresista y el espíritu comunitario de los cuáqueros, mucho antes de que empezara a hablarse de sostenibilidad. En Perú se familiarizó con la «justicia social» y más tarde en Birmingham (Reino Unido) descubrió la vida de barrio.

En California, y en el movimiento antinuclear, Walker encontró durante un tiempo su razón de ser como activista, hasta que pasó a la acción con ciento cincuenta «peregrinos» que recorrieron Estados Unidos de costa a costa con la Caminata Global para un Mundo Vivible. Al llegar a Ithaca, a 4 horas de Nueva York, tuvo la impresión de haber alcanzado la meta mítica: allí acabó su particular «odisea» y empezó a construir su «utopía».

Cuenta la leyenda que Dios puso su mano sobre estas tierras y dejó su huella gigante y mojada en los Finger Lakes. El «dedo» más grande es precisamente el lago Cayuga, que llega hasta el corazón de Ithaca, rodeada de gargantas y cascadas, en un incesante fluir de agua. Y allá donde la ciudad se funde con el bosque, en lo alto de una colina y en un camino polvoriento que lleva el nombre de Rachel Carson (la autora de *Primavera silenciosa*), Liz Walker y su compañera de fatigas Joan Bokaer decidieron fundar a mediados de los noventa lo que hoy se conoce como la ecoaldea de Ithaca.

Los 220 vecinos de la ecoaldea, distribuidos en tres barrios (Frog, Song y Tree), utilizan el 30 por ciento de los recursos del estadounidense medio y tienen una huella ecológica per cápita un 70 por ciento menor. La mitad de su energía la obtienen de sus propias placas solares. Cultivan gran parte de sus alimentos en dos granjas y en pequeños huertos. Reciclan y compostan su basura orgánica. Comparten el transporte y reinventan todos los días eso que llamamos el espíritu comunitario.

Los criterios de eficiencia energética de la *passivhaus* y el espíritu del *cohousing* centroeuropeo fueron dos de las lejanas inspiraciones para las tres fases de construcción de la ecoaldea, que fue adaptándose a los tiempos y a las necesidades de sus nuevos vecinos. En Frog, las casas de madera son más pequeñas y están más arracimadas, al estilo *cohousing* centroeuropeo, con grandes ventanales hacia el sur. En Song, el espacio privado es más amplio y los vecinos guardan distancias a la americana. En Tree, la más multicultural, lo que prima es la diversidad y la eficiencia energética.

Las tres *fases* cuentan con casas comunales donde se celebran comidas y eventos todas las semanas y se alquilan espacios de teletrabajo e incluso miniapartamentos. Pese al «crecimiento» orgánico, el proyecto se ha mantenido totalmente respetuoso con la idea inicial: concentrar la población humana en el 20 por ciento del espacio y dejar el 80 por ciento restante para los espacios verdes.

En la ecoaldea de Ithaca, los coches se quedan en el granero de la entrada: los auténticos reyes de la calle son los niños, que campan y pedalean a sus anchas o se divierten buscando ranas en el estanque. Liz Walker crio aquí a sus dos hijos, y reconoce que no fue fácil conciliar la vida familiar con su infatigable labor como «organizadora comunitaria», luchando contra los molinos de viento de la burocracia, procurando que el proyecto avanzara sin traicionar el espíritu de consenso...

«La tarea es ardua y fatigosa cuando decides salirte de los caminos trillados. El culto a la propiedad privada está muy arraigado en este país, pero en todas las *fases* hemos logrado encontrar un equilibrio entre espacios propios y compartidos. Al cabo del tiempo hemos demostrado que no solo es posible otra manera de vivir, sino que esta ya existe y además funciona».

Recalca Liz que la ecoaldea no podría haber florecido sin la interacción constante con esa ciudad de 50.000 habitantes —la mitad de ellos, estudiantes de la Universidad de Cornell o del Ithaca College— que se atisba a lo lejos entre las colinas pobladas de robles y arces. «Desde el principio decidimos no aislarnos en nuestro espacio soñado, sino abrirnos y compartir nuestras experiencias. Porque lo que más necesita el mundo es inspiración, y aquí hemos aprendido a poner unas cuantas ideas en práctica».

En su primer libro, *Ecovillage at Ithaca*, Liz Walker exploraba el proceso de creación de la ecoaldea en un manual que ha dado la vuelta al mundo. En su segundo y más reciente trabajo, *Choosing a Sustainable Future*, su radio de acción se extiende a esta pequeña gran ciudad, que se subió en los años sesenta al carro de la contracultura (con más de cincuenta comunas) y tuvo un alcalde socialista en los «felices» noventa (Ben Nichols).

«Me resultaba curioso comprobar cómo en plena recesión económica el activismo ecológico y social de Ithaca entró en plena ebullición», explica Liz. «Aquí valoramos y apoyamos mucho la economía local, y eso nos ha permitido afrontar mejor los tiempos difíciles. Es una ciudad con un gran espíritu de resiliencia».

Como Portland, Madison, Berkeley o Austin —otros puntos obligados de la «otra» América—, Ithaca se ha convertido en el panal de rica miel «para todos aquellos que buscan una relación más directa con la tierra». Liz se remonta a los tiempos de los indios cayuga, que dejaron en estos bosques la semilla de la sostenibilidad, el pacifismo y el feminismo como parte de su legado histórico.

Ithaca fue también puntal del cooperativismo y de la agricultura ecológica, pionera de la ola de mercados de granjeros que se ha extendido por todo Estados Unidos en las últimas tres décadas. Las «horas» de Ithaca, impulsadas por Paul Glover (el activista local por excelencia), abrieron también la brecha en el movimiento del dinero alternativo...

«Unas iniciativas siempre atraen a otras y acaban creando un efecto multiplicador», señala Liz. «Aquí existe una mezcla de cooperación y competencia sana de la que todos nos acabamos beneficiando. Y sobre todo ha habido líderes locales con la convicción y la capacidad para cambiar las cosas».

Para Liz, la ecoaldea forma ya parte irrenunciable del «ecosistema» de Ithaca, que era ya una ciudad en «transición» antes de que existiera ese movimiento. «La gente está muy concienciada de que hay que evolucionar hacia otro modelo más sostenible. Tenemos que aprender a cultivar nuestros alimentos, a procurarnos nuestra propia energía, a ser más eficientes, a no depender del coche, a compartir recursos, a recuperar los lazos comunitarios. Lo que hemos conseguido aquí se puede lograr en cualquier parte del mundo. Solo hace falta valor, visión y persistencia».

• • •

A los pies de los Pirineos navarros, en lo que fue un internado católico convertido en hotel rural, surgió en el 2014 un espacio único que se ha convertido en el corazón latente de las ecoaldeas. Arterra Bizimodu da nombre al proyecto puesto en marcha por sesenta entusiastas con más de tres décadas acumuladas de experiencia desde Lakabe, el «pueblo alternativo» por excelencia en nuestra ancha geografía.

«Entonces no existía la palabra "ecoaldea", pero el concepto estaba ya en el imaginario colectivo», recuerda **Mauge**

Cañada, pionera del movimiento. «Lakabe se convirtió en símbolo de lo posible, con pocos medios y mucha ilusión... Como urbanitas que éramos, allí aprendimos a trabajar el campo, a gestionar en grupo, a resolver conflictos y a vivir con los problemas no resueltos».

Lakabe fue la primera piedra de la Red Ibérica de Ecoaldeas (RIE), donde confluyen más de una veintena de experiencias comunitarias muy diversas (de Los Portales a Los Guindales, de Arcadia al Molino del Guadalmesí), aunque unidas por un deseo de vivir de otra manera en una relación más respetuosa y directa con la Tierra.

SI HAS CONSTRUIDO CASTILLOS EN EL AIRE, AHORA PON LOS CIMIENTOS. La máxima de Henry David Thoreau inspira a esta tribu de «idealistas prácticos» que están reinventando la vida en comunidad y proyectándola hacia el futuro.

Todas las ecoaldeas tienen algo de laboratorio vivo, pero Arterra Bizimodu (situada a medio camino entre Pamplona y Jaca) se ha propuesto ir más allá. El antiguo internado de Artieda (y sus 4 hectáreas de terrenos cultivables para huertas) ha puesto los cimientos materiales a un proyecto de *cohousing* proyectado hacia el futuro con ideas como la «incubadora» de ecoaldeas.

«Muchas de las nuevas iniciativas ecoaldeanas naufragan al cabo de dos años de vida», apunta Mauge Cañada. «Una cosa es soñar con un mundo distinto y otra es materializar esos sueños. La incubadora nace para dar respuesta a ese desafío. Se trata de un proceso de acompañamiento vivo y dinámico, con la meta de capacitar a los grupos que inician un proyecto comunitario. Aportamos la experiencia de muchos años para hacer más llevadero y feliz el camino colectivo».

La «incubadora» hace de entrada un diagnóstico de la salud del proyecto en todas sus dimensiones (social, cultural, económica y ecológica), se utilizan una serie de indicadores y a partir de ahí se diseña un «mapa» a medida para que el grupo pueda prestar atención a sus puntos más frágiles. La innovación y el emprendimiento están en la base de este experimento de «ecohabitar», que incluye el uso de una moneda local (los «terrones») y la organización comunal en círculos.

Otro paso hacia el futuro de los «arterranos» es la incorporación del concepto de «sociocracia»: un modelo de gobernanza que rompe las jerarquías al uso, en el que las decisiones se toman por consentimiento y que aspira a sacar el mayor partido posible de la «inteligencia colectiva». La ecoaldea tiene además una dimensión internacional, con la oficina de GEN Europa y con proyectos de investigación como el de crear biogás para la cocina a partir de los desechos vegetales.

Los recién llegados han tendido puentes con el centenar de vecinos del pueblo de Artieda, que traen sus residuos orgánicos al gallinero-compostador. La escuelita autóctona acogió en el 2015 los primeros niños y en el horizonte despunta la idea de crear una Universidad para la Transición.

«Arterra Bizimodu nace con la propuesta de estar, crear, participar e influir», sostiene la infatigable Mauge Cañada. «Aspiramos a reunir aquí los saberes para seguir indagando más allá. Queremos explorar los próximos pasos de este movimiento ecoaldeano que confía en ese otro mundo posible... porque ya lo vive».

2
ALIMENTACIÓN

La producción de alimentos es responsable del 23 por ciento de las emisiones y ejerce la mayor presión sobre los ecosistemas de la Tierra.

El 40 por ciento de los 7.600 millones de habitantes de la Tierra deberían cambiar a una «dieta saludable planetaria» (principalmente vegetariana) para reducir a la mitad las emisiones.

Mil trescientos millones de toneladas de alimentos (una tercera parte de la producción) se desechan todos los años, mientras que 820 millones de personas pasan hambre.

CULTIVA ECOLÓGICO, CULTIVA SALUD

A **Mariano Bueno** no hace falta que le vengan con nuevos y definitivos estudios sobre los beneficios de los productos ecológicos. Tampoco le pillarán por sorpresa cuando se publiquen artículos de réplica en defensa de la agricultura convencional y a favor del uso de plaguicidas y abonos químicos en nombre de la «seguridad alimentaria».

«No creo que vaya a ser fácil ni que podamos cantar aún victoria», advierte el pionero y divulgador de la agricultura ecológica. «Por cada nuevo estudio a favor, siempre habrá una campaña de contrainformación. Pero el futuro va en la dirección de una mayor conciencia social: las opciones más sanas y ecológicas acabarán imponiéndose por su propio peso».

Más de tres décadas lleva Mariano Bueno repartiendo sabiduría, salud y energía a partes iguales, con su libro bandera bajo el brazo (*El huerto familiar ecológico*) y sus talleres teórico-prácticos que han esparcido las semillas por toda nuestra geografía. Pero sus raíces están en Benicarló, el pueblo castellonense donde nació hace algo más de sesenta años y donde creció con sus padres agricultores. Allí está también este «espacio de ecodesarrollo personal y social» que bautizó como La Senieta.

«En el año 1981, mi padre transformó esta finca de secano a regadío, y en 1982 me la ofreció cuando vine de Francia por si quería experimentar con la agricultura ecológica», recuerda Mariano. «Acepté el reto y desde entonces este ha sido mi banco de pruebas para demostrar que se puede cultivar sin recurrir a productos químicos».

Antes de adentrarse en Francia y Suiza en el terreno de la agricultura ecológica y de la geobiología (su segunda gran vocación), Bueno pasó como era de rigor por los cursos de Extensión Agraria. Fue a los quince años cuando recibió la lección de los fitosanitarios, los insecticidas y las «unidades de fertilizantes y abonos».

No tardó en darse cuenta de que lo que le vendían como «revolución agraria» era en realidad un «adoctrinamiento» para abandonar los métodos tradicionales y caer en la espiral de los monocultivos y la producción intensiva. Algo le decía instintivamente que ese no era el camino, pero tuvo que salir a otear el horizonte y vivir de cerca el «despertar ecológico» de finales de los setenta.

En Centroeuropa aprendió también algo sobre la chispa que provocó el cambio: «El movimiento de la comida sana se produjo como reacción a la alta contaminación por productos químicos y sustancias tóxicas. En países como Alemania, la industrialización de las prácticas agrícolas empezó muy pronto en el siglo XX. La gente estaba enfermando, por eso hubo esa respuesta y esa búsqueda de alternativas».

«Los cambios se producen por necesidad o por sufrimiento», asegura Mariano. «Y en esa tesitura estamos ahora en los países opulentos, pensando en cómo gestionar los recursos que tenemos en mitad de esta crisis y las que vendrán. A los países que están obligados a vivir en precario no les va ni mejor ni peor, simplemente les va igual que de costumbre. Ellos se adaptaron hace tiempo: ahora nos toca adaptarnos a nosotros».

Esa adaptación pasa necesariamente por el cambio de dieta. Cuando escucha el socorrido argumento de que la agricultura ecológica no podría alimentar a más de 7.000 millones de bocas, Mariano Bueno responde que sí sería posible con un simple cambio de hábitos alimenticios: «Se consume mucha carne a nivel mundial, que además se produce de manera intensiva y con grave sufrimiento para los animales. Reduciendo el consumo de carne y destinando al consumo humano los millones de toneladas de cereales y legumbres que hoy sirven para alimentar al ganado, triplicamos los nutrientes disponibles. Se ha demostrado además que la agricultura ecológica podría sacar a la tierra un rendimiento similar al de la agricultura convencional».

Los prejuicios contra la agricultura ecológica los ha vivido Mariano en su propia tierra, Benicarló, cuando puso en marcha L'Hort de les Flors: «La gente era escéptica al principio y nos decía: lo ecológico se lo van a comer los bichos... Pero yo les enseñé un principio muy básico: "No pongáis en las plantas nada que no pondríais en una ensalada". Con ajos y guindillas podréis controlar los pulgones, con yogur tendréis a raya a los hongos, con un preparado de ortigas podréis contener las plagas».

Dicho y hecho. Al cabo de unos meses, los bancales del huerto de las flores estaban rebosantes de tomateras, lechugas y coles. «Y tan bueno como lo que crece es la sinergia que se crea alrededor. Aquí vienen a cultivar no solo los mayores, sino también los niños de las escuelas y las personas con discapacidades. De aquí se nutre en parte el comedor social. Esto se ha convertido en el gran punto de encuentro del pueblo, y aquí han germinado otros proyectos de agricultura urbana como L'Hort de la Mar».

Mariano nos hace una demostración de cómo remover la tierra en un bancal con la ayuda de una horca de doble mango, el mejor amigo del hortelano ecológico: «Nosotros lo llamamos el biomotocultor porque funciona a base de "biocombustible": garbanzos, lentejas, arroz... Todo lo que comamos para hacer músculo. La verdad es que es un gran invento. Si la hubiera usado yo hace tiempo, me habría ahorrado dos hernias».

No vamos a engañarnos: el huerto exige sudor y esfuerzo, aunque cumple también funciones terapéuticas: «En este mundo urbano y tecnificado en el que nos movemos es muy saludable cultivar, aunque sea en una terraza o un balcón, y tener en casa si es posible nuestro propio botiquín natural de hierbas. Yo las llamo las siete magníficas: albahaca, tomillo, salvia, mejorana, manzanilla, menta y estevia. Sin olvidarnos de la "octava maravilla", el aloe (cicatrizante, calmante, antiinflamatorio, regenerador)».

Podríamos pasarnos largas horas escuchando el saber enciclopédico de Mariano Bueno, contenido en libros como *Cultiva tus remedios*, *Vivir en casa sana*, *Vida sana contada con sencillez* o *La muerte: Nacimiento a una nueva vida*. Tal día como hoy nos sorprende dándole vueltas a la idea de cómo todos los seres vivos somos «energívoros» por naturaleza, y de cómo las plantas nos llevan ventaja porque se alimentan directamente de la luz solar («que es también la razón por la que producen clorofila y son verdes, para reflejar el sol en su momento álgido, o si no se quemarían»).

Tiene además Mariano una voz balsámica y unas manos curativas, curtidas entre los surcos de esa tierra que le reclama en La Senieta, desde donde reivindica el valor de la palabra prohibida: «Las realidades que hoy vivimos tan solo ayer fueron utopía. Las utopías de hoy están destinadas a ser realidad mañana».

• • •

Una azada, un palote y un tridente. He ahí la santísima trinidad de la agricultura urbana. Para los iniciados y para los no iniciados: esa legión de gente joven que se ha lanzado a cultivar en la terraza, en un terrenito de la familia o en un huerto compartido.

A todos ellos se dirige con naturalidad campechana **Toni Jardón** desde el corazón de Asturias. Desde el 2012, el canal de YouTube «La Huertina de Toni» se ha convertido en referencia obligada para todo aquel que se inicia o profundiza en el arte de cultivar sus propios alimentos...

Más de medio millón de curiosos han visionado sus vídeos «Cómo hacer un enraizante natural con lentejas», «Cómo hacer un esqueje de higuera» o «Cómo rebrotar una lechuga», que vuelve locos a los más pequeños. «Cómo hacer humus de lombriz» o «Cómo hacer un bancal cerámico» son otros dos *hits* de Toni, que a pesar del éxito cosechado sigue fiel al mensaje original: «Máxima sencillez y ahorro total».

Le pedimos a Toni que nos lleve a su huertina y aquí estamos, en el concejo de Las Regueras, en el verde intensísimo de Asturias, a la vera del Nalón y de sus afluentes. La huertina tiene poco más de 50 metros cuadrados («un espacio así te basta para el autoconsumo») en una finca familiar rematada por una casita roja. Aquí pasa casi todo su tiempo libre el popular hortelano de treinta y ocho años, que trabaja en realidad como informático y se toma lo del cultivo como una vocación paralela...

«Todo empezó como un puro *hobby*. Desde niño me gustaba cultivar y ya hacía mis pinitos en la casa familiar en Andorra (Teruel), donde tenía ya mérito que creciera algo. Luego me tiró mucho lo audiovisual, y por ahí empezó la cosa: haciéndole un vídeo a un tío mío para que viera cómo plantaba ajos».

«Al principio lo hice por pura diversión y no me lo tomaba demasiado en serio», confiesa Toni. «Pero cuando colgué los vídeos, vi que a la gente les servía y poco a poco fui entrando en la historia. Me di cuenta de que hay muchos jóvenes que nunca han tenido contacto con la tierra y que de pronto se están interesando por estas cosas».

Sus «maestros» han sido los libros del británico John Seymour (*Manual práctico de la vida autosuficiente*), del austriaco Sepp Holzer (pionero de la agricultura ecológica) y del australiano Bill Mollison, pionero de la permacultura. «Aunque no hay mejor aprendizaje que la experiencia, probando por ti mismo y equivocándote a veces. Es lo que digo siempre a la gente: aquí tenéis unas cuantas ideas, pero no os las toméis al pie de la letra. Probad vosotros y adaptadlas a vuestras necesidades».

En su huertina asturiana —fertilizada ocasionalmente por sus gallinas— destacaban los bancales cerámicos, a cuya popularidad ha contribuido notablemente («son más cómodos para cultivar y lo tienes todo más controlado, hasta las malas hierbas»), y las hileras de botellas de plástico recicladas, utilizadas como miniinvernaderos para que crezcan a estas alturas las crucíferas (coliflores, brécoles y repollos).

«Cómo cultivar las berzas asturianas», «Cómo hacer fertilizantes de algas» o «Cómo hacer un tamiz». La curiosidad insaciable de Toni se manifiesta en su colección de más de ciento cincuenta vídeos en los que normalmente ejerce de protagonista, guionista, cámara, editor y lo que le echen. La mayoría de los vídeos siguen su propio proceso de experimentación; otras veces sale al encuentro directo de su nutrida parroquia.

El tomate sigue viviendo de su fama de «rey de la huerta», pero Toni recomienda empezar siempre por la lechuga: «Tiene un ciclo muy corto y es muy gratificante verla crecer en apenas un mes». Y eso por no hablar de su magia oculta, que hace las delicias de grandes y pequeños: «A los niños les enseñas cómo puede rebrotar una lechuga a partir de un tallo, y la verdad es que flipan».

EL GRANJERO EN EL TEJADO

Joan Carulla se adelantó a todos. Cuando el venerado payés urbano empezó a cultivar en su azotea del barrio del Clot, nadie hablaba de agricultura en las ciudades y menos aún de tejados «verdes». Ahora la tendencia se extiende por todo el mundo, de Barcelona a Nueva York. Pero Joan Carulla, noventa y seis años, fue el pionero: el auténtico «abuelo» de los tejados comestibles, alimentando con su sabiduría natural ese increíble vergel en las alturas que echó raíces hace casi cuarenta años y ahí sigue...

«La cosecha más importante es este intercambio de vibraciones positivas con las plantas», asegura el señor Carulla mientras camina con una energía envidiable por su huerto del quinto piso, come sobre la marcha unos nísperos y echa un vistazo a las hileras de patatas. «Yo siempre digo que la horticultura es la gimnasia perfecta: te agachas aquí, te estiras por allá... Imagino que ese es el secreto para llegar a esta edad: eso y la dieta, vegetariano desde los diez años».

Joan Carulla nació allá por 1923 en Juneda (Lleida), un pueblo agrícola hasta donde llegaban los cañonazos del frente del río Segre durante la Guerra Civil... «Llevo toda mi vida llorando nuestro millón de muertos. En mi pueblo cayeron más de cien personas y pasamos todo tipo de penurias. Solo nos quedaron patatas para comer. Tuve la miseria cogida al cuello hasta los treinta y tres años».

Se emociona mucho el afable señor Carulla cada vez que

mira hacia atrás, cuando se ve a sí mismo recogiendo las aceitunas con sus abuelos, pasando un frío que se calaba en los huesos, comiendo y cenando patata hervida. Autodidacta desde los diez años, todo lo que sabe es fruto de su insaciable curiosidad, de la observación y la reflexión.

En los años cincuenta, con el oficio del campo bien aprendido, Carulla cogió el hatillo y emigró a Barcelona: «Me vine porque no tenía tierras. Abrí una tienda de ultramarinos y la gente hacía colas para comprar. Fui presidente del gremio local. Eran otros tiempos, cuando se podía prosperar con un pequeño negocio local, no como ahora. Digamos que no me fue mal, y acabé con mi terrenito en una azotea».

A finales de los sesenta, la semilla «revolucionaria» germinó en el corazón del payés urbano, que mentalizaba ya a sus vecinos sobre los efectos de la contaminación en el Club d'Amics de la Unesco. Todos sus pensamientos sobre la bondad de las plantas y de la dieta vegetariana los escribía en la revista del Gremi de Detallistes d'Alimentació.

Tres terrazas, tres, sigue cultivando al cabo de los años Carulla. Son 260 metros cuadrados en total y 70 toneladas de tierra. Una capa de tela asfáltica impide que las raíces penetren hacia abajo y un sistema de drenaje previene las humedades. La vegetación garantiza el aislamiento contra el frío en invierno y contra el calor en verano. Es capaz de almacenar hasta 15.000 litros de agua con un sistema de captación de lluvia. Una tercera parte de la tierra que pisamos es pura materia orgánica...

«Si en algo soy maestro es en el arte del compostaje y del reciclaje. Yo siempre he aprovechado todo, salvo el vidrio y la loza. Hasta las botellas de plástico las utilizo para proteger las uvas de los pájaros... Y bajo nuestros pies, descomponiéndose, tenemos basura orgánica, cajas de frutas, cartón del supermercado, facturas de papel y hasta persianas que no he querido tirar. Se lo echo a la tierra, que lo agradece todo».

Se diría que Joan Carulla ha rejuvenecido desde que le inmortalizaron hace una década en el documental *Utopía* de Lucho Iglesias y Álex Ruiz. El hortelano en las alturas ha vuelto a la palestra en *El jardín escondido* y en *La ciudad comestible*, los espléndidos libros sobre la Barcelona verde de Pilar Sampietro e Ignacio Somovilla. Decenas de curiosos se acercan ocasionalmente a visitar al «abuelo» (cuatro nietos) de los tejados verdes, que recibe con los brazos abiertos a los niños de las escuelas.

Todos se quedan maravillados al descubrir el paraíso en las alturas, que parece sacado de un cuento de hadas. Hasta cuarenta árboles frutales se alternan en el bosque comestible, listo para dar la bienvenida a las ciruelas (después llegarán los melocotones y los albaricoques). La cosecha está ya casi lista para los puerros, las habas y los ajos, y más tarde los tomates, los pimientos y las berenjenas...

«Puedo comer de la terraza gran parte del año, y patatas suele haber para toda la familia. Las comí más de la cuenta de niño, pero no puedo vivir sin ellas. Lo que me sobra lo doy, yo no hago negocio con esto. Eso sí, me ahorro unos buenos euros en la cesta de la compra. Y no hay nada como saborear lo que tú mismo recolectas por la mañana. Todo ecológico y sano».

Joan Carulla se agarra con firmeza a las barras metálicas estratégicamente situadas entre las parcelas y por las que trepan las parras (hasta 100 kilos de uvas). De barra en barra va avanzando casi con los ojos cerrados, sin interferir en el particular ecosistema de la terraza: «Eso que llamamos malas hierbas son en realidad plantas cuyas cualidades aún no hemos descubierto. Hay que quitarlas pidiéndoles perdón».

Desde la azotea del señor Carulla se domina el barrio del Clot, que hasta hace poco más de un siglo mantuvo su carácter rural, rodeado de torres y de masías. Joan está convencido de que se puede hacer más, mucho más, por volver a traer la esencia de la huerta a la ciudad, y lo que más le preocupa es cómo transmitir la sabiduría a sus hijos y a sus nietos y a todo aquel que se aventure a ser agricultor en las alturas...

«Dicen que solo aprovechamos un 1 por ciento de lo que podríamos plantar en terrazas y balcones. Por no hablar del espacio que tenemos en los interiores de las manzanas, que podrían aprovecharse para cultivar y crear microclimas para los niños y las personas mayores... Yo animaría a cualquiera que tenga una terraza a que inicie esta mágica relación de amor con la tierra. A las plantas hay que tratarlas humildemente, con total agradecimiento. No digo ya de rodillas, pero sí con los brazos abiertos».

• • •

En un tejado de Brooklyn, el cinc caliente ha dejado paso a la felicidad de la tierra, y encima han brotado las lechugas, las coles y las tomateras. La cosecha palpita a cinco pisos de altura: un auténtico *skyline* vegetal, con el Empire State y todos los «tótems» de Manhattan al fondo recordándonos lo cerca que queda la «civilización».

«Esto antes era un tejado inhóspito como cualquier otro», recuerda **Annie Novak**, artífice del tejado/granja de Eagle Street. «Hizo falta mucho esfuerzo y un poco de imaginación para convertirlo en lo que ahora es. Lo más fatigoso fue subir hasta aquí la tierra. Un tropel de voluntarios cargó con los sacos por las escaleras hasta "rellenar" los 2.000 metros cuadrados de huerta en las alturas. Parecía imposible, pero lo logramos».

«Con un buen aislamiento y un puñado de semillas, cualquier tejado puede convertirse en un vergel», advierte Annie. «Y no solo tendremos comida, sino que estaremos absorbiendo el agua de la lluvia y contribuyendo a la refrigeración de los edificios al mitigar el efecto de "isla de calor" tan frecuente en las ciudades».

Mucho ha llovido desde que Annie Novak se subió a la proa de los tejados verdes de Manhattan hace algo más de una década, con apenas veinticinco años y junto a Ben Flanner.

Desde lo alto del viejo edificio industrial en Greenpoint, los dos otearon un futuro poblado de huertos en las alturas. En los primeros compases del siglo, ambos fueron pioneros del movimiento de los Greenhorns: jóvenes urbanos y con tierra en las uñas.

«Recogemos el testigo de la generación que clamó por la vuelta a la tierra [BACK TO THE LAND]», explica Annie. «Pero no queremos aislarnos del mundo en una comuna o en una granja lejana. Somos jóvenes y no solo nos atrae la cultura urbana, sino que queremos formar parte de ella y transformarla en lo posible».

«A mí me gusta mucho Nueva York por su diversidad, por su bombardeo constante de ideas y estímulos», confiesa Annie, nacida en Chicago. Nada más acabar la universidad, sintió la llamada de África y completó su tesis sobre las plantaciones de cacao y el desarrollo en Ghana. Pasó luego un tiempo en Sudamérica y recaló también en Sevilla.

En español, con gracejo andaluz, Annie vuelve la vista atrás y reconoce que fue duro abrirse paso en el asfalto contra viento y marea: «Hay algo del espíritu de marinero cuando te plantas en el tejado como si estuvieras en la proa de un barco. La fronda de los árboles es como las olas, y tú te sientes de pronto como flotando en una isla llena de posibilidades. Habrá momentos en que el sol seque toda tu cosecha, en que el viento arrase con los tallos y en que las palomas picoteen la mitad de lo que has plantado. A veces, toda la burocracia se te hará más cuesta arriba que las escaleras. Pero al final compensa por el entusiasmo, el empoderamiento y la respuesta que recibes».

Annie Novak roza la felicidad urbana, rodeada de gallinas, conejos y abejas. La hortelana en las alturas no solo cultiva, sino que reparte la cosecha en bicicleta por los restaurantes de Greenpoint. Una red comunitaria de Brooklyn da también apoyo a la granja/tejado, estandarte de la comida «hiperlocal». El sobrante se vende en la misma huerta. En invierno se dedica a la cocina natural (Growing chefs) y a la docencia «verde», con un arte especial para contagiar su amor por la naturaleza a los niños.

Su viejo socio Ben Flanner fundó por su parte el tejado-granja de Brooklyn Grange, que supuso el gran salto cualitativo de la agricultura urbana: más de 200.000 dólares de inversión, 10.000 metros cuadrados de superficie y 140 hileras de cultivos (lechugas, tomates, guisantes, repollos, brócolis). Lo que empezó como un «brote verde» a primeros de siglo es ya una señal irrefutable del cambio que se está gestando en las grandes ciudades, con más de 900 tejados verdes moteando el cielo de una imaginaria Granjatan.

¡LIBERTAD PARA LAS SEMILLAS!

La semilla es la llave de la vida. Fue la primera lección que **Vandana Shiva** aprendió de niña de su madre campesina en Dehradun, al norte de la India. Las mujeres eran tradicionalmente las portadoras de esa sabiduría milenaria que pasaba de madres a hijas, de abuelas a nietas... «La semilla es el primer eslabón de la cadena alimentaria y salvarla es nuestro deber, compartirla es nuestra cultura».

El padre de Vandana Shiva era guardabosques: su infancia fue un baño de humildad y naturaleza. A los veinte años, y siguiendo el principio de la no violencia de Gandhi, se sumó al movimiento Chipko de resistencia a la deforestación en el Himalaya. Tras estudiar Física y Filosofía de la Ciencia en Canadá, decidió regresar a su país, donde acabó convirtiéndose en símbolo del ecofeminismo y tendiendo puentes entre la conciencia ambiental y la transformación social.

Durante varios años, Vandana visitó asiduamente nuestro país y se dejaba caer en otoño por Pollença (Mallorca) en los encuentros de Educar para la Vida. Fue allí, bajo un ficus centenario, donde hablamos largo y tendido sobre el germen de la vida...

«La semilla ha de tener libertad para reproducirse a sí misma y multiplicarse. Estamos hablando de un bien común, como el agua o el aire, no de algo que pueda patentarse o por lo que se puedan cobrar *royalties*. Todas nuestras libertades fundamentales están en juego en estos tiempos, pero la libertad más esencial de todas es la de las semillas».

Más de tres décadas lleva Vandana Shiva defendiendo los derechos de los campesinos y reclamando «libertad para las semillas» en su país con Navdanya (literalmente, «NUEVE CULTIVOS»). La organización, con ramificaciones en todo el mundo, ha instruido a medio millón de agricultores y agricultoras en el arte de la soberanía alimentaria. En la India, sin ir más lejos, se han creado 54 bancos de semillas como respuesta a la invasión de los monocultivos... «Soja transgénica, maíz transgénico, plátanos transgénicos: la estrategia es siempre la misma. Primero reducir la biodiversidad y después controlar lo que queda. En la India tenemos más de cien variedades de banana. Con la introducción de los transgénicos quedarán reducidas a siete y los agricultores perderán el control de las semillas».

Vandana abandera también un movimiento internacional, Seed Freedom, dirigido sobre todo a las agricultoras y con un enemigo declarado: «Monsanto es la compañía que ayudó a fabricar el "agente naranja" en la guerra química contra Vietnam, no lo olvidemos. ¿Cómo vamos a creernos ahora que los artífices de la destrucción, los mayores fabricantes de pesticidas y herbicidas, van a acabar con el hambre en el mundo? ¿A quién quieren engañar con esa propaganda de guerra?».

Con su espíritu combativo, Vandana defiende la diversidad como quien defiende la democracia. «La engañosa "revolución verde" abrió las puertas en mi país a la dictadura alimentaria. Cientos de variedades de arroz que las mujeres habían preservado durante generaciones desaparecieron para dejar paso al arroz dorado, promocionado como el alimento "milagroso" que iba a solucionar el problema de las deficiencias vitamínicas. Todos estos esfuerzos tenían una finalidad muy clara: acabar con la libertad de los agricultores. Quien controla las semillas, tiene el poder».

Habla la ecofeminista india de la «triple falacia» de los alimentos genéticamente modificados: «Se supone que iban a solucionar el problema del hambre, pero resulta que las cosechas son inferiores a las de los cultivos tradicionales. Se supone que iban a eliminar los pesticidas, pero el uso de productos químicos se ha seguido disparando. Y el argumento más importante: decían que iba a traer prosperidad a los agricultores, pero en la India ha habido un aumento de suicidios entre los campesinos por ruina económica».

Las encuestas demuestran, sin embargo, una mayor aceptación de los transgénicos, lejos del alarmismo de hace una década. Vandana Shiva interpreta esa actitud como una consecuencia de la propaganda difundida por los medios: «Igual que convirtieron la energía nuclear en una solución a la crisis energética, nos venden los transgénicos como una solución "aceptable" a la crisis alimenticia».

A su entender, el hambre es principalmente «un problema de comercio injusto». La agricultura ecológica y la relocalización económica, asegura, son la receta válida para alimentar al mundo y a la propia India, que en una década superará a China como el país más poblado del planeta... «Como nuestra experiencia en Navdanya nos ha enseñado, los sistemas de alimentos orgánicos, locales y biodiversos proporcionan alimentos saludables para todos y al mismo tiempo regeneran el suelo, el agua y la biodiversidad».

Desde su confinamiento en la India, en un mensaje dirigido a sus seguidores, Shiva aseguró que la epidemia del Coronavirus ha servido «para demostrar que podemos desglobalizarnos cuando hay voluntad política» y para que recordemos que «la Tierra es para todas las especies».

«La pandemia no ha sido un desastre natural, de la misma manera que los extremos climáticos no son desastres naturales», señala. «Las epidemias emergentes, como el cambio climático, están causadas por las acciones humanas. La ciencia nos demuestra que, a medida que invadimos los ecosistemas forestales, destruimos los hogares de otras especies y manipulamos plantas y animales para obtener ganancias, estamos creando las condiciones para nuevas enfermedades».

«Un pequeño virus puede ayudarnos a dar un salto cuántico para crear una civilización planetaria basada en la armonía con la naturaleza», concluye la autora de libros como *Abrazar la vida: Mujer, ecología y desarrollo*, *Cosecha robada* o *¿Quién alimenta realmente el mundo?*, donde nos incita a levantar la azada...

«Aprender a cultivar una parte de tus alimentos es un posicionamiento contra la dictadura alimentaria. Tú te garantizas tu propia comida. Tú te procuras tus semillas y en ese momento te incorporas al movimiento Seed Freedom. Cultivar un huerto es al mismo tiempo un acto de rebeldía y de esperanza. Una manera de decir: no me voy a rendir».

• • •

Como si fueran las varillas de un abanico milenario, **Clayton Brascoupé** despliega ante nuestros ojos las mazorcas de maíz negro, maíz blanco, maíz rojo, maíz azul... El increíble arco iris de granos y semillas ha pasado de generación en generación desde tiempos inmemoriales. Su labor consiste ahora en preservarlos ante la invasión del maíz transgénico que acecha a los agricultores nativos de Nuevo México.

«El maíz es algo sagrado para nosotros», asegura Brascoupé, un indio mohawk que cambió los bosques del noroeste norteamericano por los bancales del río Tesuque, donde también cultiva fríjoles, chiles, guisantes y verdura ecológica. «Nada atenta más contra nuestra cultura que el maíz transgénico. Creemos que una semilla saludable hará a la gente saludable, por eso nos rebelamos instintivamente».

El pueblo de Tesuque (con una población de apenas mil almas) tiene una larga tradición en esto de las rebeliones. Cada 4 de agosto se celebra en la plaza la Danza del Águila para conmemorar la revuelta del 1680 que acabó con la retirada de los conquistadores españoles y permitió la supervivencia contra todos los elementos de esta cultura ancestral, que se ha preservado milagrosamente en 19 pueblos de adobe de Nuevo México.

«Vivimos en contacto primordial con la tierra», explica Clayton Brascoupé, el guardián del maíz. «Tenemos una relación emocional y espiritual con las semillas. Nuestros ancestros mesoamericanos las llevan usando desde hace 7.000 años. Moler el maíz es algo que hacemos a mano todos los días. Es la base de nuestra dieta, lo usamos para hacer pan, harinas, dulces... Y lo utilizamos también en nuestras ceremonias sagradas. No podemos tolerar que se fuerce a los agricultores a destruir sus semillas o a quemar una cosecha "ilegal". Para los indios, quemar el maíz es un sacrilegio».

Taos, Picuris, Pojoaque, Cochiti, Zia, Acoma, Tesuque... Los pueblos de Nuevo México son territorio fértil para el mestizaje y las ensoñaciones, pero no para las cosechas. Durante más de tres siglos, y gracias a la sabiduría heredada de la cultura de los anasazis, los nativos lograron sin embargo sacar fruto a estas tierras áridas.

La «ocupación» española, pese a la sangre derramada, dejó también un surco muy profundo. Así, tenemos la Asociación de las Acequias (que protege las «venas» de agua de Nuevo México), el grupo Amigos Bravos (que vela por los cauces naturales) y la asociación Tierra Lucero (que une a los agricultores ecológicos).

El agua es la vida y aquí se la venera como el maná del cielo. ¡EL AGUA NO SE VENDE, EL AGUA SE DEFIENDE! es el lema de los «parciantes», hermanados por un sistema de cooperativas que ha sobrevivido a períodos de hambrunas y de sequías. El mismo espíritu ha inspirado la Declaración de la Soberanía de las Semillas, firmada en la localidad de Alcalde por decenas de agricultores «resistentes al sistema de industrialización de los alimentos que corrompe nuestra salud, nuestra libertad y nuestra cultura».

Entre los impulsores de la declaración de soberanía se encuentra precisamente Clayton Brascoupé, cuyo sueño es la creación de una red de bancos de semillas donde se preserve la herencia agrícola de los pueblos. El «guardián» del maíz está también al frente de la Asociación de Agricultores Nativos y Tradicionales.

«Hemos decidido reclamar nuestra cultura y tomar las riendas de nuestro destino. Aquí, en Tesuque, cultivamos 17 hectáreas que sirven como agricultura de subsistencia para el pueblo. El sobrante lo vendemos en los mercados locales y la agricultura sirve para crear empleo e involucrar a la pujante generación de jóvenes campesinos».

EL PLANETA EN EL PLATO

Una cosa es comerse el planeta y otra muy distinta es nutrir la Tierra. **Carlo Petrini** lleva media vida (setenta años) intentando dar la vuelta a la ecuación e impulsando un cambio profundo en la relación con los alimentos. Así nació en 1986 Slow Food, la revolución a fuego lento presente ya en 176 países.

«Yo sospechaba que la soberanía alimentaria iba a ser una de las cuestiones más palpitantes, pero no pensaba que fuéramos a llegar tan lejos», confiesa Petrini al recordar el ruidoso inicio del movimiento en las escalinatas de la plaza de España de Roma en protesta por la apertura de un McDonald's. «Hemos recorrido un largo camino y hemos crecido de una manera orgánica, sin prisas, pero sin pausa».

El caracol es el símbolo irrenunciable de Slow Food, pero en las palabras de Carlo Petrini hay siempre una sensación de urgencia frente a la «tiranía alimentaria», como si no hubiera tiempo que perder. Sus discursos encendidos —en Turín o en Londres, en Lima o en Nairobi— son auténticas llamadas a las azadas, los cuchillos y los tenedores para defender la opción de la comida local, ecológica y sana...

«Vivimos a expensas de un sistema alimentario criminal e insostenible. Más de 850 millones de personas pasan hambre y más de 1.500 millones padecen obesidad o están sobrealimentados. Son las dos caras de la misma moneda. Y entretanto tiramos miles y miles de toneladas de comida a la basura todos los días... ¿Cómo podemos tolerarlo?».

Carlos Petrini iba para político y se quedó enganchado a la alimentación, «acaso el acto más político de todos». Con un brío infatigable al cabo de más de tres décadas, el piamontés de armas tomar advierte que ha llegado el momento de presionar a los gobiernos para poner la política en el plato y viceversa.

«Los alimentos y la política han ido unidos desde tiempos de los faraones e incluso antes. Desde que los humanos dejamos de ser cazadores y nos hicimos agricultores, todo cambió radicalmente. La política alimentaria ha sido históricamente el instrumento del poder, que consiste básicamente en controlar el vientre de los ciudadanos. En tiempos se hacían guerras para conquistar tierras. Hoy se persigue el mismo afán por otros medios: las multinacionales se han lanzado a la nueva "conquista" de África».

Ahí le duele al fundador de Slow Food, que ha convertido el despilfarro alimenticio y el acaparamiento de tierras en las dos batallas del movimiento, que está volcado, por otro lado, en la protección de los «baluartes» alimenticios en todo el mundo bajo la certificación conocida como Arca del Gusto.

«África ha pasado históricamente del esclavismo al colonialismo y al neocolonialismo que tenemos ahora», advierte Carlo Petrini. «China, la India y otros países se han apropiado de más de 80 millones de hectáreas de tierra fértil. Ese proceso tiene un gran impacto en la población y ha perpetuado las condiciones de explotación, penuria y hambre en un continente azotado por las guerras, las epidemias y las sequías».

El fundador de Slow Food invita a sus más de cien mil miembros a tender puentes con el continente africano y a apreciar su condición de «cuna de la biodiversidad», con sus múltiples expresiones culturales, que se plasman en sus más de dos mil lenguas y en su riqueza gastronómica. Tras el crecimiento experimentado en el hemisferio norte, Slow Food viró hacia el sur hace una década. En el 2011 se lanzó el proyecto Mil

Huertos en África, relanzado después como Diez Mil huertos... y los que lleguen.

«Nuestra labor no es más que una gota de agua en un continente inmenso», certifica Petrini. «Pero si ayudamos a los africanos a retomar el control de sus semillas y el acceso directo a los alimentos, si las comunidades se empoderan y se crean redes de mujeres, que son el auténtico motor de la economía local, nuestra iniciativa puede tener un efecto multiplicador y contribuir al cambio de paradigma de la alimentación».

«Esa idea de que los transgénicos pueden acabar con el hambre en el mundo es una falacia», sostiene el fundador de Slow Food. «Para empezar, hoy por hoy producimos comida suficiente para alimentar a 12.000 millones de humanos. Si no lo conseguimos es fundamentalmente por problemas de distribución, por falta de eficiencia o por conveniencia de los "mercados". Se está desmontando también el mito de que los cultivos transgénicos son más productivos que los biológicos».

Carlo Petrini, sumo sacerdote de la comida auténtica, tiene un «pecado» que confesar: come carne, aunque cada vez menos: «Tan solo ocasionalmente para dar sabor a la pasta, nuestro plato nacional». El consumo de carne y pescado es algo que se ha abordado muy directamente en Slow Food. De esa preocupación han surgido proyectos como Slow Meat y Slow Fish...

«Es increíble cómo estamos devastando los océanos, y ese es un problema del que apenas se habla porque es menos visible. Por eso es tan importante cambiar nuestras pautas de consumo y comer menos pescado, sobre todo en países como España, Japón y Perú, que se llevan la palma a nivel mundial. Pero también debemos apreciar, conocer y proteger al pequeño pescador que en realidad vela por la protección de los mares».

El problema de la carne es ineludible, sobre todo por su contribución al cambio climático y a la destrucción de los ecosistemas... «Es totalmente cierto: los americanos y los europeos comemos demasiada carne. Un americano come unos 125 kilos al año, lo cual es malo para el planeta y para la salud. Los italianos y los españoles rondamos los 90 kilos por habitante, algo excesivo. Pero en África no comen más que 5 kilos por persona al año. Contrastando estos datos es como nos damos cuenta de la desigualdad. A lo mejor no estaría mal que los africanos pudieran comer más carne».

¿Qué tienen, pues, en común un miembro de Slow Food en Bilbao y otro en Yaundé, Camerún, sin ir más lejos? «Los dos están unidos por su aprecio por la tierra, por la dignidad de los campesinos, por nuevas formas de distribución, por los mercados de granjeros, por los alimentos de temporada... Cada país tiene su cultura y eso es algo que nos interesa destacar: los países que llamamos "pobres" son muy ricos en cultura gastronómica».

Y como incomparable muestrario, ahí tenemos el Salone del Gusto-Terra Madre, que arrancó en el 2004 con una asamblea de 5.000 productores de 130 países y que reúne cada dos años en Turín a lo más granado de la gastronomía mundial, incluida la alianza de chefs por la comida lenta a la que se han sumado, entre otros, Massimo Bottura, Gastón Acurio o Jamie Oliver. El bullicio de fondo del Terra Madre puso el contrapunto a nuestra charla con Carlo Petrini, que tampoco anticipó las múltiples ramificaciones que le han salido a su movimiento: del *slow money* al *slow travel*, pasando por las ciudades lentas, las escuelas lentas y hasta el periodismo lento.

• • •

Los europeos nos permitimos el lujo de tirar a la basura más de una tercera parte de la comida que producimos. El despilfarro es aún mayor en Estados Unidos, donde se desechan todos los años 40 millones de toneladas de comida, suficientes para alimentar con creces a los 1.000 millones de personas que pasan hambre. Más de 43 millones de europeos están bajo la línea de la pobreza alimenticia... Y, sin embargo, así seguimos, desechando al año de 95 a 115 kilos por cabeza de comida apta para el consumo.

«La crisis nos hizo despertar, pero seguimos sin hacer lo suficiente para paliar esta situación absurda», advierte **Tristram Stuart**, autor de *Despilfarro: El escándalo global de la comida*. Nadie ha batallado tanto por el tema como Stuart, que empezó rescatando alimentos desechados por los supermercados y recuerda ahora la finalidad última del friganismo: «El movimiento desaparecerá en el momento en que consiga su objetivo y no encontremos comida aprovechable en los cubos de la basura».

Desde 2009, cuando arrancó su cruzada, la ONU ha tomado cartas en el asunto y se ha propuesto la meta de reducir en un 50 por ciento el despilfarro de comida de aquí a 2025. Cientos de ciudades en todo el mundo han replicado actos como aquel Feeding the 5.000 en Trafalgar Square que puso definitivamente la patata caliente del despilfarro sobre la mesa. Allí estuvo Tristram Stuart, encaramado a una montaña de frutas y verduras, incitando a los comensales a saborear por un día las toneladas de alimentos que, de lo contrario, estarían pudriéndose en los campos, en los cubos y en los vertederos.

Las acciones colectivas de Stuart han servido sin duda para dar visibilidad a un gran problema hasta ahora escondido. «Al menos se ha producido ya un reconocimiento a nivel político. Los medios han ayudado a correr la voz y el mundo se está moviendo. Nos queda sin embargo una larga tarea de concienciación y cambio de hábitos. La cultura del usar y tirar está muy arraigada y hacen falta muchas más campañas».

Stuart está convencido de que la solución empieza por nosotros mismos, en nuestros hogares, que tan despreocupadamente contribuyen al despilfarro: «Tenemos un gran poder como ciudadanos y consumidores. Cada cual es muy libre de seguir su propia receta para la acción, pero las opciones son muchas. Desde hacer la compra con una lista de lo estrictamente necesario hasta no dejarnos seducir por la "navidad perpetua" de los supermercados, pasando por aprender a cocinar con las sobras».

Esa presión de los consumidores, según Stuart, ha servido para que una cadena de supermercados británica reduzca hasta un 40 por ciento la comida desechada. O para que los consumidores tengan ahora la opción de comprar fruta de peor aspecto (pero perfectamente comestible) por menos precio. O para que organizaciones como Foodcycle, que organizan comedores populares para gente sin recursos, consigan reaprovechar el máximo posible de alimentos.

El contacto directo entre productores y consumidores contribuye a aliviar notablemente el problema, cuya raíz está precisamente en «nuestro alejamiento del sistema alimentario y la falta de valor que damos a la tierra, el agua, la energía y el trabajo humano». Admite el autor de *Despilfarro* que si la comida llevara asociada su coste ecológico sería sin duda mucho más cara: «Pero tampoco me parece una solución que la gente tenga que pagar más por lo que come, porque a la larga los más perjudicados van a ser siempre los más pobres».

EL CHEF SOLIDARIO Y SOLAR

Hay viajes de los que no se regresa nunca. Hay vivencias, personas, paisajes que se quedan clavados en el alma. Aunque a veces duelan. Aunque a veces pesen como gruesos nubarrones sobre nuestras conciencias, habitantes que somos de la parte acomodada del planeta, tan cerca de ese otro mundo invisible donde la vida es pura supervivencia y la muerte machaca con saña. Haití, sin ir más lejos.

Habían pasado cien días del devastador terremoto del 2010. Las víctimas eran ya más de doscientas mil y un millón de personas vivían a la intemperie en las condiciones más desesperadas. Los grandes medios habían decidido ya pasar página, pendientes siempre de la siguiente guerra o desastre. La idea era precisamente plantarle cara al olvido, pero buscar también un rayo de esperanza.

Así surgió la expedición Solar for Hope, concebida por el chef **José Andrés**, fascinado con las posibilidades de la cocina solar. Por aquel entonces, José Andrés estaba considerado ya como el representante más puntero de la cocina española en Estados Unidos, con su grupo ThinkFood y su larga decena de restaurantes, tras haber llegado al país con veintiún años y un puñado de dólares (previo paso por El Bulli).

La chispa de la expedición surgió una noche en Washington, mientras el propio José Andrés cocinaba un pisto en honor a Manolo Vílchez, el artífice de las cocinas AlSol. Tuve la suerte de ser testigo del «flechazo» mientras el chef montaba la parábola de aluminio con la ilusión de un niño que arma un mecano, ante los ojos curiosos de sus hijas y de su mujer, Patricia. Cuando nos fuimos de allí, intuimos que no tardaría en llamarnos.

Y así fue. El terremoto de Haití acabó de activar su conciencia de cocinero solidario, hasta entonces centrada en la pobreza invisible de Washington. José Andrés quería ayudar a Haití, pero no sabía cómo. Hasta que Manolo le sirvió en bandeja el oficio de cocinero solar. Los amigos de la ONG Cesal, que nos acompañaron desde la República Dominicana para hacer más llevadero el purgatorio de la aduana, fueron testigos que aquella fructífera relación que se inició con las catorce cocinas de Solar for Hope.

El primer impacto al llegar a Haití fue brutal. El cruce de Malpaso/Malpasse es como la transición del paraíso caribeño a la devastación absoluta. La vegetación tropical deja paso a un paisaje semidesértico, que se refleja en el extraño azul del Lac Azuei. Más del 90 por ciento de Haití está deforestado. Todos los años se talan más de 30 millones de árboles y se queman 380.000 toneladas de madera. El carbón vegetal es la vida y la lacra de los haitianos. Sin él, no comen. Con él, agonizan lentamente en su tierra maldita.

Las columnas humeantes de las carboneras fueron marcando el camino polvoriento que conducía a la aldea de Fonds-Verrettes, donde el agua potable y la luz eléctrica eran aún una quimera. Allí entendimos realmente el alcance de Solar for Hope: José Andrés se convirtió en algo así como el brujo local cuando al día siguiente convocó al pueblo ante la cocina parabólica.

Las nubes incipientes hicieron temer que la magia del calor retenido no funcionara. Pero el día se abrió finalmente y el sol caribeño llevó las cacerolas al punto de ebullición, ante las miradas atentas y las sonrisas eternas de los niños haitianos. José Andrés hizo primero un arroz con guisantes y maíz para cincuenta personas. Y como aún quedaba gente por comer, improvisó unas migas con sardinas (algo así como el milagro del pan y las latas). Puedo decir a estas alturas que tuve la suerte de presenciar el bautismo de fuego del cocinero solidario y solar. José Andrés es una fuerza de la naturaleza, un hombre de gran talla (de cintura y de corazón). A su energía desbordante se une su gran capacidad de persuasión y organización, como lo demostró en los días sucesivos en los campamentos de la ONG Cesal en Cité Militaire y en Cité Soleil, donde nos recibió sor Pilar Pascual, que también se quedó con una cocina: «Aquí el sol nunca falta».

«Haití es la cara de una madre que llora desconsolada y con su llanto daña a sus hijos sin saberlo», escribió sobre la marcha José Andrés, que es además un grandísimo comunicador. Su vínculo con el país más pobre de América fue más allá de aquella expedición pionera. Tiempo después ayudó a crear la École des Chefs en Puerto Príncipe y se embarcó en un programa de cocinas «limpias» en las escuelas.

Haití fue también la primera piedra de World Central Kitchen (WCK), la ONG creada con la meta utópica de DAR DE COMER AL MUNDO y convertir el alimento en AGENTE DE CAMBIO Y EMPODERAMIENTO. La cocina solar le hizo calibrar también la dimensión ambiental de su oficio. Poco después se convirtió en embajador de la Alianza Mundial para las Cocinas Limpias e impulsó la celebración del Sunny Day en Las Vegas.

Su éxito profesional fue a más, hasta alcanzar la categoría de *celebrity chef* y seguir extendiendo su red de restaurantes de costa a costa. Pero aparte del mandil de cocina, siempre tuvo listo su segundo uniforme: el de reportero de guerra con su chaleco de bolsillos múltiples y su gorra de faena, presto a arrimar el hombro en el huracán *Sandy* en Nueva York, en el *María* en Puerto Rico, en el *Dorian* en las Bahamas, en los fuegos en California y finalmente en la epidemia del Coronavirus...

«Amigos míos, esta es tal vez la razón por la que fue creada World Central Kitchen», dijo sin dudarlo José Andrés a su red de miles de colaboradores y voluntarios, al tiempo que se veía obligado a cerrar sus restaurantes por el «cerrojazo». Días después viajó en avión hacia San Francisco, con ese instinto que ya tiene para las «zonas de desastre».

Su primera misión durante la pandemia fue cocinar en California para los 3.700 pasajeros del crucero *Diamond Princess*, una cuarta parte de ellos infectados con el Coronavirus. De ahí pasó a dar comidas gratis con cocinas industriales y en campos de béisbol en Nueva York, en Los Ángeles y en Chicago, y a servir más de un millón de platos al día a mayores, desempleados y familias sin recursos.

«La crisis del Coronavirus demostró que nos sobran los políticos y nos faltan líderes», declaró José Andrés sin necesidad de apuntar a nadie (su enfrentamiento con Donald Trump viene de largo). El chef de Mieres es sin embargo muy cercano a los Obama y los Clinton, que le abrieron las puertas de la Casa Blanca. La propia Hillary se refirió a él como «un tesoro nacional» en el artículo que colocó a José Andrés a la portada de *Time* en medio de la epidemia, tras haber sido nominado al Premio Nobel de la Paz.

SIN EMPATÍA, NADA FUNCIONA es una de sus máximas. Con World Central Kitchen, José Andrés ha llevado al mundo de las ONG «la mentalidad del sector privado» y la actitud tan americana del «se puede hacer». Su don de gentes ha servido para atraer a donantes millonarios y de renombre para la causa.

«El destino de las naciones depende de cómo se alimenten a sí mismas», advierte José Andrés, parafraseando el llamamiento que hizo el pensador culinario francés Brillat-Savarin durante una epidemia de cólera a principios del siglo XIX. «El destino de las naciones depende ahora de cómo se puede alimentar a los ciudadanos en una crisis como la del Coronavirus. Con el apoyo de los Gobiernos, la comida puede ser la solución para dar millones de puestos de trabajo, reconstruir las economías, empoderar a las comunidades y alimentar a millones de personas que lo necesitan».

• • •

Los sábados invocan al sol. **Manolo Vílchez** lo sabe desde hace más de veinticinco años, cuando arrancó su personalísimo idilio con las cocinas solares, tan solo comparable con su segundo gran amor en la vida: la bicicleta.

Los «sábados al sol» fueron una cita obligada en el espacio creado por Josep y Miquel Pàmies en Balaguer, donde Manolo ejerció como dinamizador con ideas como el encuentro de los chefs solares, abierto al común de los comensales, que podían descubrir el vínculo íntimo entre la comida, la energía y la felicidad...

Manolo lo tuvo muy claro desde que descubrió estas cocinas sin emisiones. Fue en los años noventa y en los encuentros solares de Benicarló, donde el activista recibió algo así como un fogonazo. Siempre había sentido la ecología como «una historia de amor hacia la especie y hacia Gaia». Pero nunca había pensado que esa pasión le llevaría a convertirse en cocinero, fascinado «por el uso más sabroso de las energías renovables».

El segundo chispazo fue la llegada de una remesa Sun Oven, *made in USA*, que él mismo llegó a comercializar desde una pequeña empresa familiar en Castellón, Biohabitat. Y el tercero fue a través de la Fundación Terra, donde dio un impulso a las cocinas parabólicas diseñadas y fabricadas por el ingeniero alemán Dieter Seifert, embrión de lo que con el tiempo sería AlSol.

Desde el 2008 se han producido unas dos mil unidades en varios modelos que han dejado huella no solo en nuestro país, sino también en Sudáfrica, Marruecos, Bolivia, Ecuador, Guatemala o Perú gracias al proyecto Yunga Solar de José Ángel

Garrido (que las llegó a rediseñar para adaptarlas a los habitantes del altiplano andino). Y también en Haití y República Dominicana con Solar for Hope, de la mano de José Andrés.

Su papel de microemprendedor de «solardomésticos» lo alternó Manolo con su vertiente de activista y educador en los colegios, donde explicaba a los chavales la «parábola» del aluminio reflectante, «capaz de recoger y proyectar los rayos solares hacia un punto focal donde se coloca un recipiente y se cocina una "veguipaella" o una fideuá con frutos de mar, o un bizcocho con canela y anís molido y pasas».

Manolo explicaba «el fascinante y servicial uso de calor retenido» mientras los niños y no tan niños disfrutaban montando las cocinas y arremolinándose alrededor de la parábola, con su extraordinario poder de convocatoria...

«Utilizo fogones de la única central termonuclear deseable, situada a 150 millones de kilómetros de nosotros. Para aprovechar este servicio energético limpio y renovable, y para preparar alimentos ciertamente especiales, solo hacen falta cinco ingredientes: buenos materiales, un buen diseño, un poco de paciencia, pasión por el hilo dorado... y dejar hacer al sol».

INCREÍBLES Y COMESTIBLES

Verlo para creerlo… Uno llega en tren a Todmorden, a media hora de Mánchester, y lo primero que encuentra nada más salir de la estación es un suculento mapa de todos los cultivos que tenemos a mano, arropados por una inequívoca consigna en inglés: HELP YOURSELF! (¡SÍRVASE USTED MISMO!).

Acabamos de llegar al pueblo más comestible del mundo, donde surgió hace más de una década una idea increíble pero rigurosamente cierta… Se plantan a discreción verduras, hierbas y árboles frutales en setenta espacios públicos. Se forma una red de trescientos voluntarios que se turnan y se dedican dos semanas al mes a cuidar de los cultivos. Y todo el mundo (vecinos y turistas) pueden servirse gratis y a placer cuando llega la hora de la cosecha.

Incredible Edible da nombre a una auténtica revolución de la agricultura urbana, con más de doscientos grupos repartidos por el planeta: de España a Australia, de Mali a Burkina Faso. Pero había que viajar a los orígenes y pasar por este pueblo grande de 15.000 almas para dar crédito a lo oído y conocer de paso a las impulsoras.

Aunque antes de encontrarse con las increíbles mujeres de Todmorden, conviene tomarle la medida al intrincado laberinto de casas de piedra y puntos verdes desde lo más alto. Si queremos maíz dulce o cebollas japonesas, no tenemos más que acercarnos a los lechos de cultivo de la policía local. Si queremos hierbas medicinales, habrá que ir a la apoteca natural que crece junto al hospital. Por las puertas del teatro trepan las tomateras. En los bancales de la Iglesia Unitaria, en la colina más alta del pueblo, se prodigan las coles y las acelgas.

La lista es tan increíble como interminable, y el pueblo no solo se autoabastece gratuitamente durante todo el año, sino que encima hay un sobrante con el que se organiza la gran fiesta anual de la cosecha, junto a la calle de la Polinización, visitada en el 2000 por el príncipe Carlos.

«Nuestro secreto está en que somos el movimiento más inclusivo del mundo», asegura la incombustible **Mary Clear**, cofundadora del grupo junto con **Pam Warhurst**. «Nuestro lema es así de simple: SI COMES, ESTÁS DENTRO. Aquí no discriminamos a nadie por sus diferencias alimenticias ni perdemos el tiempo echando sermones. La diferencia se marca pasando a la acción. En esto estamos».

Hablamos con Mary Clear en su salsa, en el vergel que ella misma ha plantado en la esquina de su casa, en la calle Cockpit, donde crecen espinacas, brécoles, berros y guisantes que cualquiera puede llevarse a casa (siguiendo, eso sí, unas instrucciones básicas sobre cómo servirse y en qué momento del año).

Los reclamos de Incredible Edible nos persiguen como una suculenta tentación a lo largo del pueblo, comparable solo a la experiencia de ir arrancando manzanas y peras de los ochocientos árboles frutales o a la de saborear lo mejor de la cosecha cocinada en The Bear, la cooperativa, café, restaurante y punto de conspiración local.

Allí conocemos a **Estelle Brown**, una anfitriona de excepción que nos regala el primer paseo comestible a través del canal de Rochdale, con parada obligada en los cerezos y en el jardín de hierba que ha plantado Mario, el dueño del garaje aledaño. «Cuando empezamos en el 2007, hubo gente que veía todo esto como una excentricidad o un capricho», admite Estelle. «Después de la crisis, muchos lo empezaron a ver casi como una necesidad: hay que estar preparados para los malos tiempos».

Recuerda también Estelle que al principio todo eran dudas sobre dónde plantar y a quién pedir permiso. «Con el tiempo nos dimos cuenta de que lo mejor era sembrar directamente y crear jardines "accidentales". Ni siquiera le llamamos a esto guerrillas "verdes". Lo que hacemos no tiene nada de bélico, yo más bien diría que estamos haciendo una revolución amable desde lo local. Y lo bueno es que las autoridades nos ven con buenos ojos porque algo está cambiando profundamente en el pueblo».

El Ayuntamiento ha decidido ceder el solar del viejo hospital, junto al río, donde crece el gran jardín comestible con la ayuda de los trabajadores de VolverStevin y Considerate Constructors. Todo parece tener un nombre sugerente en Todmorden, empezando por el nombre del pueblo, al que sus habitantes llaman cariñosamente Tod.

En el aparcamiento del nuevo hospital, sobre varias camas de cultivo, crece el herbolario local, cuidado primorosamente por la «boticaria» Helena Cook. Equinácea para fortalecer las defensas, achicoria para el aparato digestivo, romero para las enfermedades respiratorias, caléndula para curar las infecciones.

A la entrada de la comisaría, un cartel invita a los extraños a «servirse gratuitamente». «Sé que cuesta creerlo desde fuera, pero aquí es ya lo más natural», reconoce el policía local Matt Devlin. «Hasta los turistas pueden llevarse sin problemas nuestras cebollas, no les vamos a detener. Lo mínimo que pedimos es que respeten el calendario de la recolección: para la col de invierno aún hay que esperar».

Las ocho escuelas del pueblo se han convertido también en «increíbles comestibles», y en una de ellas se ha habilitado una granja hidropónica (donde se cultiva con disoluciones minerales en agua, en vez de suelo agrícola). Entretanto, el programa Every Egg Matters está llenando Todmorden de gallinas con el objetivo de llegar a los 30.000 huevos semanales, suficientes para todo el pueblo.

«Seamos realistas: no vamos a conseguir la autosuficiencia alimentaria, pero al menos estamos marcando el camino», asegura Mary Clear, la cabecilla del grupo, con todo su saber acumulado de sus años de trabajadora comunitaria. «Nuestros huertos son pura "propaganda verde", y el efecto que han tenido estos años ha sido tremendo. El consumo de productos locales ha aumentado espectacularmente: los comercios que antes nos miraban mal, ahora quieren ser "increíbles comestibles"».

«Tan importante como los cultivos es todo lo que ha ido creciendo alrededor», matiza la cofundadora Pam Warhurst, que ha recogido en su libro *Incredible! Plant Veg, Grow a Revolution* la peculiar odisea alimenticia del pueblo. «Lo que hemos logrado no es solo reverdecer nuestras calles y poner a cultivar a los policías y a los bomberos. Lo más importante ha sido reactivar el poder de la comunidad y demostrar que juntos podemos. Tod era un pueblo sin nada especial, abatido por la crisis y el desempleo. Ahora es un pueblo vivo: todos los indicadores han mejorado y hasta ha disminuido la criminalidad».

Pam Warhurst asegura que las dos inspiraciones más directas para Incredible Edibles han sido Cuba y Brasil... «En La Habana, y ante una situación de emergencia y escasez, la gente pasó a la acción creando huertas por doquier, sin necesidad de pedir permiso. En Curitiba descubrí el secreto del activismo: hay que hacerlo divertido, simple, rápido y barato».

«Lo ocurrido en nuestro pueblo demuestra el poder transformador de los alimentos, el gran catalizador del cambio», señala Pam. «Incredible Edible es también una llamada a la acción: ya está bien de hablar, vamos a hacer algo positivo por el planeta y a tomar las riendas del futuro. Ante retos como el cambio climático, yo confío sobre todo en el poder de las pequeñas acciones. ¡Qué mejor manera de repartir salud, riqueza y felicidad que cultivando para ti mismo y para los demás!».

En momentos de incertidumbre como el que estamos, con la amenaza perpetua de confinamiento y las reglas de distancia social, las artífices de Increíbles y Comestibles reivindican el valor añadido de su particular receta: «La mejor manera de recuperar la esperanza es pasando a la acción en tu entorno inmediato, hundiendo las raíces en tu propia tierra, cultivando salud y resiliencia sin esperar a tiempos mejores».

SABER COMER

El mundo al revés: un estadounidense (**Michael Pollan**) sentándose a la mesa sin prisas y descubriendo las virtudes de la comida sana. Pero antes, un sentido lamento: «Es trágico ver cómo la "comida basura" se ha propagado por todo el mundo y cómo ha ido devorando a su paso las tradiciones culturales y gastronómicas del planeta».

Ardua labor la de presentar en público a nuestro distinguido comensal. Pongamos que Michael Pollan vive en las colinas de Berkeley, donde da clase en la universidad y desde donde abandera el «movimiento de la comida sana» en Estados Unidos, con libros imprescindibles como *La botánica del deseo* (el mundo desde la perspectiva de las plantas) o *El dilema del omnívoro* (una historia de cuatro comidas radicalmente distintas).

Pollan empezó como «agroperiodista» y se ha acabado convirtiendo en cocinero de la conciencia de todo un país, con una receta así de simple: COMED ALIMENTOS REALES, NO DEMASIADOS, SOBRE TODO PLANTAS (aunque últimamente anda en aventuras lisérgicas con *Cómo cambiar tu mente*, pero esa es otra historia).

El papel que ha ejercido durante décadas es el de «detective» de los alimentos, siguiendo el rastro de todo lo que nos llevamos a la boca, descomponiendo desde dentro la temible «dieta moderna occidental» y proponiendo la vuelta a la comida natural. *El detective en el supermercado* fue uno de sus últimos títulos, al que siguió luego *Saber comer: 64 reglas básicas para aprender a comer bien.*

Michael Pollan recomienda que comamos como siempre lo han hecho los franceses, los italianos o los griegos. En el podio de la comida mediterránea echamos en falta a los españoles, y el «detective» gastronómico se justifica: «Los españoles comen demasiada carne, casi tanta como los americanos, el equivalente a seis jamones al año... Por lo demás, la dieta de los españoles es más o menos similar a otros países mediterráneos, rica en productos frescos y sazonada con aceite de oliva».

Volveremos al «pecado» de la carne, pero vamos a examinar de entrada el típico menú de la dieta occidental moderna para saber a qué atenernos: alimentos procesados, hidratos de carbono, grasas refinadas, muchas calorías, mucha sal, potentes adictivos como el azúcar, muy pocas verduras, frutas o cereales integrales.

Por principio, el «detective» Pollan propone «escapar» de la dieta moderna, producto de los monocultivos de la agricultura industrial «y cuyo secreto estriba en descomponer el maíz y la soja, procesarlos y luego volverlos a componer en sustancias de apariencia comestible». Estos pseudoalimentos ocupan casi siempre la parte central de los supermercados, empaquetados con vistosos colores, con falsos reclamos para que parezcan «saludables» y con una lista interminable de ingredientes ininteligibles.

Regla número uno: nunca comas nada que no comería tu tatarabuela. «La fuente más fiable en cuestiones alimenticias es la tradición», palabra de Pollan. «La ciencia ha aportado bien poco y ha creado esa cultura del "nutricionismo" de la que conviene huir. La tradición es la sabiduría popular destilada. Nuestros antecesores sabían lo que les sentaba bien y por sentido común dejaron de comer lo que les ponía enfermos».

Regla número dos: consume productos perecederos. «Los alimentos reales viven y mueren», recuerda Pollan, «con un par de excepciones, entre ellas la miel, que ha llegado a aguantar intacta en las tumbas de los faraones». Los alimentos reales —los que se pudren con el tiempo— hay que buscarlos en la periferia de los supermercados, cerca de las puertas de entrada y salida donde se reponen las existencias.

Y entre los alimentos reales, nada mejor que los que tienen «hojas», seguramente ricos en fibra, vitaminas, antioxidantes y otros nutrientes esenciales. «De los cien elementos que necesitamos para estar sanos, casi todos están en las plantas», asegura Pollan. «El último lugar donde debemos buscarlos es en los alimentos ultraprocesados».

Regla número tres: no comas demasiado. El estadounidense medio ingiere 300 calorías más por cabeza que hace veinte años. El *supersizing* se ha convertido en el pan de cada día en los restaurantes de *fast food* («cuanto mayores las porciones, peores los restaurantes»).

Comer solo o sobre la marcha, a la americana, es otra de las recetas para el desastre gastronómico. «Conviene recuperar la comida como acto social», advierte Pollan, «y volver al placer de la buena mesa». Cocinar tus propios alimentos: otro principio elemental. Hay estudios que demuestran que la salud de la gente que cocina en casa es bastante mejor que la de la gente que come habitualmente fuera.

Y una sugerencia a modo de postre: «Todos deberíamos cultivar, aunque sea en la ventana o en los balcones. Es la manera más elemental de cerrar el círculo de los alimentos y reconectar con la naturaleza. Un pequeño huerto te puede cambiar la vida».

Le preguntamos finalmente a Pollan qué es lo que no debemos comer nunca: «Cualquier producto que contenga sirope de maíz, porque es una señal de que está altamente procesado. Cualquier producto que tenga más de cinco ingredientes o que contenga algo que no somos capaces de descifrar. Pero ante todo hay que evitar las bebidas refrescantes, el antialimento por excelencia, todo energía y cero nutrientes, el mejor caldo de cultivo para la obesidad y la diabetes de tipo 2. Seguramente hay alimentos mucho más nutritivos en la sección de comida para perros».

Y así despedimos a nuestro insólito comensal americano, Michael Pollan, apelando a nuestros estómagos y a nuestras conciencias de ciudadanos globales: «El modo en que comemos influye más en el planeta que ninguna otra faceta de nuestra vida. Y la buena noticia es que es muy fácil cambiar con cada céntimo que gastas en el supermercado. Así ha ido creciendo en Estados Unidos el mercado de la comida biológica, que mueve más de 20.000 millones de dólares al año. Todo ha sido fruto de un acuerdo tácito entre los productores y los consumidores, que han decidido votar con el tenedor».

• • •

«¿Podríamos estar beneficiando a los animales al comerlos?». La pregunta la lanza al aire **Jeff McMahan**, filósofo vegetariano por «razones morales» y referencia mundial de la ética aplicada a los animales. Nacido en el profundo sur de Estados Unidos, McMahan volvió hace unos años a Oxford para cerrar el círculo y buscar respuestas a grandes problemas morales, desde el hecho de matarse entre humanos (*The Ethics of Killing*) o a la costumbre de matar a los animales para comérnoslos.

«El interés de la filosofía por el trato a los animales se remonta al mundo clásico», recuerda. «Plutarco fue uno de los primeros en poner sobre la mesa la cuestión moral del sufrimiento de los animales y nuestra relación con ellos. Los pitagóricos eran vegetarianos, aunque no está claro si lo eran solo por factores éticos».

McMahan se remite a una controvertida cita mucho más cercana en el tiempo, de finales del siglo XIX y recogida en el libro *Social Rights and Duties*, de Leslie Stephen: «El cerdo tiene más interés que nadie en que se venda *bacon*... Si todos fuéramos judíos, no existirían siquiera los cerdos».

Esta polémica frase sigue alimentando el debate, avivado por el propio McMahan con su conferencia «¿Podemos beneficiar a los animales al comerlos?». «Intuitivamente, creo que comer carne no puede justificarse desde un punto de vista moral. Pero he querido explicar el argumento de una manera imparcial y desapasionada para ver si se puede defender un omnivorismo más humano», sostiene.

«Lo que no se puede justificar es la producción de carne en las granjas industriales que abastecen nuestros supermercados», prosigue McMahan. «Estamos propiciando la tortura, los malos tratos y el sufrimiento de millones de animales. Creo que con el tiempo miraremos hacia atrás y veremos lo que le estamos haciendo a los animales en este momento con auténtico horror, de la misma manera que ahora vemos la esclavitud».

El filósofo está lleno de preguntas: «¿Existe una manera humana de criar a los animales en relativa libertad y velando por su bienestar, aunque sepamos que al final vamos a matarlos?». McMahan previene contra el especismo (discriminación de un ser vivo por el solo hecho de pertenecer a otra especie), en sintonía con su viejo amigo Peter Singer, el autor de *Liberación animal*.

«Hay gente que puede pensar: "Está bien que los animales no sufran, pero no está mal matarlos". Pero nadie dice eso de un ser humano... El problema no es comer animales, sino matarlos. Pagamos a otros para que hagan el trabajo sucio».

McMahan fue carnívoro y cazador antes de su conversión. Con once años, le regalaron una escopeta y pegaba tiros a los pájaros a la salida de la escuela por los bosques de Georgia... «Cazaba patos, los desplumaba y nos los comíamos en casa. Pero una vez vi a un cazador romperle el cuello a una paloma herida que intentaba huir de él y me cambió la vida. Dejé de cazar, vendí mi escopeta y dejé de comer carne».

«Ser vegano es la mejor opción moral posible, mejor aún que ser vegetariano», piensa el filósofo. «La producción de leche y la industria de la carne están muy vinculadas. El sufrimiento al que se somete a las terneras en el momento de la separación no es de ningún modo justificable. Como no lo es la producción de huevos en las granjas industriales, donde los pollos y las gallinas se pasan la vida en jaulas y en condiciones deplorables que pueden llegar a propagar graves enfermedades».

3
CIENCIA

El ser humano ha modificado el 75 por ciento
de los ecosistemas terrestres
y el 66 por ciento de los marinos.

Los geólogos han propuesto rebautizar nuestra era
como el Antropoceno por los efectos
de la acción humana, visible en los estratos.

El 60 por ciento de las enfermedades son ya zoonóticas,
es decir, pasan de los animales a los humanos.

BIENVENIDO, MR. GAIA

«Tengo la sospecha de que la Tierra se comporta como un gigantesco ser vivo». **James Lovelock** trabajaba como científico para la NASA a finales de los años setenta inventando sofisticados instrumentos para el estudio de la superficie de Marte, cuando puso al tanto de su «sospecha» a su amigo William Golding, el autor de *El señor de las moscas*. Golding se mesó la barba y celebró el hallazgo de su colega. «Tenemos que encontrarle un buen nombre a lo que me cuentas. ¿Qué tal la hipótesis Gaia?».

Lovelock sintió un rayo fulminante, comparable solo al que había experimentado cuando se le ocurrió la idea mientras contemplaba extasiado la imagen de la «canica azul» fotografiada por los astronautas del *Apolo 17*. «¿Cómo no voy a aceptar el nombre de la diosa griega viniendo de un premio Nobel?».

Y así fue como empezó a orbitar la hipótesis Gaia, cuestionada en su momento y aún hoy, aunque considerada como una aportación vital para una aproximación más holística al planeta, fundamental para entender la complejidad de los ciclos terrestres e hincarle el diente a la ciencia del clima.

A sus cien años, Mr. Gaia (como popularmente le conocen) ha entrado por la puerta grande del Museo de la Ciencia de Londres, que en el 2012 adquirió todos sus archivos y durante tres meses le dedicó una exposición —«Unlocking Lovelock»— en la que se mostraban sus múltiples facetas como meteorólogo, inventor, químico atmosférico y ambientalista. Durante unos días, el venerado y controvertido científico cambió la lejanía de las costas de Devon por el mundanal ruido de Londres: «Parece que quieren despedirme antes de tiempo».

Fue en 1969 cuando Lovelock tuvo la primera premonición, que tardó diez años en fraguar en su famosa hipótesis contenida en su libro *Gaia: Una nueva mirada a la vida en la Tierra*. Según Lovelock, la atmósfera y la parte superficial del planeta se comportan como un sistema autorregulado que mantiene las condiciones esenciales para la vida (temperatura, composición química, salinidad de los océanos). Gaia tiende siempre al equilibrio, aunque la acción humana ha interferido hasta tal punto que de alguna manera se está «vengando» de nosotros.

En el crepúsculo de su vida, Lovelock volvía la vista atrás y entonaba el *mea culpa* por algunas de sus funestas predicciones, sobre todo la contenida en *La venganza de la Tierra*... «Yo mismo caí en el alarmismo y predije que nos estaríamos cociendo en la segunda década del siglo. Las temperaturas han seguido aumentando en la superficie terrestre, pero no con la rapidez que yo presagiaba. La temperatura en los océanos sí que ha subido preocupantemente, y eso explica tal vez la sucesión de tormentas, inundaciones y episodios de clima extremo que estamos viviendo».

«Nadie puede tener la certeza total de lo que está ocurriendo», aseguraba Mr. Gaia. «Y en este debate hacen tanto daño los negacionistas como los fundamentalistas del otro extremo. Aunque a mí no me cabe duda de que el hombre es el responsable de la evolución acelerada de los últimos trescientos años».

«Llegados a este punto tenemos que ser realistas», nos prevenía Lovelock con la lucidez de quien ya lo ha visto todo. «Ningún Gobierno —ni democrático ni dictatorial— va a ser capaz de reducir las emisiones de CO_2 en un futuro inmediato. El proceso ya es imparable, y los intentos de llegar a un acuerdo mundial van a caer en saco roto... Así que lo mejor que podemos ir haciendo ya es protegernos y adaptarnos a los cambios ¿Cómo? Planeando no un desarrollo, sino una retirada sostenible».

«Tenemos que aprender a vivir de otra manera», advertía Lovelock en nuestro encuentro londinense mientras pasaba las páginas de su último libro, titulado *A Rough Ride to the Future*, y se detenía en el capítulo dedicado a las ciudades: «No es el momento de hacer política, sino de buscar soluciones pragmáticas y resistentes al cambio climático. Por ejemplo: Singapur».

«Lo que surgió como un puerto insufrible a menos de 100 kilómetros del ecuador y con una temperatura media de 30 grados se ha convertido en un modelo de adaptación y resiliencia al cambio climático», agregaba Lovelock. «Los holandeses tienen también mucho que enseñarnos sobre cómo un país puede salir a flote pese a estar en gran parte bajo el nivel del mar. Se supone que los humanos somos criaturas inteligentes e imaginativas, seguro que podemos hacerlo mejor».

Para Lovelock, tan acuciante como el problema del clima es la sobrepoblación del planeta: «Somos muchos. La Tierra no va a poder soportar durante mucho más tiempo la presión de más de 7.000 millones de humanos. En el futuro, después de este período turbulento de retirada, seremos inevitablemente menos. No me atrevo a decir cuántos».

Pocas frases le indignan más al «padre» de la teoría Gaia que aquella de «salvar el planeta». «El planeta se salva por sí mismo, como lo lleva haciendo desde que empezó la vida. Lo que debería preocuparnos realmente es nuestro futuro y abandonar la idea de que podemos salvar la Tierra».

El fin de la «era de la energía barata» puede precipitar incluso las cosas, y ahí Lovelock se vuelve a desmarcar de su legión de seguidores en las filas del ecologismo. ¿Sigue apoyando la energía nuclear después de Fukushima? «Se dijeron muchas mentiras y se aprovechó como propaganda lo que ocurrió en Japón ¿Cuántas personas murieron por el tsunami? Más de veinte mil, creo ¿Cuántas por radiación? Ninguna».

Sostenía Lovelock que la energía solar no será suficiente y que el futuro debería estar a caballo entre dos modelos antitéticos: Francia y Alemania (nuclear y renovables). Su resistencia a la energía eólica —por su profunda relación con la campiña inglesa— se ha reducido en la última década. La prioridad inaplazable para él es el fin del carbón.

Lovelock se seguía considerando «verde a la vieja usanza», aunque arremetía contra una facción del ecologismo «por haberlo convertido en una religión». Su rabiosa independencia, aseguraba, le ha permitido desmarcarse y desdecirse todas las veces que haya hecho falta y si alguien le convencía de que había cometido un error: «Así es como avanza la ciencia».

Le preguntamos finalmente al científico centenario si se sentía «vindicado» por la apreciación de la teoría Gaia después de las críticas virulentas recibidas hace medio siglo: «Fue una de esas ideas que a veces temen los científicos porque saben que les crearán problemas. Pero creo que hoy por hoy es evidente y lo estamos viendo sobre todo en la ciencia del clima: la Tierra funciona como un gigantesco ser vivo capaz de autorregularse ante nuestros ojos. Por eso debemos renunciar a la idea de "salvarla" con nuestra inteligencia y nuestra geoingeniería. ¡Salvémonos en todo caso nosotros! Y disfrutemos mientras estemos vivos».

• • •

Pongamos que el hombre desaparece de pronto de la faz de la Tierra. ¿Cuánto tiempo tardaría el planeta en recuperar el equilibrio? ¿Qué quedaría como vestigio de nuestro paso por la vida? ¿Quién intentaría ocupar nuestra posición dominante?

A todos estos enigmas intentó responder **Alan Weisman** en un libro imperecedero como pocos: *El mundo sin nosotros.*

En vez de explorar los efectos apocalípticos de la acción humana y del cambio climático, el ambientalista y divulgador científico estadounidense especula con la desaparición repentina de nuestra especie, de un día para otro, y se asoma a ese futuro poshumano con un ojo analítico.

En ausencia de la especie humana, habría que esperar milenios para que la naturaleza recuperara «la pureza preindustrial». Los océanos harían una cura rápida de mil años en cuanto dejáramos de quemar combustibles fósiles. Pero el planeta, nos recuerda Weisman, tardaría la friolera de 100.000 años «en volver a los niveles prehumanos de dióxido de carbono».

Despobladas las ciudades y abandonadas las granjas (las vacas y los animales domésticos acabarían corriendo nuestra misma suerte), los árboles reclamarían su espacio en bastante menos tiempo, posiblemente unos quinientos años. Los desastres ecológicos serían inevitables tras nuestra partida, y no solo como consecuencia del cambio climático que hemos puesto en marcha...

El legado más caliente del ser humano sería el de las centrales nucleares. Según Weisman, el destino seguro de las 441 plantas nucleares existentes sería el sobrecalentamiento. Unas se incendiarían, otras se fundirían. La naturaleza emplearía también varios siglos en limpiar estragos como los causados por la industria petrolera en las plataformas y en las refinerías del golfo de México. La plaga de los plásticos tendría muy ocupados a los mares, «pero eventualmente los microbios encontrarían la manera de destruirlos».

Como el piloto Cooper en la película *Interstellar*, Weisman imagina desde el espacio la Tierra despoblada y se cuestiona con nostalgia, sopesando todo el poder creativo y destructivo de la especie humana: «¿Es posible que, en vez de suspirar con gran alivio biológico, el mundo sin nosotros nos acabara echando de menos?».

BIOFILIA

El despacho de **Edward O. Wilson** en Harvard estaba literalmente tomado por las hormigas. Gigantes hormigas metálicas a modo de pisapapeles pululaban por las mesas. Hormigas de resina caminaban entre los libros por los anaqueles. Hormigas de fuego incendiaban un lienzo y nos apuntaban amenazadoras con sus antenas...

Las hormigas son a Wilson lo que las mariposas fueron a Vladimir Nabokov, que también tuvo su despacho en el Museo de Zoología Comparada de la Universidad de Harvard, antes de pasarse a las nínfulas. Como Nabokov, Wilson fue más allá de su primer amor como entomólogo y convirtió sus observaciones de campo en una prodigiosa obra, marcada por su profundidad humana y por su pasión desbocada como naturalista.

A sus noventa y un años, con más de treinta libros, dos Pulitzer y un largo centenar de premios científicos a sus espigadas espaldas, estamos tal vez ante el biólogo más eminente del planeta, apreciado mundialmente como «el heredero de Darwin». En su mesa de despacho tenía, por cierto, un simpático muñeco con la cara del autor de *El origen de las especies*, al que irónicamente preguntaba en plan hamletiano: «¿Crees que mis investigaciones avanzan en la misma línea que tus descubrimientos?».

Por la senda de Darwin, Edward O. Wilson lleva toda su larga vida abriendo brecha y desafiando a los críticos. Primero fue con sus estudios sobre el papel vital de las feromonas en las hormigas y, por extensión, en los seres vivos. Más tarde, como padre del concepto clave de biodiversidad (la variedad de la vida en el planeta), que permitió impulsar los proyectos de conservación de la naturaleza en todo el mundo. Y, finalmente, por tender puentes con otras ciencias con la creación del fascinante campo de la sociobiología (lo que le vinculó al antropólogo español José Antonio Jáuregui).

Pero si de alguna aportación se siente especialmente orgulloso, es de su hipótesis de la «biofilia», que da título a otro de sus fascinantes libros. Sostiene Wilson, tomando el testigo de Erich Fromm, que los humanos tenemos «una tendencia innata a buscar conexiones con la naturaleza y con otras formas de vida». Ese «amor por los sistemas vivos» está especialmente despierto en los niños, aunque la educación y el estilo de vida encapsulado que llevamos conducen últimamente a todo lo contrario: la biofobia.

«La mayoría de los niños pasan por una etapa de fascinación por los bichos y yo no he superado la mía», apunta Wilson. «Todos conservamos seguramente algún recuerdo de nuestra relación casi simbiótica con la naturaleza en la infancia. A mí nunca se me podrá olvidar cuando con trece años descubrí la primera colonia de hormigas de fuego (entonces no sabía que se llamaban *Solenopsis invicta*) en mi Alabama natal. Mi curiosidad por ellas sigue intacta al cabo de los años, hasta el punto de que décadas después volví a la misma colonia para grabar un documental y me castigaron con 52 picotazos».

«Las hormigas son maravillosas, pero es difícil llegar a amarlas», reconoce el entomólogo, que ha descubierto y catalogado 450 especies (de las 14.000 que se calcula que existen). «Hay que reconocer la labor fundamental que realizan en los ecosistemas: se encargan sobre todo de remover la tierra y la materia muerta, más incluso que los gusanos y las lombrices... Ahora bien, si nos portáramos como ellas, seríamos perfectos esclavos dentro de las colonias y estaríamos permanentemente en guerra. Son seguramente los seres más belicosos del mundo: su propósito es borrar del mapa a sus rivales y apoderarse de su territorio».

De sus queridas hormigas, Wilson saltó a su segunda especie favorita en *Sobre la naturaleza humana*. El biólogo se convierte aquí en antropólogo y llega a una conclusión relativamente optimista: «La naturaleza humana no va a cambiar. Somos lo que llevamos en los genes y el conflicto es parte de nuestra conducta. Somos seres competitivos: nunca alcanzaremos la paz y la armonía total. Pero tenemos que aprender a negociar, y ahí entra en juego nuestra inteligencia».

«Cuando digo negociar no me refiero solo entre los humanos, sino con el mundo que nos rodea y del que depende nuestra propia existencia», advierte el biólogo. «Tenemos que aprender a funcionar en consonancia con los ecosistemas, y necesitamos también una mejor comprensión de nosotros mismos para saber encontrar nuestro lugar en el planeta, ahora que vamos camino de los 9.000 millones de humanos».

Y así llegamos a *El futuro de la vida*, el libro en el que Edward O. Wilson culpa directamente a la especie humana de la sexta gran extinción, la mayor desde la que acabó con los dinosaurios hace 65 millones de años. «Solo el cambio climático puede hacer desaparecer de la faz de la Tierra un millón de especies. Hay quienes predicen que a finales del siglo XXI podemos borrar del mapa hasta la mitad de las especies que conocemos si continúa el proceso de degradación y la crisis de la biodiversidad».

Puede que los hombres no sean en el fondo tan belicosos como las hormigas, pero en su naturaleza está la tendencia a dominar al resto de los seres vivos... «El *Homo sapiens* ha irrumpido en escena hace muy poco en términos geológicos, algo más de 200.000 años. Pero su afán de saberlo todo es tan solo comparable a su capacidad de destruirlo. Lo cierto es que somos aún unos ignorantes. Sabemos poco, muy poco, del mundo de los insectos. Y menos aún sobre la vida de los microorganismos».

«El ser humano debe resistir a la tentación de dominar y cambiar la naturaleza», asevera Wilson. «Lo que tenemos que hacer es conocerla mejor y aprender de ella. Es más, yo diría que debemos "ascender a la naturaleza", dejar de considerarnos como algo ajeno y aceptar que somos parte indisoluble de ella. Vivimos en el paraíso absoluto en este planeta y no queremos darnos cuenta».

Desde su retiro de la vida académica como catedrático emérito de Harvard, Edward O. Wilson ha decidido consagrarse a la fundación que lleva su nombre y a la audaz idea que dio título a su último libro: *Medio planeta: La lucha por las tierras salvajes en la era de la sexta extinción*.

«Ha llegado el momento de pensar a lo grande ante la situación crítica que nosotros mismos hemos creado. Necesitamos algo como el viaje a la Luna, algo que todos reconozcan, entiendan y apoyen. El plan es así de ambicioso: dejar la mitad del planeta para los seres humanos y la otra mitad como reserva natural para los otros diez millones de especies con las que lo compartimos. Sería un acuerdo tácito: medio planeta para nosotros, pero el otro medio no lo podemos tocar. Salvaríamos de la extinción al 85 por ciento de las especies, y sería la mejor garantía para nuestra propia supervivencia».

• • •

«¿Cuántos seres humanos será capaz de albergar la Tierra?», se sigue preguntando al cabo de cinco décadas **Paul Ehrlich**, autor de *The Population Bomb* en 1968. Aunque el propio biólogo, criticado en su día de fatalista y maltusiano, prefiere reformular la pregunta a su manera: «¿Cuál sería el número ideal de personas para garantizar la sostenibilidad del planeta y el derecho a una vida digna?».

«Dudo mucho que por encima de la capacidad de carga

de 7.000 millones se pueda garantizar ese derecho», sostiene Ehrlich desde su retiro en la Universidad de Stanford. «Ese es el gran problema de fondo: la sobrepoblación está unida a la pobreza y al deterioro del medio ambiente. Aunque el mayor impacto es el que causamos los países ricos: si el mundo entero viviera como los norteamericanos o los españoles, necesitaríamos varios planetas para satisfacer todas nuestras necesidades».

De momento somos 7.800 millones, y todo apunta a que seguiremos creciendo. «Digámoslo claro: la población no puede seguir aumentando indefinidamente, de la misma manera que tampoco puede hacerlo la economía», sostiene Ehrlich. «La razón de peso es la misma: vivimos en un planeta finito y todo tiene un límite».

Paul Ehrlich se adelantó, de hecho, al debate del Antropoceno con otro libro, *The Dominant Animal*, que volvió a ponerle en el candelero en los años noventa... «Digamos que la avaricia y el afán de dominio son parte de la naturaleza humana. Ahora bien, ¿tiene que ser así para siempre? Es una pregunta abierta».

Con críticas implacables, pero con incorregible humor, Ehrlich rechaza el estigma de «apocalíptico». «¿Pesimista yo? Pesimismo es seguir haciendo lo de siempre. La esperanza es lo último que se pierde, aunque reconozco que a veces tengo mis serias dudas. La verdad es esta: hemos sido unos pésimos gestores del planeta. Hemos alterado los ecosistemas y la atmósfera hasta el punto de poner en peligro las condiciones que hacen habitable la Tierra».

Otro atisbo de optimismo: el acercamiento entre economía y ecología, que hasta ahora habitaban en dos planetas distintos. Ehrlich es miembro del Instituto Beijer de Economía Ecológica. «Confío en una nueva generación de economistas que por fin tienen en cuenta la naturaleza, la pobreza y la población. Hasta ahora funcionábamos con un modelo Robin Hood a la inversa: robar a los pobres para dárselo a los ricos.

La pregunta que deberíamos hacernos es esta: ¿quién controla el crecimiento económico?».

Como Edward O. Wilson con las hormigas, Paul Ehrlich ha aplicado su especialidad como entomólogo (la mosca del vinagre) al estudio de los humanos y ha llegado a curiosas conclusiones: «Si una mosca del vinagre descubre un plátano podrido, pronto verás una población de moscas comiendo a su alrededor. Hasta que una mosca se dispersa, encuentra otra fruta y las demás la siguen... El problema es que la especie humana dispone de una sola banana, que es la Tierra, por eso conviene cuidarla lo mejor posible».

JANE

Por puro instinto, **Jane Goodall** empezó a ponerles nombres «humanos» a los chimpancés: David, Goliat, Mike, Humphrey, Gigi, Flo, Frodo... Se supone que un primatólogo debe imponer cierta distancia con sus objetos de estudio y referirse fríamente a ellos con números. Pero Jane no lo pudo evitar. Como tampoco pudo resistir la tentación de interactuar con ellos, hasta el punto de «integrarse» durante veintidós meses en su particular sociedad.

Todo esto ocurría en 1960 en el parque nacional del Gombe Stream, en Tanzania, ante las cámaras atónitas del fotógrafo holandés Hugo van Lawick, que luego sería su marido. Más de 100 horas de película de 16 milímetros de aquellos encuentros entre la científica en ciernes (luego pasaría por Cambridge) y sus amigos chimpancés permanecían en los archivos de National Geographic esperando su momento.

Y cuando la primatóloga cumplió ochenta y tres años se estrenó finalmente *Jane*, el documental de Brett Morgen que se ve con la misma fascinación con la que seguíamos de niños las películas de Tarzán. La propia Jane Goodall leía con devoción las novelas de Edgar Rice Burroughs y un día proclamó bien alto a su familia: «Cuando sea mayor quiero ir a África y estudiar de cerca a los animales». Solo la tomó en serio su madre.

La oportunidad de su vida surgió cuando el paleontólogo Louis Leakey le ofreció trabajar como su secretaria y, más tarde, le propuso ir a Tanzania a estudiar el comportamiento de los grandes simios, convencido como estaba de que podría contribuir a conocer «cómo era la conducta de los primeros homínidos».

Jane Goodall dudó en un primer momento porque apenas tenía formación científica. Un cursillo acelerado con Osman Hill sobre el comportamiento de los primates y otro con John Napier sobre anatomía le bastaron para empezar. En su primer viaje, eso sí, tuvo que acompañarla su madre, Margaret. Las mujeres no estaban aún bien vistas en el campo de la investigación.

La joven soñadora británica se encontró de pronto en su hábitat, y derribó sobre la marcha las barreras y los prejuicios que siguen pesando sobre el mundo animal: «Compartimos el 98,6 por ciento del ADN con los chimpancés. Me di cuenta de que somos como ellos. Les vi usar herramientas, les vi incluso fabricarlas. Y saltaba a la vista que tenían emociones como la felicidad, la tristeza y el miedo. Tenían un lado oscuro y brutal, pero también demostraban pasión, amor y altruismo».

El «flechazo» perdura al cabo de sesenta años. Aquella experiencia de campo, que se prolongaría durante casi dos décadas de idas y venidas a las islas Británicas, marcaría para siempre la vida y el trabajo de Jane Goodall, que nunca distinguió entre una cosa y otra. A través del instituto que lleva su nombre, con ramificaciones en 25 países, su labor de divulgación y educación sigue dando la vuelta al mundo.

Ella misma presumía de pasar trescientos días al año fuera del Reino Unido, hasta que golpeó el Coronavirus y decidió aislarse en su patria chica de Bournemouth. Allí pensó inconscientemente en lo que debían de sentir los primates en confinamiento, ella que tanto había luchado en su vida para sacarlos de las jaulas y los laboratorios...

«Es horrible para ellos y es malo para nosotros, que somos igualmente seres sociales y necesitamos el contacto con otros. Pero nosotros al menos tenemos distracciones y podemos combatir el aislamiento. De hecho, yo he llegado a estar más ocupada incluso que cuando viajo, alimentando las redes sociales y teniendo encuentros y entrevistas por teleconferencia. Pero el efecto de la distancia social en lugares como Tanzania, donde mucha gente vive en la calle, puede ser devastador. También existe el riesgo de que el virus salte de los humanos a los chimpancés, por eso es vital protegerlos».

Tuve la oportunidad de comunicarme con Jane durante el confinamiento y de hacerme eco de su mensaje, tan necesario en estos momentos tan críticos: «Lo más chocante es que esta pandemia la habían previsto desde hace años los expertos en enfermedades zoonóticas, aquellas trasmitidas por virus o por bacterias de los otros animales a los humanos [los humanos pertenecemos también al reino animal]. La COVID-19 se propagó por nuestra continua falta de respeto hacia el mundo natural y las otras especies con las que compartimos el planeta».

«Matamos a los animales, los comemos, traficamos con ellos en mercados donde son vendidos en terribles condiciones de hacinamiento, o los encerramos en crueles granjas industriales donde se crean las condiciones ideales para que los patógenos salten a los humanos», advertía Jane Goodall. «Y al mismo tiempo nos adentramos en sus hábitats, los destruimos y forzamos a especies que antes no estaban en contacto a compartir el mismo espacio».

El 60 por ciento de las enfermedades son zoonóticas, y ese dato es a su entender un alarmante reflejo del precario estado de salud al que estamos condenando el planeta... «No podemos olvidar que la pandemia del sida se originó en partes del África central donde los humanos mataban a los chimpancés para comérselos. El mortífero Ébola es también un virus que saltó desde otros animales a los simios y a los humanos en diferentes partes del continente africano».

Jane considera el cierre temporal de los mercados de animales salvajes en China como un paso adelante, aunque reclama que la prohibición sea indefinida y se extienda a todos los países del mundo y que lo ocurrido sirva de alguna manera para despertar la conciencia colectiva...

«Ojalá los Gobiernos aprendan la lección y actúen ante el cambio climático de la misma y enérgica manera que lo han hecho ante la COVID-19. Esta epidemia pasará, y el impacto económico será tremendo, pero ello no puede hacernos desviar la atención sobre el cambio climático. Si no encontramos una mejor manera de vivir en el planeta, combinando el intelecto, la compasión hacia las otras especies y la preocupación por las generaciones venideras, nosotros mismos estaremos entre las especies extinguidas».

Asomándose a la ventana en la casa familiar, donde estuvo confinada junto a su hermana Judy y su inseparable mono de peluche (Mr. H), Jane solía otear la primavera inusualmente silenciosa... «Hemos visto cómo los cielos se han limpiado en nuestra ausencia, y espero que todo esto nos sirva para repensar las cosas. La gente no quiere volver a los días en que la contaminación amenazaba nuestra salud. Los líderes y los empresarios querrán volver a lo de antes, pero espero que por fin tengamos la determinación para que las energías renovables sean la norma y para dejar los combustibles fósiles en el subsuelo».

Desde Bournemouth, a través de esa Jane «virtual» creada para la ocasión, la primatóloga siguió de lejos la labor infatigable del Instituto Jane Goodall España en Senegal para proteger de la pandemia a los quinientos chimpancés de la subespecie amenazada de *Pan troglodytes* y también a las comunidades humanas circundantes. Jane se ve de algún modo reflejada en la veterinaria española Rebeca Atencia, que dirige el santuario de chimpancés de su instituto en Tchimpounga (Congo).

Todo estaba listo el 14 de julio del 2020 para celebrar el 60 aniversario de su llegada al Gombe y de sus investigaciones, que cambiaron radicalmente la percepción humana de nuestros parientes más cercanos. La pandemia la obligó sin embargo a recordar aquel momento desde lejos: «Hace tiempo que dejé la investigación para dedicarme a crear conciencia, pero otra gente ha dado continuidad a mi trabajo. Los chimpancés pueden vivir de cincuenta a sesenta años y aún estamos aprendiendo mucho de ellos, de todos los comportamientos que tenemos en común y también de las diferencias».

El confinamiento coincidió finalmente con el 50 aniversario del Día de la Tierra, y Jane quiso contribuir a su manera desafiando el pesimismo con un nuevo documental: *Jane Goodall: La gran esperanza*. Su apasionante historia personal queda esta vez atrás; lo que importa ahora es mirar hacia delante y dar un impulso a la joven generación de activistas que ella misma ha ayudado a alumbrar con su programa Roots & Shoots, presente en 65 países.

«No tener esperanza es como rendirse», advierte la primatóloga con su voz parsimoniosa y sabia. «No tiene ningún sentido planear el futuro si no esperamos algo mejor... Roots & Shoots surgió, de hecho, en los años ochenta cuando percibí en mis viajes por el mundo que los jóvenes habían perdido la esperanza. Hoy por hoy, son los jóvenes quienes están cambiando el mundo y animándonos a marcar la diferencia».

CÓMO EVITAR EL COLAPSO

Ante las estatuas pétreas de la isla de Pascua —las que aguantaron de pie y las que están rotas en el suelo—, **Jared Diamond** tuvo una sensación sobrecogedora: ¿y si todo esto es la metáfora del peor escenario posible en un mundo globalizado? Si un puñado de polinesios fue capaz de destruir una isla con herramientas de piedra, ¿qué serán capaces de hacer más de 7.000 millones de humanos armados con *bulldozers*, herramientas de metal y poder nuclear?».

Desde lo alto de las pirámides de Chichén Itzá, contemplando las ruinas de la civilización maya en plena selva, Jared Diamond se frotó los ojos e intentó imaginar cómo la deforestación, la erosión del suelo y los problemas de agua llevaron una sociedad tan evolucionada a una situación límite, hasta el punto de tener que abandonar sus propias ciudades...

El tiempo ha dado la razón al autor de *Colapso: Por qué unas sociedades perduran y otras desaparecen*. Criticado en su día por su perspectiva apocalíptica, el geógrafo, historiador, ornitólogo y médico estadounidense sostiene que su visión del mundo es ante todo «realista». Y, aun así, Diamond cree que todavía hay lugar para el optimismo y señala casos de sociedades al borde del precipicio (como Islandia y Japón) que se adaptaron a tiempo a los cambios y ofrecen esperanza a la especie humana.

Las crisis son precisamente oportunidades, y así tituló su último libro, *Crisis: Cómo reaccionan los países en los mo-*

mentos decisivos, en el que analiza cómo las naciones se han enfrentado a períodos de agitación como el que vivimos ahora. En *El mundo hasta ayer*, Diamond se adentraba en las lecciones que las culturas tradicionales pueden dar al hombre occidental: «Para ellos, los "raros" somos nosotros con nuestra manía de poner la prosperidad material de unos pocos por delante del interés colectivo» El libro le valió sin embargo no pocas críticas por sus comentarios sobre el uso de la violencia en las culturas indígenas.

Cuesta creer que el impecable profesor de Geografía de UCLA, presto a dar una conferencia sobre la «Coca-Colonización» del mundo, hizo su tesis en Cambridge sobre la vesícula biliar. El interés por la medicina, heredado de su padre, dejó pronto paso a su pasión por los pájaros. Diamond quedó fascinado por el plumaje de las aves de Nueva Guinea, y allí vuelve siempre que puede para retomar el contacto con la naturaleza.

En su libro *El tercer chimpancé* exploró a fondo la condición humana. *Armas, gérmenes y acero* (premiado con el Pulitzer de ensayo) constituye la historia más atinada de los últimos quinientos años de dominio occidental. En *Colapso* indaga finalmente en las razones que propician la caída —o la supervivencia— de las civilizaciones: de los vikingos de Groenlandia a la cultura anasazi en Norteamérica, pasando por la civilización maya o por las islas de Pascua, Pitcairn y Tikopia.

El propio Diamond reconoce que la palabra «colapso» asusta de entrada, aunque nos invita a perderle el miedo y a examinar con frialdad los elementos que pueden llevar a situaciones límite. «A lo largo de la historia, los desastres ecológicos propiciados por el ser humano han sido la causa de los colapsos. Pero casi siempre han sido asociados a otros factores, como el cambio climático, la existencia de enemigos o la alteración en los intercambios comerciales con otras sociedades. Hay otro factor, también decisivo en un sentido o en otro, y es la capacidad de reacción política, económica y social a los cambios».

Colapso ahonda también en situaciones muy recientes, desde el genocidio de Ruanda hasta el ecocidio de Haití, de los retos de China a los riesgos de Australia. Diamond recuerda que las élites se han limitado siempre a exprimir el día a día y se han negado sistemáticamente a ver los problemas que despuntan en el horizonte. El geógrafo e historiador confía sin embargo en la capacidad de los ciudadanos para acabar con el cortoplacismo imperante y forzar el cambio político y social. Aunque solo sea por una razón así de simple: «Nadie quiere verse en la peor de las situaciones».

«Hoy por hoy sabemos que los grandes problemas ambientales están causados por la acción humana», señala Diamond. «Estoy hablando de la presión ejercida sobre el planeta por la sobrepoblación, la erosión del suelo, la sobreexplotación de los recursos, la plaga de productos químicos o la emisión de gases a la atmósfera... Estamos creando una bola de nieve ambiental, pero si algo bueno tiene la globalización es eso: el flujo de información impide que una sociedad pueda colapsar en total aislamiento. Por primera vez podemos aprender rápidamente de los errores —y los aciertos— de sociedades lejanas en el espacio y en el tiempo».

Mientras el mundo gira, de crisis en crisis, y Europa cae atrapada en su propio laberinto, y Estados Unidos se mira más que nunca al ombligo, la auténtica batalla por el futuro se está librando en el otro extremo del planeta, apunta el autor de *Colapso*. «Si China se sube al *american way of life*, la Tierra no será sostenible, así de simple. Si se incorpora la India, avanzaremos hacia el precipicio tres veces más rápido. Si los países en desarrollo se apuntan al sueño americano, once veces más rápido».

«Tal vez no se produciría un colapso repentino y global, como parece que ocurrió en la isla de Pascua, con ese estupor que quedó grabado en piedra en las gigantescas estatuas», afirma Diamond. «Tal vez entraríamos en una era de progresivo declive del medio ambiente: menor calidad de vida, nuevas epidemias, guerras por el control de los recursos, desastres naturales, inundaciones y sequías».

¿Cuál es, pues, la receta para evitar el suicidio ecológico? «Si queremos ser prósperos a largo plazo, tenemos que apostar por un modelo de desarrollo que ponga menos énfasis en el consumo individual y más en el interés colectivo y en la conservación de los recursos. La buena noticia es esta: la habilidad para solucionar los graves problemas ambientales que hemos creado está en nuestras manos. Somos la civilización que más lecciones puede extraer de la historia».

• • •

«Es peor, mucho peor de lo que imaginas...». Así arranca *El planeta inhóspito*, el libro de **David Wallace-Wells** que ha fijado un antes y un después en todo lo escrito sobre el cambio climático. Desafiando la creencia convencional («nadie está dispuesto a leer previsiones apocalípticas»), Wallace-Wells rompió moldes cuando su artículo sobre las sequías, las hambrunas, los fuegos, las inundaciones, las plagas, los desastres y el colapso se convirtió en el más leído en la historia de la revista *New York*.

«Me llaman alarmista», reconoce sin ambages. «Y es cierto que estoy alarmado. Todos deberíamos estarlo».

«La lentitud del cambio climático es un cuento de hadas tan pernicioso como los que nos dicen que no está pasando nada», escribe Wallace-Wells. «El cambio se está produciendo mucho más rápido de lo que creemos y los efectos son aún peores de lo que los científicos se han atrevido a admitir en público».

David Wallace-Wells reconoce que no encaja personalmente en el perfil del «ecologista». Come carne, viaja mucho en avión, su vida no es muy distinta a la de cualquier americano. Hasta el 2016 no sintió siquiera curiosidad periodística por la crisis climática. Se lanzó a investigar movido por una terrible sospecha: los científicos se están mordiendo la lengua y no nos cuentan toda la verdad.

En el proceso de escritura tuvo además una hija, Rocca, y poco a poco se fue asomando al mundo con otra perspectiva: «Cuando yo nací, y a pesar de los problemas, podías estar seguro de que el mundo iba a ser un lugar más próspero en los siguientes veinte o cincuenta años. Era casi una ley de vida: cada generación vive mejor que la anterior. Todo eso quedó atrás. Mi hija crece en un mundo con unas expectativas muy diferentes».

«Teniendo en cuenta el mundo en el que nos movemos y los obstáculos a los que nos enfrentamos, quedarnos en un aumento de 2 grados es casi un escenario optimista», sostiene Wallace-Wells. «Ese techo podemos rebasarlo en el 2040 e incluso antes, y los científicos estiman que los daños por el clima extremo se multiplicarían. Al ritmo actual de emisiones, es probable que nos plantemos en 4 grados a finales de siglo, y eso haría que grandes zonas del planeta fueran inhabitables, que cientos de ciudades quedaran bajo el agua y que hubiera hasta mil millones de refugiados climáticos».

No es ciencia ficción, es la cruel realidad, insiste el autor de *El planeta inhóspito*, desesperado por la parálisis política desde la llegada de «Trump y los mini-Trumps» que se han subido a la ola del populismo. «Lo más importante en estos tiempos, más allá de las decisiones personales, es el voto político», advierte Wallace-Wells. «La solución ante el cambio climático es ante todo colectiva. Está bien comer menos carne, renunciar al coche o al avión, evitar el plástico... Pero necesitamos sobre todo a los líderes que impulsen las leyes que pueden realmente generar un cambio masivo».

«Uno de los datos que me hizo abrir los ojos fue comprobar que más de la mitad de las emisiones de carbono de la historia se han producido en los últimos veinticinco años», apunta el periodista estadounidense. «El problema se viene acumulando desde la Revolución industrial, pero se ha agravado enormemente justo a partir del momento en que hemos empezado a tomar conciencia del daño que estamos causando al frágil equilibrio del planeta. Es como si hubiéramos programado nuestra destrucción en tiempo real».

Cada medio grado que sube la temperatura se agravan las posibilidades de un conflicto bélico de un 10 por ciento a un 20 por ciento. Cada vuelo de Londres a Nueva York le cuesta al Ártico 3 metros cuadrados de hielo. Si no cambiamos de rumbo, en el 2050 habrá más plástico que peces en los océanos...

David Wallace-Wells golpea la conciencia del lector con sus escenarios de pesadilla, y recalca que el miedo —lejos de ser paralizante— es lo que lleva a las sociedades a adoptar cambios drásticos: «Lo que necesitamos es una movilización comparable a la que se produjo durante la Segunda Guerra Mundial, y eso solo será posible si la gente conoce realmente los riesgos y decide pasar a la acción».

ATRAPADOS EN EL ANTROPOCENO

Los fósiles y los sedimentos se acumulan hasta el infinito en la mesa de trabajo de **Jan Zalasiewicz**. Puestos a elegir uno, el intrépido geólogo de la Universidad de Leicester se inclina por una pizarra del período Silúrico inferior, formada hace 430 millones de años en lo que entonces era un fondo marino en Gales. «Algo parecido es lo que nos proponemos encontrar ahora, algo que sirva como prueba definitiva y geológica del impacto del hombre en el planeta».

«Las rocas no mienten», recalca Zalasiewicz, al frente del Grupo de Trabajo del Antropoceno, que aspira a rebautizar la época en la que vivimos con ese nombre incómodo: «Hemos dejado de ser meros habitantes de la Tierra para convertirnos en agentes geológicos. La actividad humana tiene ya un efecto enorme que se está quedando grabado en los estratos, y eso es lo que pretendemos demostrar».

La noción de Antropoceno, acuñada en los años setenta por el biólogo Eugene Stoermer y por el Premio Nobel de Química Paul Crutzen, ha ido ganando enteros entre la comunidad científica en la última década. El salto final se produjo en el Congreso Internacional de Geología de Sudáfrica en el 2016, donde el grupo encabezado por Zalasiewicz presentó su conclusión unánime a favor de rebautizar la época en la que estamos, tomando el relevo del Holoceno, que se inició hace 11.700 años.

Hay nombres especialmente delatores. Llamar el período en el que vivimos «la era del hombre» significa no solo reconocer un hecho que salta a la vista, sino admitir la carga de responsabilidad de nuestra especie. «No se nos escapan las implicaciones políticas, pero nosotros nos ocupamos de ciencia», señala el geólogo.

A su entender, el punto de inflexión del Antropoceno sería 1945 (el año de *Trinity*, la primera prueba de una bomba nuclear en Alamogordo, EE.UU.) o en todo caso 1952 (cuando se inicia el registro sedimentario de los isótopos radiactivos). La segunda mitad del siglo XX coincide también con la Gran Aceleración, cuando el *boom* de la población, el crecimiento económico y los avances tecnológicos empezaron a provocar un cambio ambiental de una intensidad y una escala sin precedentes.

«Cualquiera que haya nacido en los años cincuenta reconocerá que los cambios han sido vertiginosos», apunta Zalasiewicz. «Me resulta curioso mirar hacia atrás y pensar que yo vine al mundo en el inicio del Antropoceno. Hasta ahora hemos sido conscientes de los avances que hemos tenido en los últimos setenta años, pero no nos hemos detenido realmente a calibrar nuestro impacto en la faz, la fauna y la atmósfera de la Tierra».

Establecida ya la franja temporal del Antropoceno, la metodología científica exige la evidencia. En los próximos años, los geólogos se han propuesto encontrar el llamado estratotipo y punto de límite global (en inglés; Global Boundary Stratotype Section and Point, GSSP), también conocido en lenguaje llano como el «clavo dorado» (*golden spike*). El inicio del Holoceno quedó establecido en la «frontera» entre dos capas de hielo encontradas en las profundidades de Groenlandia. El «clavo dorado» del Antropoceno puede ser algo más escurridizo...

Dado que el pistoletazo de salida serían las explosiones nucleares, los geólogos consideran que la prioridad debe ser la búsqueda de «registros sedimentarios de radioisótopos de origen artificial». Entre ellos destaca el plutonio-239, el radionucleido más detectable del planeta. Y aquí entra en acción **Alejandro Cearreta**, profesor de Paleontología de la Universidad del País Vasco y miembro del Grupo de Trabajo del Antropoceno: «El "clavo dorado" tenemos que buscarlo entre los 30-60 grados al norte del ecuador, donde la señal radiactiva es máxima, y posiblemente en medios sedimentarios marinos o en el fondo de los lagos».

Inicialmente, las playas de Tunelboca y Gorrondatxe, en Getxo, figuraron entre las candidatas a albergar el preciado estratotipo, pero fueron descartadas por estar sometidas a una gran erosión por la subida del nivel del mar. El mar Báltico, la bahía de San Francisco, el lago Crawford (Canadá) y el lago Huguang (China) son de momento las mejores localizaciones posibles.

Pero los geólogos no solo buscarán el rastro de los isótopos radiactivos. También destacan el alto valor de los plásticos como «marcador estratigráfico». Y, por supuesto, buscarán lo que ellos mismos llaman «tecnofósiles». «Los dinosaurios dejaron sus inmensas huellas, y los *Homo sapiens* están dejando ahora teléfonos móviles, microchips, bolígrafos o cepillos de dientes. Todos esos objetos están siendo atrapados por los sedimentos como prueba de nuestro paso por la Tierra».

Y eso por no hablar de «las especies invasivas» introducidas por los humanos y que destacan por su ubicuidad. La más notoria de ellas, el pollo «industrial». «Se trata de una especie de ave más grande que la que existía antes de la Segunda Guerra Mundial y está totalmente asociada a la expansión de las ciudades. Los huesos de pollo se han fosilizado en miles de terrenos en todo el mundo».

Jan Zalasiewicz y Alejandro Cearreta son coautores, junto con más de treinta expertos, del informe *The Anthropocence as a Geological Time Unit: A Guide to the Scientific*, que dedica un capítulo al cambio climático antropogénico (o sea, causado por el hombre). Sostienen los geólogos que los humanos hemos modificado no solo la superficie terrestre, sino también «la composición química y física de la atmósfera y de los océanos».

«Durante el siglo XX, el nivel del mar ha aumentado 30 centímetros y hasta dónde llegará esa subida en el siglo XXI es un tema muy controvertido pero irrebatible por efecto del cambio climático», sostiene Alejandro Cearreta. «Lo que está claro es que los sistemas están operando ya fuera de la variabilidad característica del Holoceno, y esta es la razón por la que consideramos que estamos ya en una era diferente».

«Tradicionalmente se ha considerado que las fuerzas que impulsan la geología lo hacen a una escala tan grande y a tan largo plazo que cualquier impacto humano, por comparación, es casi insignificante», explica el paleontólogo vasco. «Sin embargo, esta opinión ha empezado a variar en las últimas décadas: por fin somos conscientes del cambio geológico provocado por la humanidad y visible ya en los sedimentos».

• • •

«No estamos solamente alterando el planeta, lo estamos destruyendo», sostiene sin rodeos el naturalista británico **David Attenborough**, que abraza la propuesta del Antropoceno: «Como biólogo, me parece un concepto muy interesante. Se trata en el fondo de reconocer y dejar constancia del impacto que los humanos estamos teniendo en el planeta. Todos los animales modifican en mayor o menor medida su entorno. Pero ninguna especie ha hecho nunca lo que estamos haciendo nosotros».

A sus noventa y tres años, venerado tanto como la reina Isabel II, David Attenborough está considerado como un «tesoro nacional» en el Reino Unido. Su renombre es tal que ha prestado su apellido a un pariente prehistórico del león que vivió hace 18 millones de años y cuyo fósil fue hallado hace unos años en Australia: el *Microleo attenboroughi*.

Su voz telúrica ha llegado en las dos últimas décadas a

todo el mundo gracias al éxito de las series de la BBC *Planeta Tierra* y *Planeta Azul*. Criticado en su día por «humanizar a los animales» y por ofrecer una imagen prístina de la naturaleza, Attenborough impuso un giro con el documental *Climate Change: The Facts* y más recientemente con su película didáctica y autobiográfica *A Life on Our Planet*.

«Desde que empecé a hacer documentales, la población del planeta se ha multiplicado por tres y la mancha humana se nota cada vez más», reconoce. «Somos muchos, y cuando miro a mis nietos pienso cómo será la Tierra en el 2050... Los humanos nos hemos convertido en una plaga, y estoy convencido de que, como no encontremos la manera de autorregularnos, la naturaleza lo hará por nosotros».

En el momento álgido de la pandemia del Coronavirus, particularmente indignado por el aplazamiento de la cumbre del clima COP26, el propio Attenborough advertía: «Las plagas vienen y van... Pero el cambio climático y la destrucción masiva de especies es algo que continúa y ante lo que tenemos que reaccionar colectivamente».

«Puede parecer aterrador, pero la evidencia científica apunta a que, si no tomamos una acción dramática en la próxima década, el daño al medio natural será irreversible y puede llevar al colapso de las sociedades», advierte el naturalista británico en un tono cada vez más apremiante.

La primera vez que le entrevisté con motivo de la segunda entrega de *Planeta Tierra*, Attenborough aún se resistía al cambio de narrativa: «La manera infalible de perder audiencia es decirle a la gente: "Os vamos a mostrar algo maravilloso". Y a continuación: "Ahora os vamos a mostrar cómo lo estáis arruinando"».

Tres años después, con la misma voz pausada, pero en un tono irritado, Attenborough reconoció haber perdido la paciencia por la falta de acción: «Mi misión ahora es poner el énfasis en todo lo que hemos hecho mal y en cómo debemos hacerlo bien. El imperativo en el siglo XXI debe ser trabajar con la naturaleza, y no contra la naturaleza, que es lo que llevamos haciendo desde hace demasiado tiempo».

El veterano naturalista recuerda aún la peor lección que recibió con once años a manos de un profesor de Química: «Bienvenidos a la era del plástico: hemos usado todo el ingenio del mundo para diseñar algo resistente a la descomposición, virtualmente indestructible. ¿No es maravilloso?». Attenborough, que a esa edad coleccionaba ya fósiles, no imaginó que a lo largo de su vida el plástico llegaría a figurar como una «marca estratigráfica» del Antropoceno...

«Por desgracia, ese tipo de lecciones son las que han recibido los niños en las escuelas y las que han permitido esta situación, con el plástico estrangulando la vida marina. Estamos ante un problema esencialmente humano y se puede remediar. Los próximos diez años van a ser vitales. Solo tenemos un planeta y más nos vale cuidarlo».

IMITAR A LA NATURALEZA

«Pregunta a la naturaleza: allí están todas las respuestas». Es el consejo ancestral y práctico de **Janine Benyus**, la «madrina» de la biomímesis, un concepto acuñado hace algo más de dos décadas, pero tan viejo como la vida en la Tierra. La sabiduría natural es una tupida enciclopedia, y aunque los conocimientos de biología se duplican cada cinco años, no hemos hecho más que empezar a catalogar sus infinitas estrategias.

«La biomímesis no se plantea qué podemos extraer de los organismos y de los ecosistemas, sino qué podemos aprender de ellos», asegura Benyus. «En este nuevo paradigma de la ciencia, los biólogos son nuestros ojos, mientras que los innovadores, los diseñadores industriales, los químicos o los arquitectos son nuestras manos para encontrar las soluciones que tanto necesitamos en unos momentos tan críticos».

Turbinas que se inspiran en las aletas de las ballenas. Células solares que aspiran a emular la fotosíntesis de las hojas. Sistemas de ventilación natural trasplantados directamente de los termiteros de África. Paneles de aislamiento que reproducen los hexágonos de las colmenas. Captadores de agua que replican el caparazón de los escarabajos del desierto...

«El avión, al fin y al cabo, es un producto de la biomímesis, pues la intención es ni más ni menos que emular a los pájaros», recuerda Benyus. «Pero la tecnología no es buena ni mala en sí misma, y ya vimos cómo a los pocos años se utilizaron para bombardear a la gente desde el cielo».

Desde que en 1997 publicara *Biomímesis: Cómo la ciencia innova inspirándose en la naturaleza*, Janine Benyus se ha convertido en la referencia mundial en este campo en el que la tecnología y la ecología avanzan de la mano. La bióloga estadounidense alterna sus viajes con sus largas estancias en Montana («mi lugar en la tierra»), donde dirige al alimón el Biomimicry Institute (centrado en la investigación) y el Biomimicry 3.8 (en referencia a los 3.800 millones de años de sabiduría «natural»).

En su vertiente educativa, el instituto puso también en marcha AskNature, el mayor compendio de «soluciones naturales» que se puede encontrar en abierto y en la red, donde uno encuentra respuestas a las preguntas del millón: ¿cómo son capaces de caminar sobre el agua los zapateros? ¿Cómo pueden aguantar los mejillones la embestida de las olas sin despegarse de las rocas? ¿Cómo consiguen atrapar el aire los pingüinos y generar un «aislamiento dinámico»?

Uno de los casos más notorios de inspiración de la biomímesis es la piel del tiburón, de apariencia suave pero rugosa al tacto. Las escamas del tiburón son en realidad dentículos microscópicos que mantienen la piel limpia de parásitos y también permiten eliminar al mínimo cualquier fricción con el agua. Las aplicaciones biomiméticas de la piel de los escualos van del revestimiento de las alas en los aviones a los cascos de los barcos, pasando por los bañadores de los nadadores olímpicos.

Otro caso curioso: las hojas del loto. «En la naturaleza no existen detergentes, y sin embargo estamos ante un prodigio de limpieza natural», apunta Benyus. «En medio de terrenos pantanosos y embarrados, las hojas del loto se mantienen prístinas gracias a minúsculas protuberancias que hacen que el agua de lluvia adopte una forma de gotas rodantes que limpian la superficie a su paso. Esto ha servido para crear tecnologías autolimpiadoras y repelentes de la suciedad que replican el "efecto del loto"».

«Nuestra misión es poner los conocimientos y la capacidad de observación de los biólogos al servicio de los emprendedores y de los diseñadores, y en ese punto de encuentro surgen ideas e innovaciones que con el tiempo dan sus frutos», explica la autora de *Biomímesis*. «El principio primordial es aprender siempre de la naturaleza, que optimiza al máximo los recursos, que se adapta y evoluciona».

A Benyus le gusta recalcar que Darwin ha sido malinterpretado, que la teoría de la evolución no se reduce a «la supervivencia de los más aptos» y que la naturaleza teje conexiones, fomenta la cooperación y la dependencia entre los organismos, y construye así ecosistemas prodigiosos donde el todo es mucho más que la suma de las partes.

«El primer nivel de la biomímesis es la imitación de la forma, pero a veces no es suficiente», advierte. «El nivel más profundo es replicar el proceso natural, aunque existe aún un tercer nivel: recrear el funcionamiento de sistemas complejos. Una empresa puede aprender mucho de resiliencia entendiendo cómo funcionan las barreras coralinas. Y una ciudad debe funcionar como un auténtico ecosistema».

Por mera polinización, amplificadas por el poder de Internet y por el intercambio cada vez más intenso entre las distintas ramas del saber «natural», las redes de la biomímesis se han extendido en los últimos años por todos los continentes y por las universidades más prestigiosas.

A sus sesenta y dos años, con ese «encantamiento» por la vida que conserva desde niña y que alimenta en los bosques de Montana, Janine Benyus confía en el impulso y el entusiasmo de la próxima generación, en cuyas manos intuye que estará el futuro del planeta: «Nos estamos acercando a los límites de la tolerancia de la naturaleza. ¿Vamos a ser capaces de vivir en el planeta sin destruirlo?».

Y, sin embargo, Benyus es de las que siguen viendo el vaso medio lleno, aunque no por mucho tiempo: «Ya estamos despiertos, ya tenemos conciencia, ya hay una masa crítica que está cambiando las cosas. La pregunta es: ¿cómo seguir despiertos ante todo lo que nos ofrece el mundo natural? Pero también: ¿cómo convertir el hecho de preguntar a la naturaleza en una parte intrínseca del proceso de invención e innovación?».

Grandes compañías como Boeing, General Electric, Colgate, Nike, Interface o Seventh Generation han llamado a las puertas del Biomimicry Institute y han trabajado directamente con los «biólogos en la mesa de diseño» (o BADT, por sus siglas en inglés). Los objetivos de sostenibilidad y el concepto de economía circular han dado un renovado impulso a la biomímesis, aunque Janine Benyus sostiene que ha llegado el momento de intentar responder a preguntas aún más ambiciosas...

«No se trata solo de imitar por imitar o innovar por innovar. La meta de la humanidad tiene que ser recuperar el equilibrio perdido, algo que siempre tiende a hacer la propia naturaleza cuando se ha producido un impacto o un desastre. En la larga historia del planeta, ha habido momentos de devastación casi total, y, sin embargo, la vida ha encontrado su camino y ha aprendido a regenerarse. La naturaleza tiene quizá la última respuesta a cómo hacer frente a las crisis».

• • •

Jay Harman aprendió las mejores lecciones de su vida haciendo surf en Australia. «Yo no era bueno en el colegio, pero de niño sentía fascinación por el agua y por el movimiento», reconoce este singular experto en dinámica de fluidos, acompañado a todas las horas —como si fuera su talismán— por su querido vórtice metálico.

«Esta es la forma más imitada por la naturaleza, presente en las conchas de los Nautilus, en las semillas de los girasoles, en los tornados y los huracanes, en los remolinos del agua», recuerda el emprendedor y diseñador australiano, que ha aplicado el diseño helicoidal «ultraeficiente» a ventiladores, sistemas de refrigeración e incluso turbinas de viento.

«Los humanos presumimos de haber "descubierto" cuál es la distancia más corta entre dos puntos, pero lo cierto es que en el mundo natural no existe la línea recta, y tiene que haber un motivo», apunta Harman, empeñado en aplicar a la tecnología todo lo que aprendió «atrapando» las olas.

«La naturaleza lleva millones de años intentando resolver todos los problemas a los que nos enfrentamos; va siendo hora de que la escuchemos. Desperdiciamos mucha energía por intentar hacerlo a "nuestra" manera, sin darnos cuenta de que las soluciones están a nuestro alrededor, esperando a que sepamos cómo aplicarlas».

La espiral de la vida, la proporción áurea, la «geometría sagrada». Harman recuerda la fascinación que siempre ha sentido el ser humano por la forma helicoidal, incluido el propio Leonardo da Vinci, volcado en descifrar los misterios de lo que Jay Harman prefiere llamar simple y llanamente «la geometría de la eficiencia».

«Así es como circula la sangre por nuestras venas, como entra y sale el aire de nuestros pulmones, como capturan el sonido nuestros oídos», añade Harman con su torrente de voz en espiral. «La estructura del ADN, el cordón umbilical, la expansión de las galaxias... Está claro que el universo está intentando decirnos algo con esta forma».

El surf fue su «bautismo» en esto de la ciencia. De ahí pasó a la observación del movimiento de los peces, a la dinámica de las algas en las rocas y al diseño de canoas ultraeficientes. En 1997, instalado ya en California, se subió a la primera ola de la biomímesis de la mano de Janine Benyus y creó Pax Scientific.

«La línea recta con la que seguimos viviendo es la herencia de la Revolución industrial», señala el emprendedor australiano. «Pero la tecnología nos permite adaptar ahora el metal a nuevas formas siguiendo el diseño helicoidal. Las turbinas eólicas, los ventiladores, los motores, los ciclos de refrigeración... Todo puede ser del 25 por ciento al 90 por ciento más eficiente. El mundo hacia el que avanzamos, con la carestía de recursos, necesita que demos cuanto antes ese paso. Todo tiene que cambiar, todo está cambiando ya».

4
NATURALEZA

Los científicos advierten que nos encontramos en la sexta extinción masiva, con un declive en la vida salvaje que no se producía desde hace más de 10.000 años.

El planeta ha perdido el 58 por ciento de su biodiversidad en cuarenta años y 1 millón de especies de animales y plantas (de los 8 millones existentes) están en peligro de extinción.

El 41 por ciento de las especies de insectos están en declive y el 75 por ciento de las cosechas depende de la polinización.

LA MADRE DE LOS ÁRBOLES

Wangari Maathai nació en la estación de las lluvias de 1940 en la aldea de Ihithe, donde sus paisanos kikuyus orientaban sus chozas de barro hacia el monte Kenia buscando la protección sagrada. Sesenta y cuatro años después, Wangari celebró el Premio Nobel de la Paz levantando también la vista hacia la montaña «brillante», hundiendo sus manos en la tierra sagrada y plantando humildemente un árbol...

«En todos estos años he aprendido el valor de la paciencia, la perseverancia y el compromiso. Como un árbol, con sol, suelo fértil y abundante lluvia, las raíces de nuestro futuro penetrarán en el fondo de la tierra y una fronda de esperanza se alzará hacia el cielo».

El mensaje de Wangari Maathai resuena más poderoso que nunca una década después de su muerte. Mama Miti (Madre de los Árboles) sigue muy viva en la conciencia y en el corazón de las mujeres africanas. La suya fue una revolución desde la naturaleza: no solo ayudó a plantar más de treinta millones de árboles, sino que «plantó» además ideas como el empoderamiento, la igualdad y la democracia, y esparció las semillas de un movimiento, el Cinturón Verde, que sigue dando sus frutos en África.

Tuve la ocasión de vibrar personalmente con la Madre de los Árboles en el 2005, a su paso por el Museo de Historia Natural de Nueva York, cuando era viceministra de Medio Ambiente de Kenia, un cargo que le quedaba ya demasiado corto. Maathai nos invitó a hacer un viaje a su aldea, sin luz eléctrica ni agua potable, «pero rodeada de unos bosques frondosos donde se podía beber directamente el agua prístina de los ríos».

Desde muy niña aprendió a trabajar la tierra, a cargar con leña y a acarrear el agua. Las mujeres, ya se sabe, son el auténtico motor de la economía local en África, aunque la brecha de género empieza en la escuela. Wangari destacó desde pequeña por su aplicación y por su madera de líder (que ella atribuía a la sangre masái de su padre).

Aprendió un perfecto inglés con las monjas de la misión católica en Nyeri, y en 1960 logró una de las primeras trescientas becas del programa Kennedy Airlift para estudiar en Estados Unidos: «Un mundo completamente nuevo se abrió ante mis ojos». Estudió primero en Kansas y finalmente se licenció en Biología en la Universidad de Pittsburgh. Pudo haberse quedado a completar el «sueño americano», pero decidió volver, «con la determinación de trabajar duro y ayudar a las personas vulnerables en mi país».

Reinhold Hoffmann, de la Universidad de Nairobi, se convirtió después en su mentor y llegó a definirla como «una supermujer con encanto», condenada sin embargo a estrellarse contra el sexismo rampante. Se casó con un parlamentario, tuvo tres hijos y en el momento del divorcio fue acusada por su marido de ser «demasiado fuerte, exitosa, obstinada y difícil de controlar».

A partir de ahí, toda su vida fue una carrera de obstáculos que la ayudaron a llegar más lejos... «Las experiencias profundas nos cambian a todos. Para mí, los fracasos han sido siempre un acicate. Lo importante es superarlos y volver a ponerse en pie, esa fue siempre mi actitud. Nadie puede controlar todas las situaciones en las que se encuentra; lo único que está en nuestra mano es la forma de reaccionar ante la adversidad».

En 1977, Maathai fundó el movimiento Cinturón Verde, y poco después se presentó al cargo de directora del Consejo

Nacional de Mujeres de Kenia. Desde entonces sufrió una implacable persecución política (a manos del autócrata Daniel arap Moi) que la llevó en más de una ocasión a la cárcel. Su acción directa más sonada fue sin duda la protesta contra el complejo de rascacielos proyectado en el parque Uhuru, el Central Park de Nairobi. Maathai involucró a la Unesco en su defensa y lideró una exitosa campaña internacional: los terrenos fueron finalmente salvados de la especulación en 1990 y rebautizados como el Rincón de la Libertad.

Ocho años después, el Cinturón Verde replicó sus tácticas de resistencia civil para proteger Karura, el último bosque de la capital. La violenta batalla contra los inocentes «plantadores de árboles» dio la vuelta al mundo y acabó frustrando de nuevo los planes para recalificar el suelo verde.

«Tan importante como plantar árboles fue la movilización de la gente alrededor de ellos, sobre todo en las poblaciones rurales», recordaba Maathai. «Llegamos a tener hasta 6.000 grupos autogestionados de mujeres plantadoras que no solo encontraban un modo de vida gestionando los viveros, sino que al mismo tiempo se organizaban para afrontar los problemas de sus comunidades».

El Cinturón Verde, que debe su nombre a los círculos de plantaciones que hicieron alrededor de las escuelas y de los terrenos agrícolas, acabó convirtiéndose en un movimiento prodemocracia, en un momento de «transición» en Kenia que culminó con su nombramiento como viceministra de Medio Ambiente y Recursos Naturales.

En 1994, a horas intempestivas, le llegó la llamada de rigor de Estocolmo. Le habían dado el Premio Nobel por su «contribución al desarrollo sostenible, la democracia y la paz». Hubo las consabidas críticas políticas, pero ella misma estableció sobre la marcha la conexión: «Los árboles son símbolos vivos de paz y esperanza».

Luego fue más allá con esa misma idea en el discurso de aceptación: «La degradación ambiental lleva a la escasez de recursos y propicia situaciones de pobreza y conflicto [...]. Nada demuestra mejor esta idea que el taburete africano de tres patas: la primera es la gestión de los recursos, la segunda es la democracia y el respeto a los derechos fundamentales, y la tercera es la paz. La base en la que nos estamos sentando no es otra que el desarrollo, y si intentas llevarlo a cabo sin alguna de las tres patas, entonces la base pierde el equilibrio. Es insostenible».

En sus últimos años, Wangari Maathai puso toda su energía en la acción ante el cambio climático, convencida como estaba de que es el mayor peligro al que nos enfrentamos en este siglo. En su autobiografía (*Unbowed*), la Madre de los Árboles clamaba por un giro radical en la sociedad y en las escuelas: «Si la educación significa algo, no debe alejar a la gente de la tierra, sino infundir el respeto hacia ella. El futuro del planeta nos implica a todos, y deberíamos saber qué hacer si queremos protegerla. Como les decía en su momento a las mujeres en África: no necesitas un diploma para plantar un árbol».

• • •

A **Julia «Butterfly» Hill** le temblaron las piernas al tocar tierra. Llevaba 738 días encaramada en lo alto de una secuoya gigante que ella misma había bautizado como Luna. Dos años se pasó de rama en rama, descalza, sin poner los pies en el suelo, para salvar a la gigantesca conífera de más de 55 metros del acoso y derribo de los leñadores de Pacific Lumber.

La Costa Perdida, ese rincón salvaje y único al norte de San Francisco, se convirtió en escenario de una de las batallas ecologistas más sonadas de finales de siglo. La compañía maderera había reducido el bosque milenario al 3 por ciento de su dimensión y amenazaba con borrarlo del mapa. Julia «Butterfly» Hill y sus colegas de Earth First! pasaron a la acción directa un día de luna llena...

La joven activista tenía entonces veintiséis años y prácticamente ninguna experiencia trepando árboles. Se ofreció como voluntaria y subió a la secuoya el 10 de diciembre de 1997, confiando en que pronto la relevarían. A los pocos días, sintió que los leñadores empezaban a talar la base. El helicóptero de la compañía sobrevoló la copa con potentes altavoces: «¡Baje del árbol inmediatamente! ¡Está usted en propiedad privada!».

Pero ella siguió aferrada a las ramas y le hizo a la secuoya una promesa: «No volveré a tocar el suelo hasta que haya hecho todo lo posible por protegerte». Y así cuajó la insólita relación entre Julia y Luna, que resistió tenazmente no solo a los leñadores, sino también a los temporales del Niño. «Haz como los árboles en la tormenta: dóblate y aprende a fluir con el viento», fue una de las lecciones que recibió de Luna.

Con Julia llegué a hablar dos veces por teléfono móvil mientras duró su «sentada» en lo alto del árbol. «Nunca he estado físicamente más sola, pero nunca me he sentido más acompañada en mi vida», reconocía desde su secuoya. «Sigo aquí por el apoyo de la gente y por puro amor a todas las formas de vida. Quiero hacer ver lo absurdo que es la destrucción de la naturaleza, que es también nuestra propia destrucción».

Su ascenso, como su descenso, tuvo algo de espiritual. Julia era hija de un predicador y vivió gran parte de su infancia itinerante en una caravana. Le pusieron el sobrenombre de «Mariposa» de niña y siempre sintió una poderosa atracción por los árboles, reactivada tras el accidente de tráfico que tuvo a los veintiún años y que hizo que se asomara a la vida como si volviera a nacer.

Esa fuerza interior fue vital para poder resistir durante 24 meses a 30 metros de altura, en una tienda de campaña instalada sobre una pequeña plataforma de madera entre las ramas de la secuoya. Más arriba, a unos 50 metros, disponía de otro habitáculo, usado como almacén y como observatorio. Con un sistema de poleas, sus colegas le hacían llegar las provisiones. Un par de placas solares recargaban las baterías para sus necesidades básicas. Su comida vegana la cocinaba en un camping gas.

«Los mejores días de mi estancia fueron los amaneceres compartidos con Luna», recuerda. «¿Los peores? Cada vez que escuchaba la caída aplastante de un árbol milenario, celebrada por los leñadores ¿Cómo podemos estar tan ciegos?».

A finales de 1999, cuando ya se disponía a presentar desde las ramas su libro *El legado de Luna*, Julia recibió una inesperada noticia: Pacific Lumber se comprometía a salvar su secuoya y un terreno alrededor. Su batalla personal no había sido en balde. Introvertida por naturaleza, Julia volvió a tierra firme y se sintió ingrávida. Le costó adaptarse. Fundó el Círculo de la Vida, escribió *One Makes the Difference* y trasplantó su activismo ecológico a Latinoamérica. Su historia es ya casi una leyenda milenaria.

EL MESÍAS DE LAS PLANTAS

Si Kew Gardens es algo así como el Vaticano vegetal, **Carlos Magdalena** es el sumo sacerdote de los viveros tropicales. Con su melena «posbíblica aunque *prehipster*», sus aros en las orejas y sus manos de alquimista, el botánico español se ha ganado a pulso el sobrenombre de «El Mesías de las Plantas» (que da título al libro donde se concentra toda su sabiduría).

A Carlos (Gijón, 1972) le parecía un poco excesivo el apelativo: en todo caso mesías al estilo Monty Python, decía él con ese punto irreverente y sacrílego. Pero así fue como se hizo famoso en Londres tras el célebre caso del nenúfar enano ugandés (*Nymphaea thermarum*), la planta acuática más diminuta de la que se tenía noticia y que se creía extinguida en su hábitat natural...

Un mal día, en enero del 2014, los cuidadores del Kew Gardens echaron en falta el único ejemplar de *Nymphaea thermarum* que había en exposición. La noticia saltó a los grandes titulares: «Roban la planta acuática más pequeña del mundo en el jardín botánico de Londres». En principio, se temió por su extinción, pero Carlos sorprendió a la prensa con su flema habitual: «Tranquilos, tenemos decenas de ejemplares de repuesto en los viveros».

«El nenúfar enano se lo llevó seguramente un aficionado o un coleccionista», recuerda Carlos mesándose la barba como si nada. «La gente llega a veces a extremos obsesivos con las plantas y es capaz de pagar grandes sumas de dinero o de arriesgarse a ir a lugares peligrosos para conseguir un preciado ejemplar».

Más de un millón de visitantes pasan todos los años por las 132 hectáreas del Kew Gardens, el jardín botánico más fascinante del mundo. Y dada la afición local por la jardinería —el auténtico deporte nacional—, no sería de extrañar que el autor del robo o del encargo fuera británico. Scotland Yard abrió una investigación, pero nunca más se supo.

«El nenúfar enano se salvó por la campana», certifica Carlos, que había logrado descifrar el secreto para propagarlo, más de veinte años después de que el botánico alemán Eberhard Fischer lo descubriera en 1987 en el suroeste de Uganda. «Con la técnica habitual de los nenúfares, que crecen en aguas profundas, se había logrado que germinara, pero luego se debilitaba y no llegaba a florecer. Lo que la *Nymphaea thermarum* necesitaba, mira por dónde, era dióxido de carbono. O sea, una mayor exposición al aire, manteniendo una parte sumergida para preservar la humedad».

Estas y otras aventuras, como la resurrección de la moribunda *Ramosmania rodriguesii* de isla Rodrigues, el rescate de la palmera más solitaria del mundo (el *Hyophorbe amaricaulis* en isla Mauricio) o el secreto de la *Victoria regia* o *amazonica* para mantener calentitos a los escarabajos mientras dura la polinización, componen el fascinante micromundo del mesías de las plantas.

La pasión le viene a Carlos de lejos: de la aldea de sus abuelos en las montañas de Asturias y de las dos floristerías que regentaba su madre, Edilia... «Siempre me recuerdo rodeado de plantas; creo que aprendí a sembrar antes de aprender a hablar». La asombrosa naturaleza de Asturias hizo el resto, en contraste con el monstruo industrial de Avilés. También contribuyó la música hipnótica con la que arrancaba *El hombre y la Tierra*: «Yo, de pequeño, quería ser como Félix».

Carlos Magdalena Rodríguez (nombre completo) fue sumiller antes que horticultor, todo hay que decirlo. En el 2001 se fue a Londres a aprender inglés y acabó abriéndose paso en el mundo del vino gracias a su acento español. Pero un día leyó la triste historia de la *Ramosmania rodriguesii* y se sintió tan afectado como si fuera de la familia: «La llamaban la "muerta viviente" porque solo podía reproducirse por esquejes y no daba semillas. Así llevaba veinte años, y si algo no cambiaba estaba condenada a la extinción».

La salvación de la planta, también conocida como «café marrón», con pequeñas flores blancas, fue desde entonces su particular obsesión. Y la única manera de conseguirlo era embarcarse en el «Arca de Noé» del Kew Gardens, a orillas del Támesis...

«Desde el primer día supe que este lugar me había estado esperando. Entré como becario en el Tropical Nursery y por puro instinto, no por currículum, acabé compareciendo ante un tribunal para demostrar mis conocimientos botánicos y ganarme una plaza ¡Fue como si me hubiera tocado la lotería de la horticultura!».

Integrado ya en la tripulación de setecientos «amigos de las plantas» del Kew Gardens, la temprana fama del simpático y didáctico «propagador» gijonés llegó a oídos del mismísimo sir David Attenborough, que le agasajó como invitado especial en la serie *The Kingdom of Plants*... «En España nos ha faltado alguien como él, un Rodríguez de la Fuente capaz de hacernos palpitar con las plantas igual que con los animales».

¿Para cuidar a las plantas hay que saber latín? «No necesariamente, aunque la verdad es que te orienta», responde Carlos. «Como en el caso de las plantas acuáticas, por las que siempre sentí predilección. Todo lo que empieza por *Nymphaea* me atrae irresistiblemente, no sé si por su belleza, su perfume o su magia. Existen unas ochenta especies conocidas de nenúfares, y he vivido auténticas aventuras rastreándolas y catalogándolas en África, en Australia o en plena Amazonia».

¿A las plantas hay que hablarles? «Hay que hablarles mentalmente, como digo yo. Pero no pegarles un discurso, sino intentar escucharlas. Que sepan que te preocupas por ellas. Lo primero que hago todos los días es regarlas, cuidarlas y mimarlas. Cuando te obsesionas por una planta, te lo acaban agradeciendo... Las plantas piensan y sienten a su manera, aunque no tengan cerebro. Son capaces de comunicarse entre ellas, y también con los insectos: les dan avisos, les ponen señales de tráfico. Es un mundo fascinante que estamos empezando a descubrir».

Y si las plantas hablaran, ¿qué nos dirían? «Nos dirían que paráramos, que ya está bien. Que una de cada cinco está en peligro de extinción y nadie las defiende. Si el orangután se extingue es porque su hábitat se extingue, pero eso no lo tenemos en cuenta. Las plantas nos dan comida, medicinas, vestidos. Nos proporcionan el oxígeno que respiramos y absorben el CO_2. Sin ellas no se entiende el ciclo del agua ni del nitrógeno. Sin ellas simplemente no viviríamos. ¿Y cómo se lo agradecemos?».

Carlos Magdalena tiene un hijo, Matheo, al que le gustaría transmitir la misma pasión que heredó de su madre y del verde asturiano: «Los niños han perdido prácticamente el contacto con la naturaleza y se pasan el día entre cuatro paredes y delante de una pantalla. Hay que replantearse el futuro de la educación y reconectar con el mundo natural. Tenemos un solo planeta y no hemos sabido cuidar de él: la misión de la próxima generación es reverdecerlo y plantar. Cualquiera puede ser un mesías de las plantas en su propio entorno».

TODOS LOS HONGOS SON MÁGICOS
(LA RED DE LA VIDA)

Los primeros rayos del día acarician los parasoles, esas setas de pie esbelto y sombrero con forma de sombrilla que pueden alcanzar los 40 centímetros cuando llegan a «desperezarse». **Paul Stamets** las contempla con el asombro del padre que ve crecer a sus propias hijas. Después desciende a su altura, sin quitarse el sombrero fabricado con hongos de Transilvania, con la sana intención de besar a sus «criaturas».

Aunque lo más probable es que los parasoles acaben esa misma noche salteados en la sartén y alimentando al micólogo más «revolucionario» del planeta: «Nos comemos las setas, que son sus frutos, pero lo realmente importante es la red de vida que se extiende por el subsuelo y que conecta a todos los elementos del bosque. Los hongos son el Internet de la naturaleza».

Es un día cualquiera en el bosque de Fungi Perfecti, el reino mágico del Señor de las Setas. Desde su rincón en las Olympic Mountains, a tiro de piedra de Seattle y en uno de los parajes más vírgenes del noroeste de Estados Unidos, Paul Stamets ha sido capaz de reescribir la historia «negra» de los habitantes más incomprendidos del planeta...

«Ha llegado la hora de acabar con su mala reputación. Los hongos son los auténticos guardianes de los ecosistemas, el sustrato invisible de la vida en el planeta. Son la inteligencia natural de la Tierra, nuestra última gran esperanza. Las soluciones están literalmente bajo nuestros pies, y aún no lo sabemos».

Caminamos con sigilo por el bosque, y Stamets nos hace ver las conexiones ocultas que comunican entre sí a los árboles y a las plantas. El micelio se propaga por el subsuelo como una galaxia subterránea, y él mismo lo demuestra en sus charlas con las imágenes sucesivas del microscopio y del telescopio (por cierto, los guionistas de *Star Trek* decidieron llamar Paul Stamets a uno de los tripulantes interestelares).

Mycellium Running es el título del apasionante compendio que reúne todo el saber del auténtico Stamets, que llegó al mundo de los hongos sintiendo la poderosa atracción de lo prohibido. En los años setenta, en plena era de la psicodelia y con el permiso de la Agencia Antidrogas de Estados Unidos (DEA), llevó a cabo un estudio sobre las propiedades de los hongos psilocibios o alucinógenos.

«Fueron posiblemente los primeros psicoactivos que usó la humanidad, y están presentes en casi todas las culturas, de Siberia a Mesoamérica, antes de que llegaran los conquistadores», recuerda Stamets. «Hay unas 200 especies con propiedades alucinógenas, pero se estima que puede haber hasta 2 millones de especies de hongos y 150.000 de lo que llamamos setas. Apenas hemos sido capaces de catalogar 14.000 especies. Nos queda aún por identificar el 90 por ciento, ahí es nada».

«Todos los hongos son mágicos», concluye tras décadas de estudio y por experiencia propia. «Unos tienen propiedades curativas y antivirales y pueden ser muy efectivos para fortalecer el sistema inmunológico o contribuir a tratamientos contra enfermedades degenerativas. Otros son potentes agentes para el biocontrol de plagas y otros son impagables como "biorremediación", ya que se comen los residuos tóxicos».

«La verdad es que vamos a necesitar mucha "magia" para salir del embrollo en el que estamos metidos», asegura Paul Stamets, que saltó a la fama mundial por su conferencia en

TED: «Seis maneras en que los hongos pueden salvar el planeta». El cambio climático, asegura, «va a acentuar enormemente todos los problemas ambientales».

«Sabemos por los restos fósiles que la Tierra ha sufrido al menos cinco extinciones masivas», recalca Stamets. «Pero aún podemos parar las manecillas de la sexta extinción si emprendemos una ardua tarea de restauración ecológica. Como ocurrió con la gran extinción de hace 250 millones o la de hace 65 millones de años (cuando desaparecieron los dinosaurios), los hongos pueden tener la clave de la renovación de la vida gracias a su capacidad de simbiosis con otros organismos».

Del potencial de los hongos para regenerar los suelos, limpiar la tierra o «comerse» el petróleo puede dar testimonio Stamets, que los ofreció como alternativa natural a los dispersantes químicos durante el vertido del golfo de México en el 2010. El Pentágono ha recurrido a él en varias ocasiones, lo que explica las medidas de seguridad en Fungi Perfecti para prevenir el espionaje industrial (Stamets es, para más detalles, cinturón negro de taekwondo y experto en poesía japonesa).

En su laboratorio de pruebas, asistido por un equipo de más de cuarenta biólogos, químicos y científicos, Stamets investiga las propiedades medicinales de los hongos y comercializa una gama de productos para gourmets (como la crema de *porcini* con trufas blancas). También facilita todo lo necesario para que los aficionados puedan iniciarse con cultivos domésticos y contar con un huerto micológico de shiitake, reishi, níscalos, *Boletus*, setas de ostra o champiñones en el balcón.

El salto cualitativo, más allá de los hongos, lo dio Stamets en el 2010 con la «caja de la vida», con la idea de convertir a cualquiera en «rescatador» del planeta... «Se trata de una simple caja de cartón reciclado donde viajan comprimidas las semillas de un centenar de árboles (abetos, secuoyas, fresnos, cedros, olmos) mezcladas con esporas de hongos micorrizales. Cada caja tiene el potencial de crear un pequeño bosque de clima continental y capturar al menos una tonelada de CO_2 a lo largo de treinta años».

En pocos meses, más de 10.000 cajas de la vida diseminaron su carga invisible por Estados Unidos. Sin embargo, la ambición de Stamets es llegar al menos al 1 por ciento de los envíos por correo, trasplantar la idea a otros lugares y otros climas, y acabar generando el mayor esfuerzo reforestador del planeta: «Porque no hay nada tan poderoso (y tan contagioso) como las acciones individuales en masa».

«Estamos a las puertas de una auténtica revolución micológica», asegura el Señor de las Setas. «No hemos hecho más que arañar la superficie de la profunda inteligencia de la naturaleza. Estamos descubriendo por fin las redes que dieron lugar a la vida tal y como la conocemos».

· · ·

«El mundo no se comporta como una máquina, sino como una compleja red. La idea del mundo como pura materia, o como un bloque sólido, es un concepto desfasado. Lo que tenemos es una trama prodigiosa de relaciones, desde las partículas elementales. Y todo eso cobra ahora un valor añadido en este mundo en red que estamos creando».

Esa es la lección que lleva impartiendo desde hace más de cuatro décadas **Fritjof Capra**, autor de *La trama de la vida* y *El tao de la física*. Las ideas de este físico, filósofo y «pensador total» nacido en Austria hace setenta y un años y afincado en California, cobran una especial relevancia en estos tiempos críticos, también para la ciencia.

Advierte Capra que todas las ramas del saber se tienen que abrir necesariamente a esta concepción del mundo, y, de hecho, lo están haciendo. *El tao de la física*, su primer libro de divulgación, se publicó en 1975, justo cuando se estaba produciendo un giro copernicano en su rama del saber: «El éxito de ese libro fue una sorpresa para mí. Creo que su publicación coincidió con el cambio de percepción de la física moderna, cuando empezó a hablarse de la física cuántica y de la teoría del caos».

La economía, según Capra, sigue siendo la más reticente de todas las ciencias y funciona básicamente con los mismos parámetros de hace un siglo: «La economía tiene que reconocer tarde o temprano que no se puede crecer indefinidamente en un mundo finito. El único crecimiento ilimitado es el del cáncer, que acaba matando al organismo... En la naturaleza todo pasa por períodos de crecimiento, declive y reciclaje, y eso permite que los ecosistemas se renueven. Este es el proceso que debería emular la economía, aplicando la lección de los sistemas vivos».

«Un sistema vivo es ante todo la "relación" que se establece entre sus partes», asegura el físico y pensador, que ha tendido puentes entre la ciencia y el espíritu. «Admitir esta complejidad nos obliga a cambiar de aproximación en todas las ciencias. La clave está en las interconexiones y en los procesos, y eso pasa también por nuestra visión de la Tierra. Hay que empezar a ver el planeta como un sistema vivo que se organiza y se autorregula: nosotros formamos parte de ese todo interrelacionado».

«Otro gallo cantaría si las ideas de Leonardo se hubieran impuesto a la visión mecanicista de Galileo, Newton o Descartes», sostiene Capra, uno de los mayores expertos mundiales en la vida y obra de Da Vinci. «Leonardo busca afanosamente y dibuja los patrones, las pautas y las formas que se repiten en la naturaleza. Y descubre que todo está interconectado, que lo importante no es la materia sino las relaciones. Leonardo no es solo el primer "ecodiseñador", sino también el primer pensador "sistémico". A los que dividían el mundo en partes o en bloques, a los "reduccionistas" de su tiempo, les llamaba incluso con desdén "abreviadores"».

EL EDÉN MÁS AUDAZ

Tim Smit es algo así como el Indiana Jones de la ecología. El primer oficio conocido de este holandés errante de sesenta y cinco años, distinguido como Caballero de la Orden del Imperio Británico, fue precisamente el de arqueólogo, a la búsqueda de civilizaciones perdidas. Pero su pasión por la música pudo más, y tiempo después se convirtió en compositor y productor, hasta que una visita a los Jardines Perdidos de Heligan, en el sur de Inglaterra, forzó un nuevo volantazo en su intrépida e imprevisible carrera.

La visión de aquel paraíso venido a menos en las costas de Cornualles despertó en él su vocación definitiva, la de «regenerador» ambiental, convencido de que todo lo construido y destruido por el hombre puede volver a su esplendor original. Años después, a su paso por una mina abandonada de caolín cerca de St. Austell, todas sus vidas anteriores se dieron repentinamente la mano...

«La idea de una civilización perdida en un cráter volcánico me rondó la cabeza durante años. Por eso, cuando vi ese paisaje selenita en las minas de Bodelva me di cuenta de que era el lugar ideal. Lo más difícil fue convencer a las autoridades que queríamos comprar el cráter tal cual, que no obligaran a la compañía minera a rellenar el espacio abierto en las montañas, que ya nos ocuparíamos nosotros».

Así, a golpe de imaginación y esfuerzo, salió a flote el Proyecto Edén, concebido a modo civilización «reencontrada» en los albores del nuevo siglo. El terreno se rellenó con 85.000 toneladas de tierra, mientras iban tomando cuerpo los primeros diseños con arcos, que dejaron paso a las «burbujas». Más de 46.000 postes fueron necesarios para dar forma a la estructura, en hexágonos inflables de un polímero termoplástico cien veces más ligero que el vidrio y resistente al calor y a la corrosión.

A lo largo de casi veinte años, más de 18 millones de terrícolas se han adentrado en el Edén futurista, con sus ocho gigantes domos geodésicos y sus más de 100.000 plantas de 5.000 especies diferentes. Las fotos permiten observar el contraste entre lo que en su día parecía un terreno baldío e irrecuperable y el vergel que ha surgido gracias a la acción conjunta del hombre y la naturaleza.

«Los ecologistas teníamos fama de luchar contra todo y no construir nada», recuerda Tim Smit. «Por eso necesitábamos hacer algo tan audaz que dejara desarmado al más cínico... Para mí, el Proyecto Edén es una manera de recuperar aquella sensación de asombro que debió de embargar al doctor David Livingstone ante las cataratas Victoria. Si queremos atraer a la gente a la naturaleza, si queremos embarcar a los niños en la conservación, lo mejor que podemos hacer es despertar en ellos la sed de aventura. Y también hacerles soñar y demostrarles que los sueños pueden hacerse realidad».

Unos 170 millones de euros costó dar forma al sueño de Cornualles, al sur de Inglaterra. Parte de los fondos vinieron de la UE por estar en «la zona pobre» de Europa... «Encontramos también inversores y logramos convencer al Gobierno británico de que nuestra iniciativa era viable. Creamos la atmósfera adecuada para dar alas al proyecto y dinamizamos la economía local».

El Edén más audaz, con esa «biosfera» de 55 metros de altura desde la que uno puede contemplar a vista de pájaro el bosque tropical, fue posible gracias al arquitecto Nicholas Grimshaw, que concibió la impresionante estructura geodésica. Una vez dentro, descubrimos los impactos del hombre —del caucho al cacao, de la palma al café— y nos encogemos ante un escalofriante dato: cada 6 segundos se pierde en el mundo un área de bosque primario equivalente a un campo de fútbol (1,5 hectáreas).

Entre la perplejidad y el asombro, saltamos de rama en rama gracias al Walkaway, la plataforma metálica que nos permite ahondar en la fronda y meternos en la piel de las culturas indígenas. Y de ahí a la espectacular tirolina de más de 600 metros, que permite a los visitantes volar literalmente sobre la cantera convertida en vergel y hacerle cosquillas a la segunda biosfera, la que contiene el bosque mediterráneo (con su exaltación gastronómica y el homenaje incluido al dios Baco).

Una abeja gigante marca el camino hacia el «bioma» exterior, alimentado por el peculiar microclima de Cornualles, que posibilita el cultivo de jardines comestibles. Gran parte de la cosecha autóctona se sirve en bandeja en el suculento restaurante del Proyecto Edén, aderezado con su propia panadería y su gama de productos autóctonos. El compostaje, el reciclaje y la captación de agua de lluvia se integra como parte del paisaje. El centro se abastece con su propia huerta solar y su central geotérmica.

Todos los caminos del paraíso apuntan finalmente hacia el Núcleo, el corazón científico y educativo, con especial atención al cambio climático. El final de la visita es al mismo tiempo el principio: La Semilla, la escultura de 70 toneladas de granito de Peter Randall-Page, venerada como el santo grial de la ecología.

La crisis económica golpeó duro al Proyecto Edén, que se vio forzado a aplicar una cura de austeridad que el propio Smit se tomó como un aviso de lo que nos espera: «La crisis real la tenemos por delante. Nos despertaremos un día y descubriremos que el modo en que vivimos tenía un coste muy elevado. La dependencia del petróleo nos llevará a un final abrupto, y entonces descubriremos que éramos muy cortos de vista. Tanto como el cambio climático me inquietan la escasez de recursos y la falta de liderazgo político para avanzar hacia un nuevo paradigma energético».

Lejos de arriar las velas, Smit decidió plantar cara ante la adversidad y embarcarse en los últimos años en un nuevo sueño: «trasplantar» el proyecto de regeneración ambiental del sur de Inglaterra a otros lugares del planeta, empezando por China, con parada en Singapur y destino final en Nueva Zelanda...

«La idea es crear una cadena global de proyectos de regeneración muy arraigados en el contexto local. No se trata de replicar el Edén original, sino de adaptarlo a cada lugar, incorporando las diferentes perspectivas culturales y la fascinante biodiversidad. Lo que queremos es influir en la gente y hacer ver que hay otra manera de gestionar el planeta».

La elección de China —en la ciudad costera de Qingdao, orientada hacia la cultura del agua— resulta obvia para este holandés universal: «Estamos hablando del país más poblado del mundo, obligado a afrontar los grandes problemas ambientales como ningún otro. En el fondo hay un deseo de cambiar de estrategia. Como organización volcada a la educación ambiental, queremos asumir ese reto y ese viaje».

Pese a su vocación de trotamundos, Tim Smit vuelve ocasionalmente a su particular Edén a casi 300 kilómetros de Londres, donde llegan a diario autobuses de todo el país cargados con estudiantes: «Quiero ser optimista y pensar que estos chavales serán los protagonistas del "Renacimiento verde". Creo en la capacidad de la gente joven e inteligente para reclamar el futuro y tomar el relevo de nuestra generación, demasiado asustada y ansiosa para cuestionar las incertidumbres de los que vinieron antes».

• • •

Mucho se escribió en su día sobre el fiasco de Biosfera 2, el ecosistema artificial creado en el desierto de Arizona para reproducir la Tierra. Dos misiones de «terrícolas» se encerraron en los gigantescos invernaderos de las montañas de Santa Catalina y descubrieron, entre otras cosas, que la vida en el planeta es mucho más compleja de lo que habíamos imaginado.

Al cabo de casi treinta años desde su construcción, una de las mayores estructuras cubiertas jamás creada por el hombre (equivalente a dos campos y medio de fútbol) sigue milagrosamente abierta como testimonio de aquel experimento fallido, volcada ahora en experimentos sobre el clima, el agua y la energía. Un temblor telúrico acompaña a los visitantes que se adentran en el desierto cercano a Tucson, donde los amaneceres son de otro planeta. Entre colinas áridas, chaparrales y cactus surgen de pronto las superficies acristaladas del legendario «hábitat» terrestre: los invernaderos que contienen una selva amazónica, una sabana tropical, un laberinto de manglares y hasta un pequeño océano con playa y barreras de coral.

Cualquiera diría que el fin del mundo está a la vuelta de la esquina y que una mano lunática ha querido preservar lo mejor de la Tierra en una «botella». «De buenas a primeras, todo esto puede parecer absurdo, pero les aseguro que no existe un laboratorio donde poder estudiar mejor el presente y el futuro del planeta», asegura nuestro guía en este auténtico viaje a las tripas de Gaia.

En Biosfera 2, los científicos de la Universidad de Arizona estudian ahora mismo la respuesta de los bosques tropicales al cambio climático y los efectos de la temperatura y de la variación del agua en el ciclo de nutrientes del ecosistema. A estas alturas de siglo, y pese a todas las vicisitudes del pasado, existe cierto revisionismo científico sobre lo conseguido por Biosfera 2 y un renovado intento de darle proyección en el siglo XXI.

«El proyecto sirvió para crear una mayor conciencia sobre la facilidad con la que los humanos podemos perturbar la vida en el planeta», asegura Abigail Alling, autora de *Life*

Under Glass. «Hasta que construimos este espacio, la única "biosfera" conocida era la Tierra».

Alling participó en la primera misión de ocho «biosferanos» que se encerraron entre septiembre de 1991 y 1993 en el hábitat artificial (impulsado por el inventor John P. Allen y con un presupuesto de 200 millones de dólares). Los problemas no se hicieron esperar: los niveles de oxígeno cayeron alarmantemente en los primeros meses y pusieron en peligro la vida de los científicos, que también pasaron hambre por el escaso rendimiento de la huerta donde producían sus alimentos.

De las 25 especies de vertebrados introducidas en Biosfera 2, tan solo seis sobrevivieron. Casi todos los insectos murieron, incluidos aquellos cuya misión era polinizar las plantas. Otras especies, como las cucarachas y las hormigas, se fueron apoderando del hábitat artificial y crearon «un desequilibrio insostenible».

Pese a los cambios en el diseño, la segunda misión de diez meses discurrió aún peor, con disputas entre los responsables del experimento, abandonos, sabotajes y problemas económicos que pusieron en grave peligro la supervivencia de Biosfera 2. Si algo quedó demostrado, fue la incapacidad del ser humano para replicar la «burbuja terrestre».

EL HOMBRE Y LA HIGUERA

Del altiplano boliviano llegó a Mallorca una mujer con un envío muy especial. Se trataba de una higuera del pueblo conocido como La Higuera, donde murió fusilado el Che Guevara. Solo le faltaba por superar el control de aduanas en el aeropuerto de Palma, cuando la Guardia Civil la obligó a abrir la maleta y descubrió el ramaje sospechoso.

«Antes de incautarme la higuera, tendrán ustedes que fusilarme», advirtió la mujer a la autoridad. «Es un encargo que me hizo Montserrat Pons». «¿Se la trae usted al farmacéutico de Llucmajor?», preguntó el guardia. «¡Hombre, haberlo dicho antes!».

De modo que la higuera del Che llegó finalmente a su destino en Son Mut Nou, el mayor «figueretum» del mundo, con más de 1.800 higueras plantadas de casi 1.000 variedades, incluidas 250 autóctonas. Y todas ellas cuidadas, mimadas e idolatradas por **Montserrat Pons i Boscana**, Monty para los amigos, conocido en las islas Baleares como «l'apotecari de les figueres».

A sus sesenta y seis años, Monserrat Pons dedica el tiempo libre y los ahorros que le ha dejado la botica a velar día y noche por el auténtico paraíso de las higueras, ese árbol de porte bajo que se originó en Asia Menor y se propagó por todo el Mediterráneo.

«La higuera es un árbol sufrido como las mujeres», explica con conocimiento de causa Montserrat (el nombre es también masculino en mallorquín). «Necesita pocos cuidados después de enraizar, ella sola se vale. Y aguanta con muy poca agua: cuanto menos bebe, más dulce es el fruto».

Junto a los algarrobos y los almendros, las higueras forman parte de la trilogía sagrada del agro balear, según el amigo Monserrat, que habla de ellas como sus «hijas». Las higueras simbolizan ante todo «esa oscilación entre la fertilidad y la pobreza de los suelos» que se palpa en la llanura mallorquina, con el beso siempre cercano del Mediterráneo y los picos de la Tramontana a las espaldas.

Montserrat Pons ama este paisaje, el mismo que cautivó a Joan Miró, y tal vez así se explique su devoción por la higuera, que viene de largo… «Siempre me interesó muchísimo la botánica, y por eso en parte me dediqué a la farmacia. Pero fue en 1995 cuando decidí consagrarme a las higueras y recuperar 64 variedades autóctonas aquí en Son Mut Nou, y así desde entonces».

El apotecario de las higueras ha viajado hasta Egipto, Grecia y Turquía, ha seguido los pasos de Jesús por Galilea, ha conseguido la variedad conocida como «Virgen María», considerada por los coptos como sagrada por haber dado techo y alimento a la sagrada familia cuando fueron expulsados de Judea…

«La higuera es un árbol especialmente generoso por lo poco que tarda en dar sus frutos y por todo lo que aporta a nuestra cultura», asegura Montserrat. «Ha sido siempre el alimento de subsistencia en las culturas mediterráneas, y aquí en Baleares ya se sabe: hemos sido invadidos por todos, de los fenicios a los árabes, pasando por los romanos».

«"El higo es el alimento del pobre y el postre del rico", decimos en las islas. Y es curioso lo vinculada que ha estado la higuera a la crianza del cerdo; hasta el punto de levantarles un muro alrededor del tronco para que se queden dentro y engorden, como hacen en Menorca. En el fondo, esa es una de las claves de la gran variedad de higueras que tenemos… y uno de los secretos de nuestra apreciadísima sobrasada».

Las hileras de higueras se extienden hasta casi el horizonte en Son Mut Nou. El «centro de experimentación» atrae todos los veranos a cientos de agroturistas, que cargan sus cestas con higos frescos recién recogidos o con los productos que comercializa el propio Montserrat, como el pan de higos, los higos secos, el vinagre o el vino.

Más de 5.000 kilos de higos al año dan los árboles de Montserrat, y es ahora cuando empieza a darle salida a la producción gracias a la labor impagable del grupo local de *slow food* y del apoyo de gente como Laura Buadas, quien está al frente de Loveat, la tienda en línea donde se venden los sabores autóctonos.

La *coll de dama blanca*, la *bordissot negra*, la *calderona*, la *hivernenca*, la *martinenca*, la *brocalet*... A Montserrat se le hace la boca agua incluso en invierno paladeando con la memoria todas las variedades imaginables: las primerizas, las de agosto o las tardías, sin olvidarnos de las valencianas, sugerentes como pocas por sus nombres (carne de doncella, pecho de reina...).

«Admiro la elegancia de las higueras con su porte estival, que se traduce en la densidad esplendorosa de su follaje y en la dulzura de su fruto y en la sensualidad», escribe Montserrat en un apasionante compendio ilustrado de 450 páginas titulado *Las higueras en las Islas Baleares*. «Las admiro también en la desnudez invernal de su grisáceo ramaje, alargado y nudoso».

Enumera el sonriente Monty una larga lista de poetas que escribieron bajo la sombra protectora de una higuera (Miguel Hernández, García Lorca, Antonio Machado, Rosalía de Castro...) y solo espera que muchos otros poetas en ciernes vengan en el futuro a Son Mut Nou a dejarse inspirar por este paisaje labrado a golpe de corazón y sudor.

«Todo lo que ves es fruto del esfuerzo y la pasión. Me han ayudado mucho Juana, mi brazo derecho, y Rafa, el payés que cuida de esto. Me han apoyado también decenas de voluntarios, pero todo ha salido adelante sin apoyo institucional. Va siendo hora de que alguien reconozca esta labor de preservación de nuestro patrimonio cultural y natural, y garantice que nuestro "figueretum" siga siendo eso: un campo de experimentación para generaciones venideras».

• • •

Cae la tarde en el Parque del Serral de Ses Monges en Mallorca; es el momento ideal para arrancar unas espléndidas hojas de «col de todo el año», o para llevarse unos pimientos y unos tomates que luego se servirán en el comedor social, o para regar la planta de la papaya, que también crece por estas tierras.

Mientras los paisanos de Inca van y vienen con sus aperos para rematar la faena a última hora del día, el permacultor **Julio Cantos** nos recuerda que todo esto era hace cuatro años un yermo, una tierra de nadie, el típico descampado de las afueras donde uno iba en todo caso a correr o a pasear con el perro.

Ahora empieza a parecerse a un vergel, palabra mágica que significa «lugar con abundancia de plantas, flores y árboles frutales». Más difícil es explicar en qué consiste eso de la permacultura, pero el propio Julio nos ayuda: «Copiar y pegar de la naturaleza, tan simple como eso... La labor del permacultor es la de diseñar y crear entornos humanos sostenibles y totalmente respetuosos con el medio ambiente».

Julio Cantos, alicantino de cincuenta y pocos años, mallorquín de adopción, con una larga trayectoria desde Permacultura Montsant a la asociación PermaMed, tiene un sueño confesable: «Que todos los niños sean permacultores».

Y por ese camino va, tendiendo puentes con las escuelas, intentando convencer a otros municipios de la isla del valor de los centros demostrativos como este de Inca, donde es capaz de vislumbrar «ese mundo multicolor y lleno de bosques comestibles» que podrán saborear las futuras generaciones.

En el Serral de Inca, por cierto, se planta un árbol nuevo por cada niño nacido en la ciudad. El jardín de toda la vida deja aquí paso al «paisaje útil». Por una parte, el bosque con encinas, bojedas, acebuches... Por otra, los bancales elevados, los cultivos en hileras, los huertos sociales y familiares y el vergel demostrativo.

Entre uno y otro, el aula educativa a cielo abierto, las barbacoas, las mesas de pícnic y el itinerario de *footing*. Los lindes entre el bosque, el cultivo y el ocio no están grabados con piedra, y en el fondo eso es lo que pretende el permacultor, que la naturaleza vaya ganando el terreno perdido durante décadas de actividad humana.

Unos mil niños pasan todos los años por el Serral de Inca para adentrarse en el mundo de la permacultura y de la agricultura urbana. Julio Cantos piensa que la semilla ya está germinando en el largo centenar de centros de primaria que ya cuentan con un huerto. «El problema está en la secundaria», reconoce. «Ahí se rompe el vínculo con la naturaleza, y por eso es vital contar con estos espacios demostrativos donde los chavales puedan seguir en contacto con los cultivos y con el bosque».

«El papel de los educadores es clave», sostiene Julio. «Lo bueno es que fueron los profesores quienes vinieron a nosotros, porque cada vez hay un interés mayor en reconectar a los estudiantes con el mundo natural».

Los picos de la Tramontana nos reclaman a lo lejos, y el sueño completo de Julio sería rodear la reserva de la biosfera con vergeles periurbanos que sirvieran de amortiguación y transición. «Podríamos reverdecer la isla con poco esfuerzo. Vivimos en un entorno privilegiado y muy fértil que nos está pidiendo a gritos que trabajemos con él y no contra él. A eso aspiramos los permacultores, a cocrear con la naturaleza».

EL PORTAVOZ DEL SILENCIO

En este mundo ruidoso que hemos creado, entre el fragor del tráfico, el sobresalto de los bomberos, el aullido de las alarmas, el martilleo de las obras, el zumbido de las calefacciones y el bramido del monstruo urbano, el «oficio» del portavoz del silencio es tal vez más necesario y urgente que nunca...
«La gente teme al silencio como teme a la oscuridad. En el fondo, es un temor a lo desconocido, porque nos hemos habituado a vivir entre ruidos... Tenemos que aprender a "escuchar" el silencio y lo que viene después del silencio: esa sucesión de pequeños e infinitos sonidos que son el pálpito del maravilloso planeta en el que vivimos».

Gordon Hempton, de profesión «ecologista acústico», habla de una manera susurrante y casi hipnótica, por debajo de los 60 decibelios (lo que suele marcar su medidor de ruido durante una conversación). Su ideal de silencio está sin embargo por debajo de los 40 decibelios: lo que puede llegar a registrar —micrófono en mano— en una especie de santuario natural que él mismo ha encontrado no muy lejos de donde vive.

Estamos en las Olympic Mountains, el rincón más frondoso y silvestre del noroeste de Estados Unidos. Y nos disponemos a emprender una aventura insólita a la busca de la mítica One Square Inch of Silence («Una pulgada cuadrada de silencio»).

La leyenda dice que Gordon Hempton ha sido capaz de alterar las rutas de los aviones que despegan de Seattle para que no interfieran en el "santuario" del silencio. Él mismo desmiente el tópico y da fe de su lucha infructuosa por lograr que todos los parques nacionales preserven a toda costa su sonido «natural».

Hempton estuvo hace tiempo en Doñana, en la primera de sus tres vueltas al mundo a la busca del silencio, que cada vez se vende más caro. Últimamente ha atravesado su país en un inaudito *cross country*, a medio camino entre Jack Kerouac y John Muir, captando la sucesión de sonidos autóctonos y escribiendo sobre la marcha un apasionante tratado de geografía acústica.

Su epifanía personal, recuerda, ocurrió durante un viaje parecido a los veintisiete años. Llevaba todo el día conduciendo y estaba agotado. Decidió tumbarse en un campo de maíz a dormir. Le despertó un trueno y sintió cómo le zarandeaba la tormenta. «¿Cómo he podido pasar tanto tiempo sin saber escuchar?», fue la pregunta que se hizo en el ecuador de su vida. Ya no le interesaba ser patólogo de plantas, que fue su vocación desde joven. La respuesta, mi amigo, está siempre en el viento, que diría Bob Dylan...

«Cada valle tiene un rumor distinto, una partitura peculiar que está marcada por la altitud y por la fronda de los árboles. Los ríos y los arroyos tienen también su propia música según el caudal, que interpreta una melodía distinta en cada estación del año».

Silencio. Gordon Hempton despliega su micrófono bajo el susurro de las coníferas. El viento agita las copas y las ramas chocan. El medidor marca 45 decibelios. El bosque respira hondo. Más silencio.

Los alces flanquean la entrada al parque de las Olympic Mountains a cualquier hora del día. Comen el pasto y quiebran las ramas. Apenas irrumpen en el silencio natural. Si acaso cuando chocan sus cornamentas; estamos en época de celo... Pasamos sobre un riachuelo: el agua dispara el medidor a los 69 decibelios.

Conforme avanzamos, el musgo se apodera de las rocas y los troncos y lo cubre todo con un halo de mutismo verde. Poco a poco nuestros oídos van penetrando en el misterio del bosque. Gordon habla lo mínimo e imprescindible en su hábitat, atento siempre a sus mediciones, que registra puntualmente en un cuaderno con el sigilo de un duende.

Sobre la marcha le formulamos algunas preguntas amortiguadas e indiscretas. Por ejemplo, su sonido favorito: «El de los pájaros al amanecer, en cualquier lugar del mundo... Es un sonido de júbilo, de invitación permanente a la vida. Le dediqué un documental al tema, *Vanishing Dawn Chorus*. Un lugar donde los pájaros no cantan por la mañana es un lugar sin futuro».

¿Y el sonido que más detesta? «El de un avión a primera hora del día... Es como el eterno recordatorio: por aquí ha pasado el hombre. El ímpetu de la civilización no respeta ni los parajes más asombrosos, como mi querido Yosemite, profanado a todas horas por los aviones».

Dicho y hecho. Apenas llevamos 38 minutos de caminata y el avión de Alaska Airlines (la única línea que sigue volando sobre el parque) altera por primera vez el sonido natural. Esta vez vuela muy alto, y el marcador apenas se inmuta. Cualquier ruido imprevisto puede hacer que se dispare por encima de los 75 decibelios —más o menos lo que detectará en una calle ruidosa de Nueva York—, pero una especie de hechizo parece proteger a este bosque y a su defensor más callado y conspicuo.

Llegará un día, vaticina Hempton, en que abriremos los ojos y los oídos a los efectos indeseables de la contaminación acústica: insomnio, ansiedad, estrés, alta presión sanguínea y tantos males que aquejan a los sufridos habitantes de las ciudades. Ese momento llegó quizás, aunque fuera fugazmente, con la cuarentena por el Coronavirus, que limpió el aire de malos humos y llenó nuestras calles de un silencio inaudito que al principio nos asustó, pero que poco a poco fuimos apreciando.

Los ruidos urbanos resuenan en nuestra imaginación, y Gordon Hempton recuerda de pronto su experiencia extrema, cercana al silencio total: «Tenía poco más de treinta años cuando perdí casi totalmente la audición. Mi mundo se estaba cayendo en pedazos, creí volverme loco. Me di cuenta de lo que es renunciar al mundo de los sonidos, del más estridente al más imperceptible. Recuperar el oído dio un nuevo sentido a mi trabajo».

De aquella crisis nació la idea de crear One Square Inch of Silence, que ya va camino de las dos décadas de existencia. Decenas de visitantes, siguiéndole a él o dejándose llevar por su instinto, han logrado llegar hasta el lugar, marcado por un árbol hueco que Gordon ha bautizado como Silence Gate. El medidor registra allí el mínimo de 32 decibelios, el punto más cercano a la quietud total.

Casi en volandas llegamos hasta el «santuario», marcado con una pequeña piedra roja y una jarra que contiene los pensamientos finales de todos los peregrinos del silencio: «Gracias, Gordon, por crear este oasis de cordura en un mundo estrepitoso».

«Una pulgada cuadrada de silencio» ha dejado ahora paso a los Parques del Silencio. A la salida del confinamiento, y aprovechando la nueva conciencia ante la contaminación acústica en las ciudades, Gordon Hempton ha impulsado el proyecto Quiet Parks International: una red global de espacios urbanos consagrados al silencio natural, de Taiwán a Estados Unidos, pasando por Suecia o Ecuador.

«Lejos de luchar contra el ruido, nuestra meta es descubrir y fomentar los beneficios del silencio natural», explica Hempton. «El ruido es efectivamente una plaga en el mundo moderno, pero no podemos malgastar nuestras energías describiendo lo que no queremos. Es más simple y divertido salvar lo que amamos».

5

AGUA

El mar cubre el 70 por ciento del planeta y tan solo el 7 por ciento está protegido (frente al 15 por ciento de la superficie terrestre).

Cada año se arrojan a los océanos 8 millones de toneladas de plásticos, responsables de la muerte de 100 millones de animales.

Más de 2.000 millones de personas viven sin agua potable ni saneamiento básico.

SU MAJESTAD DE LAS PROFUNDIDADES

Sylvia Earle es la gran protectora de los mares. Todo fluye alrededor de esta mujer de voz ondulada y sonrisa sabia que parece estar dibujando con sus manos medusas, esponjas y otros seres indescifrables. A sus ochenta y tres años, con más de 7.000 horas de buceo a sus espaldas, se ha ganado a pulso el título de Su Majestad de las Profundidades.

«Bajar al fondo marino es como ser uno con el universo, fundirse de alguna manera con la matriz creadora. La luz va desapareciendo y de pronto entras en un mundo familiar y al mismo tiempo remoto. La vida allí es luminiscente, lo más parecido a sumergirte en el cosmos».

Con dos pinceladas, Sylvia Earle es capaz de iluminar las profundidades abisales y transmitirte esa pasión líquida que bebió de niña y que aún refleja en sus ojos de sirena risueña...

«Debía de tener entonces tres años. Estaba bañándome con mi madre cuando me tumbó una ola. Ella se asustó, naturalmente, y yo también al principio. Pero recuerdo que por fin salí a la superficie con una gran sonrisa. Tuve la sensación de encontrarme en mi elemento natural. Estar en el agua se convirtió en un placer físico y vital: me abrió las puertas a una nueva dimensión de la vida».

Los científicos, asegura, son en el fondo «niños que han conservado la capacidad de asombro». De modo que de mayor quiso seguir siendo niña, aunque tuviera que saltar barreras no precisamente coralinas y superar estigmas como los que impedían a las mujeres adentrarse como los hombres en el intrincado mundo de la oceanografía.

En 1969 se presentó como candidata a la Tektite I, la primera expedición de científicos del mar auspiciada por el Gobierno estadounidense. Le negaron un puesto por ser mujer, pese a contar con más de 1.000 horas de experiencia submarina. Se estaba investigando la resistencia del ser humano a futuras misiones espaciales, con inmersiones a 15 metros de profundidad por largos períodos de tiempo.

Un año después, en un acto de feminismo submarino, dirigió la primera misión de «acuanautas» con escafandra integrada por mujeres (allanando de paso el camino a las futuras astronautas). Desde entonces no ha dejado de fulminar récords de profundidad, en buceo o con sumergible, y de romper nuevas fronteras como la de convertirse en directora científica de la NOAA, la NASA de los océanos.

Formó tándem con el ingeniero y diseñador submarino Graham Hawkes, que con el tiempo se convirtió en su marido. Juntos crearon su propia compañía, Deep Ocean Engineering, pionera en el uso de la robótica para llegar a grandes profundidades. Tras su divorcio, su empresa ensanchó horizontes y se convirtió en Deep Ocean Exploration and Research (DOER), que sigue en activo gracias al impulso de su propia hija, Elizabeth, enamorada del mar como ella misma.

En los últimos treinta años su pasión se ha repartido entre la exploración y la divulgación desde su observatorio en la bahía de San Francisco. Allí concibió *Ocean: An Illustrated Atlas*, el atlas más apasionante de la vida marina jamás publicado. Y pese a todos los misterios que sigue encerrando para ella el gran azul, lo que más le intriga con diferencia es el desconocimiento y el desdén de los humanos por la fuente primordial de la vida...

«Seguimos sin reconocer que el mar es nuestro gran corazón azul, y que gracias a él nos mantenemos vivos. El 70 por ciento del oxígeno que respiramos proviene de los océanos, que son también los grandes sumideros de CO_2. Pero nos hemos empeñado en destruirlos, aunque nuestro impacto no sea tan visible como todo el daño que hemos causado a la superficie terrestre».

«Hemos acabado con el 90 por ciento de los grandes peces y todos los años arrancamos 100 millones de toneladas de vida marina», advierte Sylvia Earle. «A cambio depositamos millones de toneladas de plásticos y desechos en los océanos... El mar es el gran regulador del clima, de modo que más nos vale cuidarlo. Tan importante como preservar los bosques es mantener la integridad del mar».

La primera vez que hablamos con Sylvia Earle fue en pleno desastre del golfo de México, en el 2010, cuando los políticos convocaron a Su Majestad de las Profundidades al Capitolio para emitir su veredicto, que sigue sonando como el más potente de los recordatorios: «Nuestros dos grandes enemigos son la ignorancia y la complacencia. Tenemos aún esa sensación de que el mar es tan inmenso que puede con todo. Nos estamos equivocando: todo el daño que causamos a los océanos nos lo hacemos a nosotros mismos».

«En apenas unas décadas el azul salvaje del mar que yo descubrí en el golfo de México ha desaparecido», recuerda Earle. «Estamos acabando con los tiburones, las tortugas, los atunes, la ballenas y otras especies marinas de gran tamaño que están desapareciendo ante nuestros ojos».

Y el primer paso para frenar esa destrucción es el conocimiento. «Curiosamente, sabemos mucho más de la superficie lunar que de nuestros océanos. Apenas hemos explorado el 10 por ciento. Solo hemos estado dos veces en profundidades superiores a los 11 kilómetros. Estamos tan solo empezando a desvelar los secretos del fondo del mar. ¿Qué hay allí? ¿Qué relación guarda con nosotros? ¿Qué papel cumple en el complejo sistema de vida terrestre?».

Earle nos invita a respirar hondo, cerrar los ojos e imaginar las olas rompiendo a nuestros pies... «Tenemos que estar agradecidos al mar por cada bocanada de aire que damos, porque los océanos generan oxígeno y capturan el carbono. Tenemos que respetar la fotosíntesis que nutre a los pequeños animales marinos, que son a la vez el sustento de los animales mayores. El ciclo del nitrógeno, el ciclo del fósforo, el ciclo del agua... Todo nos remite en primera y última instancia al mar».

En el 2008, Sylvia Earle lanzó Mission Blue con la idea de promover la creación de una red global de protección de los espacios marinos, bautizados como *hope spots*. Más de doscientas organizaciones se han subido al barco, con la meta de lograr la protección del 30 por ciento de los océanos para el 2030.

«Es cierto que en la última década ha aumentado la conciencia sobre la importancia de los mares para nuestra propia subsistencia», admite Earle. «Pero nos está costando reconocer que hay límites en el océano, en lo que los humanos podemos extraer o introducir... Pues bien, hemos superado esos límites y seguimos esperando que los océanos funcionen como hasta ahora».

«También se está reconociendo finalmente el papel de los océanos en el cambio climático. El agua de los mares absorbe el calor y ha alcanzado temperaturas récord en el último medio siglo. El aumento del nivel del mar puede poner en peligro a decenas de ciudades costeras en las próximas décadas. Y, finalmente, el cambio climático está afectando a la acidificación de los mares, está destruyendo las barreras coralinas y amenazando a cientos de especies».

«El mayor problema del hombre es no saber», concluye la mujer que más ha hecho por nuestros mares. «Pero hemos aprendido mucho en poco tiempo, y armados con ese conocimiento, tenemos poder. Esa es la mejor razón para la esperanza».

DE PECES Y PLÁSTICOS

Javier Goyeneche quiso subirse a un barco de pesca para ver lo que se estaba cociendo en los océanos. Pocas imágenes son tan impactantes como las de los peces atrapados en las redes y boqueando en un mar de basura. Es el pan de cada día entre los pescadores del Mediterráneo: en el 2050 puede haber más plástico que peces en nuestros mares.

Goyeneche nació en Madrid en 1970, y es más bien marinero en tierra. Pero su querencia por el Mare Nostrum le viene de los veranos en Menorca, donde ocasionalmente se hace también visible ese mar paralelo de plástico que estamos creando. Todos los años más de 8 millones de toneladas de basura acaban en los océanos. Algo habrá que hacer para evitarlo.

«El mar no pertenece a nadie y todo lo puede tragar: esas son las dos premisas con las que hemos funcionado hasta ahora», advierte el emprendedor madrileño. «La realidad es bien distinta: el mar nos pertenece a todos y hay que protegerlo porque es el gran regulador de la vida en la Tierra».

PORQUE NO HAY PLANETA B es el lema de la marca de moda sostenible Ecoalf, creada por Javier Goyeneche en el año 2009 (con guiño incluido a su hijo Alfredo en el nombre). Después de triunfar y tocar techo en el mundo de la moda convencional con Fun & Basics, decidió dar un golpe de timón y ponerse a la proa de la «otra» moda posible, con el uso de tejidos a partir de material reciclado y recuperado sobre todo en los mares.

«Upcycling the Oceans» es el nombre de la campaña que lanzó desde su propia fundación y a la que dedica ahora casi la mitad de su trabajo. Lo que empezó casi como una misión imposible se ha convertido en su auténtica pasión, dividida entre el Mediterráneo y Tailandia, con más de 550 barcos y 3.000 pescadores entregados a la labor (y más de 500 toneladas de residuos rescatadas del mar).

«¿Y por qué te vas al mar para buscar plástico con todo lo que se desecha en tierra?», le suelen preguntar al fundador de Ecoalf. «La respuesta más obvia es: porque me gustan las cosas complicadas. Y porque sacando residuos del mar solucionas al mismo tiempo dos cosas: la contaminación por plásticos y la escasez de recursos».

Javier recorre el mundo con la impactante presentación de «Upcycling the Oceans», que inquieta y deslumbra a partes iguales. Recuerda de entrada su propia experiencia iniciática, cuando decidió subirse un día en un barco pesquero y descubrió que las redes atrapaban casi tanto plástico como peces. Menciona sobre todo la labor de Nacho Llorca, de la cofradía de pescadores de Alicante, y la contribución de los arrastreros, deseosos de combatir su mala fama con una nueva labor al servicio del medio ambiente: intentar recuperar el 75 por ciento de los residuos que acaban depositados en los fondos marinos.

Los pescadores estaban habituados a devolver el plástico al mar porque no había conciencia ecológica y porque no había dónde reciclarlo. Goyeneche se asoció con Ecoembes y arrancó en el 2015 con contenedores en once puertos, que pronto se convirtieron en cuarenta, repartidos por toda España. Su sueño es replicar el «milagro» del plástico y los peces por todo el Mediterráneo, llegar a una flota de 20.000 pescadores y poder extender país a país el modelo que arrancó en la costa levantina.

A su paso por Estambul, en una conferencia sobre los océanos, Goyeneche recibió una invitación formal para visitar Tailandia y llevar allí su proyecto. Cuando llegó le estaba esperando el ministro de Medio Ambiente y firmaron un acuerdo por tres años para recuperar hasta 7,5 toneladas de basura al día en las costas de Phuket o Samui con la ayuda de decenas de pescadores y de 1.000 buceadores.

Entre sus idas y venidas, Javier Goyeneche le ha dado vueltas a la segunda fase del proyecto: «Upcycling the Rivers». «El 80 por ciento de los residuos que acaban en el mar proceden de los ríos: la idea es recoger los plásticos antes de que lleguen a los océanos, se conviertan en microplásticos y se incorporen a la cadena trófica a través de los peces, lo cual empieza a ser un grave problema ambiental y de salud».

«Reciclar "hacia arriba" los mares y los ríos va a requerir un gran esfuerzo colectivo», advierte Javier, empeñado también en llevar su mensaje a las escuelas: «Los niños entienden el problema mejor que los adultos porque tienen una relación emocional con el mar. Tendemos a preocuparnos por el planeta que le vamos a dejar a nuestros hijos, cuando lo más importante son los hijos que vamos a dejarle al planeta».

Pese a la repercusión internacional de su campaña, Goyeneche reconoce tener la sensación de navegar a contracorriente en España, «que debería liderar este impulso mundial por su vocación marinera». El suyo es también un caso de emprendimiento social y ambiental pionero en nuestro país. Ecoalf ha sido la primera empresa de moda en España en lograr la Certificación B Corp, que como él mismo dice «no te acredita entre las mejores compañías del mundo, pero sí entre las mejores para el mundo».

Redes de pesca, botellas de plástico, neumáticos, posos de café o algodón posindustrial son algunas de las materias primas que utiliza Ecoalf para hacer camisetas, abrigos, pantalones, chanclas o zapatos, con el doble reto de un diseño atractivo («que no salte a la vista que lo que hay detrás es material reciclado») y a un precio asequible («siendo siempre fieles al compromiso ético y ecológico»).

«Conseguir un hilo de calidad a partir de una red de pesca requiere solo siete pasos químicos, en contraste con los 17 que hacen falta a partir del petróleo», recalca Goyeneche. «No solo estamos ahorrando recursos, sino también agua y energía, y al mismo tiempo estamos reduciendo emisiones».

Ecoalf ha fabricado decenas de tejidos distintos a partir de material reciclado y gracias a su empeño en demostrar que la innovación y la sostenibilidad deben ir juntas. Mano a mano con el Centro Tecnológico del Calzado de La Rioja y con SIGNUS se experimentó con el polvo de neumáticos de tractores para crear *flip flops*. En Taiwán, y gracias a un acuerdo con la cadena 7 Eleven, se recuperan los posos húmedos del café y se mezclan con los polímeros del plástico para obtener un producto de calidad.

Una de las colecciones más innovadoras es la denominada Ocean Waste, que utiliza algas invasivas para fabricar suelas de zapatos: «El cambio climático está creando esta sobreabundancia de una materia prima no alimenticia y altamente renovable que causa estragos en nuestras aguas, pero que podemos, sin embargo, reaprovechar, fieles a los principios de la economía circular».

• • •

El holandés **Boyan Slat** se lanzó a bucear durante unas vacaciones en Grecia y descubrió que el fondo marino estaba inundado de plásticos. Tenía entonces dieciséis años y aún no sabía hasta qué punto esa impactante experiencia cambiaría su vida.

Un año después, como proyecto de fin de curso en el instituto, Boyan presentó una original idea para limpiar los océanos con un sistema pasivo, usando flotadores de corcho a modo de barreras en forma de U y aprovechando las corrientes marinas para acumular el plástico y poder recuperarlo. Una charla en TEDx, en su ciudad natal de Delft, sirvió para viralizar su proyecto, que logró recaudar más de 2 millones de euros.

Así nació The Ocean Cleanup, mientras Boyan completaba sus estudios de ingeniería y perfeccionaba su idea. Los dos primeros intentos fallaron estrepitosamente, pero aprendió de sus errores y salió finalmente a flote en el 2019 durante una prueba en la fatídica isla de la basura del Pacífico, que ocupa 1,7 millones de kilómetros cuadrados entre California y Hawái.

«¡Hemos sido capaces de usar las fuerzas naturales del océano para pescar los plásticos!», fue el jovial anuncio de Boyan en la prueba definitiva de su sistema, que atrapa la basura en el mar con la ayuda de una «falda» de 3 metros por debajo de los flotadores de corcho y mantiene cierta estabilidad con pequeñas anclas. Al primer intento, la barrera en forma de U fue capaz de atrapar varias redes de pesca abandonadas, un aparatoso neumático e infinidad de fragmentos de plásticos y microplásticos.

«Limpiar la isla de la basura del Pacífico por un método convencional, usando barcos y redes, podría llevar miles de años», señala Boyan Slat. «Nuestro método nos va a permitir recoger el 50 por ciento del plástico en cinco años y a un coste bastante menor».

Las barreras ideadas por Slat cuentan con sensores y transmisores que permiten comunicar su posición a los barcos, que podrían recoger la «pesca» de plásticos al cabo de varias semanas para reciclarlos o reaprovecharlos en tierra firme. El «padre» de la idea está convencido de que en unos años el sistema se podrá autofinanciar con el valor de todo lo recuperado en el mar.

La persistencia es la madre de la ciencia, y el propio Slat se topó con el escepticismo de destacados oceanógrafos que aventuraron que su sistema no funcionaría. Pero ahí está, intentando solucionar el problema de los 8 millones de toneladas de plástico que acaban en el mar, más las 600.000

toneladas métricas de redes de pesca que causan al año la muerte de más de 100 millones de animales marinos.

«La tecnología es el agente de cambio más potente», sostiene Boyan Slat. «Mientras que otros agentes de cambio se basan en lo que ya existe, la innovación amplifica nuestra capacidad y crea herramientas nuevas que facilitan la transformación a gran escala».

ADIÓS AL HIELO

Desde su refugio de invierno de la Universidad de Cambridge, **Peter Wadhams** predijo en el 2020 que el Ártico podría estar «libre de hielo por primera vez en 100.000 años». Sus críticos le echan en cara que vaticinó lo mismo para el año 2015, después de aquel septiembre extremo del 2012 en el que la superficie helada se encogió alarmantemente hasta los 3,4 millones de kilómetros cuadrados (frente a los 8 millones que había en los años setenta).

«Si no ocurre un año, sucederá al siguiente o antes de que acabe la próxima década», aventura el exdirector del Scott Polar Research Institute con la experiencia acumulada de más de cincuenta expediciones sobre el terreno. «Todo está ocurriendo de una manera mucho más rápida y drástica de lo que preveíamos. La capa de hielo no solo se está contrayendo, sino que es cada vez más fina y está colapsando».

«Por desgracia, creo que hemos entrado en lo que mi colega Mark Serreze llama "la espiral de la muerte del Ártico"», asegura Wadhams. «Como mucho, quedarán islotes dispersos y flotantes de hielo que apenas llegarán al millón de kilómetros cuadrados, pero nunca más una masa compacta».

La imagen emblemática de la Tierra tomada desde el *Apolo 8*, con los dos casquetes polares bien visibles, será pronto un lejano recuerdo, según el glaciólogo británico: «Acabaremos teniendo un Ártico azul varios meses al año. Será la mayor alteración del planeta causada por el hombre. Y lo malo es que lo que ocurre en el Ártico no se queda precisamente allí, sino que va a poner en marcha una serie de fenómenos en cadena y va a acelerar el cambio climático».

A *Farewell to Ice* fue el título del libro con el que, una vez más, Peter Wadhams se ganó en el 2016 los apelativos de alarmista y apocalíptico. Con su sonrisa proverbial, el científico asegura tener la «costra dura» contra los *trolls* del clima. Los ataques le sirvieron incluso de acicate para escribir su personalísima carta de despedida...

«Le he pedido el título prestado a Hemingway con una doble intención. Por una parte, el hielo está desapareciendo ante los ojos de todos. Por otra, se trata también de mi personal "adiós a las armas": el hielo ya no estará esperándome por mucho que prolongue mi trabajo como investigador».

El infatigable físico, oceanógrafo y glaciólogo quiso embarcarse, sin embargo, una última vez en un rompehielos, a sus sesenta y ocho años y en el 2017, puso rumbo al mar de Barents, con la misma ilusión con la que lo hizo por primera vez a los veintiuno... «El hielo te atrae como un imán, tiene una magia especial. Pero el trabajo de campo es muy difícil, las condiciones meteorológicas son extremas y puede ser peligroso. Nada de eso te importa cuando eres joven y te tira el espíritu de aventura, más la excitación de abrirte paso no solo en el hielo, sino también en un campo científico que estaba dando sus primeros pasos».

De hecho, los investigadores polares fueron la avanzadilla de ese campo que con el tiempo se llamó cambio climático... «Fuimos los pioneros. Estábamos sin saberlo en la primera línea de fuego, porque el Ártico es lo que llamamos "el canario en la mina". Todos los cambios se manifiestan allí antes y más rápido».

En los años setenta y ochenta, recuerda, su labor fue más bien de vigilancia: la extensión de la capa de hielo empezó a menguar lentamente, pero lo que más preocupaba a los científicos era realmente el grosor de la capa. Comparando los datos de expediciones en submarinos, Wadhams fue el primero en dar la alarma en un artículo en *Nature* al comprobar que la capa de hielo era ya un 15 por ciento más fina.

A finales de esa misma década, con la ayuda de un sónar, el propio Wadhams estimó que la pérdida del grosor era ya del 43 por ciento. Otro hallazgo multiplicó aún más la preocupación ante lo que estaba pasando: en el pasado, la mayoría del hielo del Ártico era «multianual». El calentamiento del océano y los cambios de corrientes propiciaron la sustitución por el hielo anual, más frágil e inestable.

Recuerda Wadhams que en sus primeras expediciones a bordo del buque oceanógrafo *Hudson* y en las inmediaciones de Alaska, «el hielo llegaba hasta la costa y apenas nos permitía un canal de pocas millas en el mar para completar nuestras investigaciones». Hoy por hoy, un barco que entra en el Ártico «por el estrecho de Bering y en verano puede avanzar por el agua azul casi hasta llegar al polo norte».

«El hielo desempeña un papel vital en la regulación y la estabilización del clima en el planeta», advierte Wadhams. «La criosfera es nuestro termostato, el sistema natural de "aire acondicionado" que impide el calentamiento excesivo. La desaparición del hielo puede provocar una cadena de "retroalimentación" del clima que haga inútiles todos los esfuerzos por limitar las emisiones de CO_2».

La desaparición de la masa compacta de hielo se traduciría, según Wadhams, en un aumento del nivel del mar de 80 a 90 centímetros a finales de siglo. El hielo del Ártico tiene un altísimo albedo y refleja hasta el 90 por ciento de la radiación solar incidente, crucial para evitar el sobrecalentamiento del planeta. Aunque la auténtica «bomba de relojería del cambio climático» sería la liberación del metano —23 veces más potente que el CO_2— atrapado bajo la capa de suelo congelada (permafrost) en el subártico.

«Y que no me hablen de lo que está pasando abajo en la Antártida», advierte el glaciólogo. «Es cierto que durante cuatro décadas se produjo un avance del hielo en el polo sur, pero esa tendencia acabó en el 2015. Ese año se desprendió un enorme iceberg de 5.000 kilómetros cuadrados, algo totalmente insólito. Y las temperaturas han alcanzado récords históricos cercanos a los 20 grados en el verano austral».

«El hielo lo tenemos en realidad muy cerca, en la trastienda de Europa», recalca Peter Wadhams, quien desde su ventana en Cambridge solía ver hace años a Stephen Hawking. «Deberíamos aprender a apreciar su importancia y su belleza, y a entender que nos queda poco tiempo para evitar una catástrofe. Lo que hace falta es una acción urgente y a gran escala: preservar el hielo es asegurar nuestra propia supervivencia».

• • •

Treinta bloques de hielo, traídos directamente desde el fiordo Nuup Kangerlua en Groenlandia, fueron traslados hasta Londres en el congelador de un barco (usado normalmente para la pesca de langostinos). En varios contenedores llegaron luego a orillas del Támesis: seis de ellos se quedaron en la City y veinticuatro acabaron frente a la estructura industrial de la Tate Modern, formando en el suelo un círculo sagrado.

El visionario **Olafur Eliasson**, que ya había dejado su huella en el 2013 con el inquietante «The Weather Project» (con aquel sol proyectado en la neblina de la sala de turbinas), concibió esta otra instalación —«Ice Watch London»— con la ayuda del geólogo Minik Rosing y con la idea de crear conciencia sobre la pérdida de hielo en el Ártico.

Unos 10.000 bloques como los que fueron expuestos en Londres (de 1,5 a 6 toneladas cada uno) se desprenden cada segundo por efecto del cambio climático y contribuyen a la subida del nivel del mar. Se estima que Groenlandia pierde anualmente el equivalente a 200.000 millones de toneladas de hielo.

«Cuando la gente piensa en el cambio climático, el concepto es relativamente abstracto y distante», explicaba *in situ* el propio Eliasson. «Aquí el hielo es muy real y no viene de muy lejos. La idea es que la gente haga una conexión con el problema, que sienta el hielo como algo cercano y que contemple el deshielo como el efecto de nuestras acciones».

«Cada bloque es como un ser humano que nos está susurrando al oído», advertía el artista danés con sangre islandesa. «Si acercas el oído, puedes oír las burbujas de aire. Y ese aire es fresco y limpio. Tiene la mitad de CO_2 que el aire de Londres».

«Poned vuestras manos sobre el hielo, escuchadlo, oledlo, miradlo y sed testigos de los cambios por los que está pasando nuestro mundo», fue el consejo que lanzó el propio Eliasson a la primera oleada de curiosos —en su mayoría niños— que asistieron al estreno de su instalación efímera.

Y la gente no solo tocaba el hielo, sino que lo abrazaba, pegaba la oreja e incluso lo lamía. Muchos volvían al cabo de los días para contemplar la evolución irregular, intentando descifrar por qué unos bloques se derretían más que otros, por qué algunos se hicieron transparentes y por qué otros tuvieron hasta el final la consistencia de la nieve.

A Olafur Eliasson, habituado a trabajar con la luz, el agua y elementos materiales para crear conciencia de la naturaleza, le preguntaron por la huella de carbono de su proyecto. «Es equivalente al de treinta personas, una por bloque, volando en avión al Ártico», contestó. «Todo lo que hacemos, incluso para hacer frente al cambio climático, tiene su impacto. Por este motivo es muy importante pensar en cada una de nuestras acciones».

RÍO ARRIBA

Río arriba, en los nacimientos del Jarama y el Manzanares, **Santiago Martín Barajas** (Teruel 1962) fue alimentando su amor por la naturaleza en los albores del ecologismo en España. Como en tantos otros compañeros de su generación, los programas de Félix Rodríguez de la Fuente marcaron su infancia. Sus primeras exploraciones para «ver pájaros» fueron en Moralzarzal, aunque la llamada del bosque la sintió en el hayedo de Montejo, donde pasó varios veranos pertrechado con sus prismáticos.

Con Santi me adentré un día en aquel espacio mágico, en la entonces remota Sierra Norte de Madrid, a ver pájaros y a rastrear los pasos de su primera batalla ecológica contra la «reguera», que alteraba el flujo natural del agua en uno de los hayedos más meridionales de Europa (declarado Patrimonio de la Humanidad por la Unesco).

Los ríos han marcado desde entonces nuestros encuentros: de la cuenca alta del Manzanares a la cuenca baja del Jarama. Eran los años en que los ecologistas declaraban la guerra a las urbanizaciones ilegales y abrían zanjas en el monte de El Pardo para que la gente no lavara los coches, y el alcalde Tierno Galván soltaba alegremente los patos en el puente de los Franceses y decía aquello de «A colocarse y al loro».

Nadie nos hubiera dicho entonces que más de treinta años después estaríamos persiguiendo con prismáticos un martín pescador cerca del puente de Segovia, por no hablar de las garzas reales, las lavanderas, los ruiseñores, los chorlitejos, las ocas del Nilo y hasta sesenta especies de aves. O de los álamos blancos, los álamos negros o las cinco especies de sauces que crecen ahora en sus riberas. O de los barbos y los gobios que pueden verse actualmente en las aguas sorprendentemente limpias de este «aprendiz de río» de apenas 92 kilómetros que discurre por la capital.

«Este es el regalo que le hemos querido hacer a Madrid los ecologistas», sostiene Santiago Martín Barajas a la altura del puente de Toledo, en el arranque de una de sus periódicas incursiones en la renaturalización del Manzanares. «Durante décadas nos hemos dedicado a proteger el medio ambiente y denunciar la destrucción de la naturaleza. Con este proyecto hemos dado un giro positivo a nuestras acciones y hemos demostrado que tenemos alternativas de gestión para que las cosas funcionen mejor».

Digamos que desde los diecisiete años Martín Barajas lleva militando «en el mismo grupo ecologista con distintos nombres» (AEPDEN, COMADEN, CODA). La última reencarnación fue Ecologistas en Acción, el gran río en el que convergieron hasta trescientos grupos de toda nuestra geografía, avanzando por el cauce de una ecología más social.

Su debilidad desde niño fueron los pájaros, como lo demuestra su carné de anillador número 332 de la Sociedad Española de Ornitología. Su curiosidad se extendió al mundo de las plantas y, últimamente, también al estudio del comportamiento de los carnívoros terrestres gracias al fototrampeo (cámaras que se activan con el movimiento de los animales). Como ingeniero agrónomo tiene su propia empresa dedicada a temas ambientales, pero él mismo ha procurado no interferir nunca en su caballo de batalla como activista, que siempre ha sido el agua.

Río arriba es el título de su autobiografía, donde narra los inicios de su activismo «desde la trinchera» en los ochenta hasta la forja de la conciencia ecológica en el cambio de siglo.

«El debate es cómo podemos ajustar la protección del medio ambiente a un problema como el cambio climático, que está teniendo un gran impacto económico y social en el mundo. Y hacerlo además en una sociedad en crisis y en medio de una emergencia sanitaria como la que hemos vivido, que ha alterado las prioridades».

Santiago Martín Barajas llevó el demoledor informe de Ecologistas en Acción sobre el agua en España a la Cumbre del Clima de París para alertar sobre lo que nos espera y urgir medidas de mitigación: «Los caudales de los ríos españoles han caído un 20 por ciento en veinticinco años. Avanzamos hacia un colapso hídrico que puede llegar con la próxima sequía plurianual, tan propia de nuestro clima. Nuestros recursos hídricos están bajando y el consumo sigue subiendo por el aumento de los regadíos. La situación es insostenible».

Santi sigue plantando cara al «colonialismo hidrológico» en la cuenca del Tajo y contribuyendo a las sesenta propuestas para la mejora de la gestión del agua en la Unión Europea. En su vida personal, se aplica el cuento minimizando su consumo de agua, cultivando un huerto, compostando residuos y logrando gran parte de su energía con placas fotovoltaicas.

Desde su «nido» familiar en Sevilla la Nueva, con la sierra al fondo y el monstruo urbano en la lejanía, Santi «ha negociado lo innegociable con interlocutores de todos los pelajes», según escriben en el prólogo de su libro sus colegas de Ecologistas en Acción. Nada que ver con el activista al uso, Santi es un tipo que desarma con su sonrisa, su perseverancia y su franqueza, y así es como ha ido ganando la fama durante cuatro décadas de militancia adaptada a los tiempos.

«¿Y por qué no convencéis al Ayuntamiento de Madrid para que abra las presas del Manzanares y el agua corra libremente?», le sugirió un día su hermano Luisvi. Y Santi le dio vueltas a la idea, y la Comisión del Agua de Ecologistas se puso en acción, y el proyecto de renaturalización llegó hasta la Concejalía de Medio Ambiente.

«El Manzanares se encontraba embalsado a su paso por Madrid desde 1955», recuerda Santi. «Era más bien una sucesión de piscinas de agua oscura, con malos olores y mosquitos en verano que sufrían los vecinos y los paseantes de Madrid Río. Lo primero que hicimos fue abrir las compuertas y ver cómo funcionaba el río. Y como el cauce no es muy ancho, el agua fue creando orillas e isletas, donde crecieron especies autóctonas con las semillas arrastradas por el agua. La intervención duró luego nueve meses y el Ayuntamiento puso más de un millón de euros. Los resultados no se hicieron esperar».

El Manzanares es por fin «un río de verdad» que en cuatro años ha presenciado una explosión de vida. «El cauce es el que hay, no estamos ante el Sena ni el Támesis, pero el agua fluye como en sus mejores tiempos y está tan transparente que puedes ver el fondo», se jacta Santi en uno de sus paseos didácticos.

La aceptación popular del proyecto ha crecido a la par que la vegetación y la biodiversidad. El éxito ha sido tal que la UE lo ha adoptado como referencia y Ecologistas en Acción ha decidido impulsar proyectos similares en el río de Oro (Melilla), el río Genil (Granada), el río Castaños (Barakaldo), el río Besòs (Badalona). «La idea es lograr la renaturalización de todos los tramos de los ríos en las ciudades de nuestro país», advierte Santi. «Que la población urbana pueda vincularse con un elemento vital del territorio natural, normalmente sepultado bajo el asfalto y el hormigón».

• • •

Atrapado sin remedio en el tráfico infernal, **George Wolfe** optó por una solución mucho más civilizada que la de Michael Douglas en *Un día de furia*: aparcar el coche en la cuneta y lanzarse en kayak (sin quitarse el traje) por las aguas tibias del río Los Ángeles.

Ante los ojos atónitos de sus vecinos, que ni siquiera intuían que existiera un río entre las autopistas de Los Ángeles, Wolfe tuvo poco después una idea aún más descabellada: lanzar una expedición en canoa, interrumpida por la policía al más puro estilo Hollywood, con helicópteros desde el aire y gran despliegue mediático.

«Nos dijeron que podíamos filmar en el río, pero que no se podía navegar por él», recuerda George, que se fijó una meta muy clara: organizar expediciones con todas las de la ley por el río invisible, que tan solo aflora en películas como *Terminator 2* o *Transformers* a modo de reguero agonizante del fin del mundo.

La tribu de los tongva fue la primera en descubrir las virtudes del río Los Ángeles, que nace en Bell Creek y viene a morir en Long Beach. A lo largo de sus escasos 80 kilómetros se afincaron en tiempos los colonizadores españoles, que fundaron el Pueblo de la Reina de Los Ángeles. Hasta comienzos del siglo xx fue el principal suministro de agua de la ciudad (hoy no llega ni al 15 por ciento) y en los años treinta se convirtió en lamentable protagonista de una crecida que ocasionó 85 víctimas.

El Cuerpo de Ingenieros del Ejército lo condenó entonces a lo que es ahora: un triste riachuelo de asfalto, canalizado en todo su trayecto urbano, con repentinos brotes de vida silvestre como este por el que «navegamos», a la altura de Glendale, con la autopista número 5 recordándonos que estamos en la capital del mundo motorizado.

«La gente en Los Ángeles se orienta por las autopistas y no tiene ni idea de por dónde discurre su río», asegura George Wolfe, el aventurero urbano. «Nuestra intención es no solo reclamar la navegabilidad del río, sino hacerlo más visible y accesible».

«Lo más duro ha sido navegar por la burocracia», advierte George, activista y remero, curtido sobre la canoa en el Pacífico Noroeste. «Pero felizmente hemos superado todos los trámites: por fin tenemos la oportunidad de explorar la ciudad como nunca antes».

Rock the Boat es el título del documental protagonizado por George Wolfe y dirigido por su mujer, Thea Mercouffer, que recrea los tres días que hicieron historia y lograron lo que parecía imposible: que el río invisible, acechado históricamente por la contaminación o por la falta de cauce, fuera finalmente declarado como navegable.

Lo cierto es que desde la Gran Limpieza, que atrajo a más de tres mil voluntarios en el 2006, ha empezado a forjarse una cierta conciencia de río en Los Ángeles. Jenny Price y el grupo Hidden LA organizan últimamente giras para vecinos y turistas por los cauces. Desde hace treinta años, Friends of the LA River trabajan por la recuperación de las márgenes, mientras que un plan de revitalización dibuja un horizonte de auténtica ciencia ficción en la marabunta urbana de Los Ángeles: un río de película, «desasfaltado» y con agua, para uso y disfrute de los exautomovilistas, reconvertidos en remeros, pescadores, paseantes o personas.

LA ERA DE LAS ECOMÁQUINAS

John Todd lleva toda su vida buscando la fusión de ecología y tecnología. Desde que creó el New Alchemy Institute, allá por 1969, su empeño se ha ido perfeccionando hasta llegar a esas obras de ingeniería natural que él mismo ha bautizado como «ecomáquinas».

«Una ecomáquina es una tecnología donde los engranajes son seres vivos», explica el inventor. «Una ecomáquina puede servir para reaprovechar residuos, para generar biocombustibles, para producir alimentos, para limpiar aguas contaminadas... No hay nada comparable a la diversidad de la vida trabajando por un fin común».

El encuentro con John Todd se produce bajo el rumor incesante y relajante de una de sus ecomáquinas más celebradas: la del Centro Omega para la Vida Sostenible de Rhinebeck, a orillas del río Hudson. El biólogo y alquimista canadiense ha trabajado mano a mano con su paisano, el arquitecto Jason McLennan, para adaptar el interior acristalado de este edificio «vivo» a esa depuradora natural que —sin necesidad de productos químicos— consigue devolver el agua limpia a los manantiales.

La ecomáquina es en realidad una especie de río, en el interior de un invernadero, por donde el agua se desliza a lo largo de 200 metros. En ese corto pero intenso trayecto, el preciado líquido perderá todas sus impurezas gracias a la acción conjunta de plantas, algas, peces, hongos, bacterias, microorganismos, minerales y hasta caracoles, unidos por una ambiciosa meta: reciclar hasta 200.000 litros diarios.

«En la naturaleza no hay residuos, sino que todo son nutrientes», recalca John Todd junto a su «invento». «Los ecosistemas funcionan como una auténtica sinfonía, con sus propios mecanismos autorreguladores. Ese modelo podemos replicarlo a todos los niveles, desde el funcionamiento de un edificio a la vida en las ciudades, pasando por la actividad económica».

Sorprende de entrada que en este espacio luminoso pero cerrado, por donde se supone que están circulando las aguas «grises» y «negras», no existan prácticamente olores, más allá del que desprenden naturalmente las plantas...

«Frente a las depuradoras convencionales con tratamiento a cielo abierto, que despiden un mal olor que se percibe a la legua, aquí hemos logrado evitar ese problema. ¿Cómo? El agua sin tratar se contiene en tanques bajo la gravilla que ves en el exterior. De ahí pasan a los lagos y a los estanques, y luego es bombeada hasta la ecomáquina del interior. Ahí empieza un viaje en ciclos, como si fuera un cauce. Cuando el agua llega a este extremo, pasa por gravedad hacia el filtro de arena, la última parte del proceso».

La belleza de la ecomáquina, según John Todd, está en todo lo que no se ve y que en el fondo «respira» como un ser vivo: «La belleza hay que apreciarla bajo el agua, en las raíces, y también en la fotosíntesis, que produce la liberación de sustancias que benefician al agua y al mecanismo en general. Algunas plantas fabrican incluso potentes antibióticos naturales que matan a los posibles focos de infección».

El agua que sale de este acelerado proceso natural podría volver a usarse. Fiel a sus principios, John Todd optó sin embargo por la solución más obvia: «Lo mejor que podemos hacer con ella es devolverla al bosque para completar su ciclo natural».

El pueblo de Harwick, en Massachusetts, fue el primero en aplicar a gran escala el ecoinvento de John Todd para tratar las aguas residuales, que alcanzó poco después su máxima dimensión en South Burlington, Vermont. Desde entonces, las ecomáquinas se han propagado por California y Florida, y a lo largo del río Misisipi, demostrando su capacidad sin límites.

John Todd recuerda cómo la fascinación por el agua le llevó a hacer su doctorado sobre el comportamiento y la adaptación de los anfibios al entorno líquido. Junto a su esposa Nancy, en el New Alchemy Institute, fue uno de los pioneros de la acuicultura y de la agricultura hidropónica, con sus diseños de invernaderos geodésicos en los años setenta. Seguidor de Lynn Margulis y de James Lovelock, toda su labor parte del hecho de que el planeta encierra el secreto de su propia regeneración, en códigos que los biólogos tienen el deber de descifrar.

Su línea de trabajo entronca con la biomímesis, sobre todo desde la creación en 1981 de Ocean Arks y más tarde de John Todd Ecological Design (JTED). El descubrimiento de un estanque contaminado con quince productos altamente tóxicos en Cape Cod le hizo imprimir un volantazo a su vida personal y profesional: «Perdí a varios amigos por el cáncer y estoy convencido de que fue por la degradación ambiental. A partir de ese momento decidí consagrarme a tecnologías naturales que limpiaran el agua».

Healing Earth es el título del libro en el que John Todd glosa ahora toda su experiencia, extendida en los últimos años en proyectos por tierra y agua: desde la regeneración de unas minas abandonadas en Sudáfrica a la recuperación de las barreras coralinas con soluciones «naturales», pasando por el papel del agua en el secuestro del CO_2.

«Los biólogos tenemos un imperativo moral en el siglo XXI», advierte Todd. «Tenemos que aprender a descodificar las "cajas negras" de la naturaleza para encontrar las soluciones a los problemas que nosotros mismos hemos creado, del cambio climático a la degradación de los suelos. Y eso va a suponer dejar atrás tecnologías de alta ingeniería basadas en los combustibles fósiles. Para sanar el planeta, tenemos que aprender a alinearnos con la naturaleza y aprovechar su inmenso poder restaurador».

John Todd, enamorado de los ríos y de los océanos, rodeado por el rumor incesante de su ecomáquina, se despide recordando que la clave del futuro está seguramente en nuestro elemento más preciado: «La vida en la Tierra es el ciclo del agua. Y nada mejor que usar la puerta giratoria entre la ecología y la tecnología para conocerla más a fondo y ser capaces de crear al mismo tiempo belleza, economía y funcionalidad».

. . .

Brock Dolman tiene algo de zahorí con bigotes, rastreando a todas las horas el rumor irresistible del agua. En la alta California, en el corazón del Russian Valley, Dolman convocó a su tribu de permacultores, horticultores, educadores, activistas y artistas en un lugar donde todo fluye: el Occidental Arts and Ecology Center.

Aljibes, cisternas, acequias, bancales, sumideros... La lluvia pone en danza un raudal que se va canalizando mágicamente ante la presencia del visitante en medio del aguacero. Cualquiera diría que un duende líquido ha dispuesto el destino de hasta la última gota en este vergel de verduras, árboles frutales y hierbas aromáticas que abastece durante gran parte del año a la veintena larga de moradores, en perfecta armonía con el bosque.

En este mismo lugar estuvo en tiempos el Farallon Institute, punta del movimiento ecologista californiano en los años setenta. El idealismo sigue muy vivo, pero lo que prima ahora en este paraíso terrenal es la práctica, aplicada sobre todo a la cultura del agua y al reto del cambio climático.

«¿Qué quiere el agua?», se pregunta Brock Dolman. «Ese es el principio en el que nos inspiramos y que ha contribuido al diseño de este espacio. En lo más alto tenemos el estanque de captación de agua de lluvia, algo así como nuestro Departamento de Seguridad Acuática. Allí se recogen hasta ocho millones de litros, que sirven para la irrigación en la temporada seca. Las huertas, los corrales y las casas donde vivimos están pensados para el total aprovechamiento, incluido el reciclaje de aguas grises».

«El ciclo del agua es el ciclo de la vida», advierte el cordial permacultor en español, virado al chicano. «Si lo alteramos gravemente, si deshidratamos la tierra, estamos poniendo en peligro nuestra propia subsistencia. Se avecinan tiempos inciertos. Deberíamos pensar en las cuencas de agua como en nuestros botes salvavidas».

CONOCE TU CUENCA fue el lema con el que Brock Dolman visitó hace tiempo Madrid, Barcelona y Mallorca para crear ciencia y conciencia del agua. «Hay que reconectar con la fuente de la vida, recuperar los cauces, establecer una nueva relación de simbiosis y gratitud. Por eso es vital reorganizarlo todo en torno a las cuencas, que son la esencia de la auténtica economía local».

Con el cambio climático, advierte Brock, pasaremos cada vez con más frecuencia de un extremo al otro, de las inundaciones a las sequías. «Por eso es importante tener un "plan" y reorganizarlo todo en torno a nuestros botes salvavidas. Desde que arrancó eso que llamamos civilización a la vera del Tigris y del Éufrates, el agua ha sido fuente de permanentes conflictos. Tenemos que dejar esas peleas de lado y aprender a hacer equipo con ella. Lo que necesitamos es embarcarnos todos en una auténtica revolución hídrica, aquí en el Planeta Agua».

En eso anda Brock Dolman, optimista por naturaleza y bromista por definición, sin ocultar todo lo que está en juego, pero dispuesto siempre a «hidratar» sus charlas con unas gotas de buen humor. «¡Vaya con Gaia!», se despide efusivamente y en español bajo la lluvia californiana. «¡Y vuelva con tequila!».

6

CLIMA

Con la tendencia actual, el planeta
se calentará a finales de siglo por encima
de los 3 grados con respecto a la era preindustrial.

Para poder fijar el aumento máximo de las temperaturas
a 1,5 grados, habrá que reducir las emisiones
un 7,6 por ciento cada año hasta el 2030.

Más de setenta países se han fijado
la meta de emisiones cero para el 2050.

¿QUIÉN TEME AL CLIMA EXTREMO?

«Puedo garantizar con un 99 por ciento de certeza que la acción humana es responsable del calentamiento del planeta». Corría el año 1988, y **James Hansen**, el entonces director del Instituto Goddard de la NASA, causó perplejidad cuando testificó ante el Congreso estadounidense sobre el entonces llamado «efecto invernadero». Sus palabras fueron acogidas con escepticismo. Le miraron casi como a Galileo.

Treinta años después, abandonada ya la nave de la NASA y rebautizado como el «abuelo» del cambio climático, Hansen publicó su libro más personal: *Storms of My Grandchildren*. Para las próximas generaciones, el clima extremo será una cuestión de supervivencia, advertía. Pero sus compatriotas respondieron con total desdén. El enésimo libro alarmista. Otro panfleto apocalíptico. Y en ese plan...

Ajeno a las críticas —también las hubo buenas—, Hansen siguió adelante con su misión en la Tierra, empeñado en agitar las conciencias frente al escepticismo general: «¿A quién le interesan las tormentas que vienen con la que tenemos encima?».

Y en esto golpeó el huracán *Sandy*. Y los neoyorquinos supieron de primera mano a qué se refería Hansen cuando hablaba de «las tormentas de mis nietos». Como en el cuento del lobo, la amenaza se materializó y las imágenes del Bajo Manhattan convertido en la nueva Venecia golpearon las retinas. Durante unas semanas (como ocurrió tras el huracán *Katrina*) parecía que algo iba a cambiar.

Pero las aguas volvieron a su cauce. Los humanos olvidamos fácilmente, y más en los países acomodados donde la tragedia del clima se sigue percibiendo como algo lejano y ajeno.

James Hansen se pregunta a estas alturas cuántas catástrofes harán falta para que abramos definitivamente los ojos ante la dimensión de la amenaza, que cada vez nos golpea más de cerca en el hemisferio norte.

«La supertormenta *Sandy* no es la primera y ciertamente no será la última», advierte el pionero del cambio climático (setenta y nueve años). «Las posibilidades de que un huracán golpeara Nueva York a finales de octubre eran extremadamente pequeñas sin el cambio climático. De hecho, *Sandy* fue la tormenta más poderosa que golpeó nunca al norte del cabo Hatteras, eclipsando al huracán de 1938».

«Lo que más me preocupa es que los medios parecen olvidarse pronto de "la tormenta del siglo"», admite con resignación desde su apartamento en el Alto Manhattan. «Nuestro período de atención al cambio climático suele ser muy corto: lo que dura un desastre y en espera del siguiente. Nunca se hace realmente un análisis de las implicaciones. *Sandy* no fue solo una tormenta. Fue la cruda ilustración de los efectos que el cambio climático está teniendo ya a nuestras puertas».

«No podemos ignorar esto, no podemos dejarles esta herencia a las generaciones venideras», recalca Hansen, autor de un *paper* científico que gira en torno a su máxima preocupación: *The Young People's Burden*.* «Estamos dejando a nuestros descendientes una Tierra mucho más peligrosa que la que nosotros conocimos. Es comprensible que se rebelen, salgan a la calle y pidan responsabilidades. Hemos respondido de una manera muy limitada y dubitativa ante el cambio climático».

Hansen sufrió durante décadas en carne propia el acoso de los escépticos, con el tiempo rebautizados como negacionistas, por más que ahora intenten reinventarse como los «realistas

---

* Lo que en castellano viene a significar «La carga de los jóvenes».

del clima». «Ningún científico creíble puede poner en duda que los humanos hemos contribuido a aumentar la temperatura media del planeta por encima de un grado en el último siglo».

A lo largo de sus treinta y dos años en la NASA, James Hansen alertó sobre la correlación entre el aumento de las emisiones de CO_2 y la subida de las temperaturas. Sus últimas investigaciones se han centrado en el estudio de las «anomalías de calor extremo», que han pasado de cubrir un insignificante 0,2 por ciento de la superficie del planeta a llegar al 10 por ciento de la Tierra en las dos últimas décadas (y eso explica desde las olas de calor en Europa a los incendios cada vez más devastadores en Australia). «Las temperaturas extremas no solo traen calor», advierte. «El ciclo del agua se ve gravemente afectado. El calor acelera la evaporación y causa sequías más acuciantes. Y todo esto guarda una conexión muy directa con los "superfuegos" en tierra. El aumento de las temperaturas en el mar es también el detonante de huracanes y tormentas».

Llegados a este punto, se pregunta si la humanidad necesita aún más pruebas... «Los científicos sabemos lo que está pasando y la inmensa mayoría lanzamos un mensaje muy claro: es urgente tomar medidas para estabilizar el clima. Por desgracia, los políticos siguen ignorando la ciencia».

En plena era Obama, James Hansen fue detenido ante la Casa Blanca por manifestarse contra la construcción del oleoducto Keystone XL entre Alberta y Texas. La imagen del venerado científico con las esposas puestas y su inconfundible sombrero dio la vuelta al mundo. Obama paró temporalmente el proyecto, pero Trump volvió a la carga.

Espoleado por el relevo en la Casa Blanca, Hansen siguió adelante con su batalla jurídica contra el Gobierno estadounidense por considerar que está violando «los derechos constitucionales de las generaciones más jóvenes». «No podemos seguir quemando impunemente combustibles fósiles cuando nuestro objetivo debe ser reducir las emisiones al menos un 6 por ciento cada año para no provocar un aumento de las temperaturas superior a los 2 grados», advierte. «El Acuerdo de París fue un simulacro. La verdad es que el mundo no se está moviendo en esa dirección. Estamos fallando miserablemente, pero aún hay tiempo para cambiar la situación».

James Hansen fue de los primeros en reivindicar «un precio al carbono» y en apuntar que parte de la solución consiste en dejar el carbón y el petróleo en el suelo. Su doble cruzada, como activista y como experto, se ha estrellado sin embargo una y otra vez contra las feroces resistencias de los *lobbies* y las nubes de la crisis económica.

«Tenemos que ser honestos con el precio de los combustibles fósiles y reflejar en ellos los costes ambientales y los costes para la sociedad», insiste Hansen. «La idea es "gravar" a las industrias por las emisiones, pero no especular con ellas, sino reinvertir los impuestos para hacer los ajustes necesarios e impulsar la transición a las energías limpias».

• • •

Bill McKibben tiene la planta espigada de un pívot de baloncesto y el espíritu combativo de un llanero solitario. Se le reconoce desde lejos porque saca a todos una cabeza y porque sabe crear en su entorno un frenesí apremiante y contagioso.

El autor de *El fin de la naturaleza* (el libro que puso sobre la mesa la cuestión del cambio climático) llevaba más de dos décadas volcado en la divulgación ambiental, pero algo le decía en su interior que no era suficiente. Cada artículo publicado, cada charla ante una audiencia, le dejaban en el fondo una sensación de vacío. Algo en lo más íntimo —coincidiendo casi con la inevitable crisis de la mediana edad— le decía que había llegado el momento de la acción directa.

Empezó por lo que tenía más cerca, movilizando a un grupo de estudiantes universitarios en Vermont, uno de los estados más progresistas de la Unión. Allí prendió la chispa de Step It Up, embrión de lo que con el tiempo fraguaría en

350.org. McKibben cree sin duda en el poder de los números, y las 350 partículas por millón de CO_2 (la cifra considerada por el climatólogo James Hansen como el umbral de peligro) dejaron de ser una abstracción y figuraron temporalmente en la agenda de la ONU. Hasta que el «marcador» se disparó irremisiblemente por encima de las 400.

A la depresión post-Copenhague siguió la decepción Obama: McKibben fue de los que se encadenó y se dejó detener a las puertas de la Casa Blanca en protesta contra el oleoducto Keystone XL. La batalla ganada le hizo ver que no todo está perdido. «Pero hacen falta un movimiento mucho más grande y acciones más llamativas para forzar a los líderes a actuar», reconoce.

La campaña 350.org fue la primera oleada del cambio climático, antes de que grupos como Fridays for Future o Extinction Rebellion tomaran el testigo. McKibben echa la vista atrás y en uno de sus últimos libros (*Oil and Honey: The Education of an Unlikely Activist*) recuerda los tímidos inicios y la tardía respuesta social: «Necesitábamos desesperadamente poner una cara humana al cambio climático. Tenemos que hacer ver a la gente que no se trata de una abstracción ni de una amenaza en el futuro, sino de una crisis presente y real que requiere acciones urgentes».

La acción colectiva Connect the Dots les puso finalmente en el mapa, a tiempo para la cumbre de París: «Queríamos hacer visibles las soluciones que ya existen: de paneles solares a granjas eólicas, de jardines comunitarios a huertos en los tejados, de los barrios sin coches a las "ciclovías". La idea era hacer ver la conexión entre nuestras acciones individuales y el problema al que nos enfrentamos».

«Organizar, organizar, organizar...». Son los tres consejos que McKibben da a cualquier activista incipiente que quiera ir más allá del cambio personal y tener un verdadero impacto: «Pese a todos los obstáculos a los que nos enfrentamos, el movimiento se encuentra más vivo que nunca y ha servido de embrión a muchos otros: no hemos hecho más que empezar».

GRETA

Greta Thunberg era de las que se escondían al final de la clase. Introvertida por naturaleza, bajita para su edad, toda su intención era pasar desapercibida y eludir a los matones del colegio. A los ocho años vio un documental sobre el cambio climático y algo hizo clic en su cabeza. Empezó a preocuparse obsesivamente por el futuro y a deprimirse por la pasividad de los adultos. Dejó de comer, se mordió la lengua, se encerró en su mutismo selectivo.

En agosto del 2018, cuando Suecia registró las temperaturas récord de los últimos 262 años y decenas de fuegos incontrolados tuvieron al país en vilo, Greta decidió que había llegado el momento de alzar la voz. Con sus trenzas infantiles, su chubasquero amarillo y su cara de perpetuo cabreo, se plantó ante el Parlamento sueco con una singular pancarta: SKOLSTREJK FÖR KLIMATET (EN HUELGA ESCOLAR POR EL CLIMA).

Tenía entonces quince años, pero era tan menuda que aparentaba doce o trece. No hablaba mucho, aunque desde el principio destacó por su elocuencia. Toda su rabia contenida la lanzó de entrada contra los adultos, con un mensaje que resonó más allá de Suecia: «A los niños nos dicen a menudo lo que no quieren que hagamos. Al final hacemos lo que vosotros hacéis. Y como os importa una mierda mi futuro, a mí no me importa lo que digáis. Mi nombre es Greta y estudio noveno grado. Y renuncio a ir a la escuela por el clima hasta las próximas elecciones generales».

El resto de la historia ya la sabemos. El desafío de Greta acabó dando la vuelta al mundo con el movimiento Fridays for Future. Su entrada en escena marcó un antes y un después en el activismo ante el cambio climático. Más de 4 millones de niños y adolescentes secundaron la huelga histórica de septiembre del 2019. Los negacionistas y el *lobby* de los combustibles fósiles vieron el peligro...

La bautizaron como «la niña apocalíptica». Le pusieron el estigma de «marioneta del corporativismo verde». Aseguraron que detrás de ella había una supuesta trama dirigida por el emprendedor sueco Ingmar Rentzhog. Los insultos se fueron haciendo personales. La llamaron «chica profundamente perturbada» por haber sido diagnosticada con el síndrome de Asperger. Y así hasta el anatema en boca de Donald Trump («Relájate, Greta») o de Jair Bolsonaro, que la llamó *pirralha* («mocosa»).

La propia Greta Thunberg, que incorpora los insultos de sus *trolls* a su perfil en las redes, salió al paso de las *fake news* y contó así su verdadera historia: «No hay nadie detrás de mí sino yo misma. Mis padres estaban lo más lejos posible del activismo del clima hasta que yo les hice ser conscientes de la situación. No soy parte de ninguna ONG, aunque apoyo a varias. Soy absolutamente independiente y no recibo ningún pago por esto».

«He visto que circulan muchos rumores, así que voy a sintetizar cómo empezó mi activismo del clima. En mayo del 2018 fui una de las ganadoras del concurso sobre el medio ambiente organizado por *Svenska Dagbladet*, una revista sueca. Cuando se publicó el artículo, hubo gente que contactó conmigo. Entre ellos, Bo Thoren, de Fossil Free Dalsland, que trabaja sobre todo con gente joven».

«Participé en varias reuniones con otros activistas. Hablamos de organizar marchas y surgió una vaga idea de convocar una huelga escolar inspirada en los estudiantes de Parkland, en Florida, que decidieron no ir a la escuela después del tiroteo. A mí me gustó la idea de la huelga escolar, así que decidí planearla por mi cuenta y no participé en más reuniones. Cuando se lo dije a mis padres, no me respaldaron. Me dijeron que tendría que hacerlo por mi cuenta y sin su apoyo». Y el 20 de agosto del 2018 se sentó ante el Parlamento sueco. Empezó a repartir folletos y a explicar a la gente por qué lo hacía. Cuando colgó los mensajes en Twitter e Instagram, se volvieron virales. Empezaron a llegar periodistas... «Y uno de los primeros en venir fue el empresario Ingmar Rentzhog. Me hizo fotos y fue la primera vez que lo vi. Nunca nos habíamos comunicado antes».

Svante, el padre de Greta, asegura que la conversión familiar al credo ecológico tuvo un origen bastante más egoísta de lo que muchos imaginan: «Lo hicimos no para salvar el clima, sino para salvar a nuestra propia hija. A los doce años, Greta dejó de comer y de hablar, se encerró en sí misma y perdió un año de colegio. Adelgazó más de 10 kilos y estuvimos a punto de llegar a ingresarla en un hospital».

Greta fue diagnosticada con síndrome de Asperger, trastorno obsesivo-compulsivo y mutismo selectivo. Tanto Svante como su esposa, la cantante de ópera Malena Ernman, decidieron sacrificar en parte sus trabajos para arropar a sus hijas (Beata, la menor, fue también diagnosticada con el trastorno de déficit de atención e hiperactividad).

La «conversión» familiar de los Thunberg —narrada también por Malena en *Nuestra casa está ardiendo*— fue propiciada por la severa depresión de Greta. La propia madre traza un paralelismo entre la emergencia climática que vive el planeta y la situación explosiva que creó en casa su hija mayor, que un buen día bajó por las escaleras y les dio una sorpresa...

«Quiero volver a comer», dijo. Y durante un tiempo se alimentó de pequeñas porciones de arroz, aguacate y plátano. Poco a poco fue volviendo así a su relativa normalidad, gracias a la «tabla de salvación» de la huelga del clima, que dio un nuevo sentido a su vida y a la de su familia.

Contada queda, pues, la verdadera historia del autismo y del activismo de Greta. Aunque la campaña de difamación fue a más, sobre todo después de su travesía en el velero *Malizia II* rumbo a Estados Unidos. Y eso por no hablar de la vuelta en el catamarán *La Vagabonde*, cuando tocó puerto en Lisboa y viajó luego a la COP25 de Madrid, donde fue recibida como una superestrella y sometida a un asedio constante.

La burbuja mediática que envuelve a Greta, todo hay que decirlo, la convierte también en víctima fácil. Ocurrió con Al Gore y vuelve a ocurrir con la activista sueca: la estrategia se llama «matar al mensajero». Su propio padre, Svante Thunberg, asegura que la distancia emocional y el sentido del humor han sido las mejores armas de su hija frente a sus odiadores: «Ella está increíblemente bien preparada para asumir su papel y aguantar la presión, no sé cómo lo hace...».

Con cara de pocos amigos, Greta se despidió de Madrid entre nubarrones y expresó sin rodeos su frustración por la falta de acción. Rodeada de científicos, antes de subirse al tren, lanzó una de sus famosas pullas contra los «mayores»: «No solo hay que educar en las escuelas, hay que educar sobre el clima a los adultos. Hay que traducir los números de la ciencia para que la gente entienda la sensación de urgencia».

• • •

Greta tiende a ver las cosas en blanco o negro. Ella misma piensa que son las «lentes» del Asperger lo que hace que se asome al mundo de esa manera: «En muchas maneras, los autistas somos la gente normal y el resto del mundo nos parece gente extraña. Nos siguen diciendo que el cambio climático es una amenaza existencial, y, sin embargo, no hacemos nada. Si las emisiones tienen que parar, es que debemos parar. Para mí, esto es blanco o negro. No hay zonas grises cuando estamos hablando de la supervivencia. O seguimos como una civilización o no seguimos».

Cambiemos el mundo es el título en español de un opúsculo con sus breves pero certeros discursos. Entre ellos, el que dio en abril del 2019 ante el Parlamento británico: «Nosotros los niños estamos haciendo esto para hacer que los adultos despierten, para que dejéis de lado vuestras diferencias y empecéis a actuar como si estuviéramos en crisis. Nosotros los niños estamos haciendo esto porque queremos que nos devuelvan nuestras esperanzas y nuestros sueños».

En febrero del 2020, Greta Thunberg volvió al Reino Unido, jaleada bajo la lluvia por más de 30.000 niños y no tan niños en el centro de Bristol, la primera ciudad europea en declarar la «emergencia ecológica». Con los diecisiete ya cumplidos, diminuta en la lejanía pero crecida ante el micrófono, la activista sueca subió el volumen de su discurso: «¡No nos rendiremos! No me callaré mientras el mundo esté ardiendo. No nos silenciarán porque somos el cambio, y el cambio llegará les guste o no. Cuando los líderes se comportan como niños, son los niños los que han de comportarse como adultos».

Los discursos los escribe ella misma, asegura Greta. Aunque tiene siempre a mano «unos cuantos científicos» a los que recurre para pedir ayuda cuando hay que explicar cosas complicadas. «Países como Suecia o el Reino Unido han de empezar a reducir sus emisiones un 15 por ciento cada año si queremos alcanzar el objetivo de un aumento de las temperaturas por debajo de los 2 grados. Y el Panel Intergubernamental sobre el Cambio Climático (IPCC) nos dice ahora que tenemos que apuntar a 1,5 grados, así que podemos imaginar lo que significa».

«¿Cómo se atreven? Me han robado mis sueños y mi infancia con sus palabras vacías», proclamó Greta en otra de sus intervenciones más sentidas (y también más criticadas por su club de detractores) en la Cumbre sobre la Acción Climática de la ONU, en septiembre del 2019. «La gente está sufriendo, la gente está muriendo. Ecosistemas enteros están colapsando. Y de lo único que pueden hablar es de dinero y cuentos de hadas de crecimiento económico eterno. ¿Cómo se atreven?».

Ese mismo año venía de derretir las nieves en Davos con un discurso que le hizo subir enteros como «profeta de la fatalidad» a los ojos de Donald Trump. «No quiero vuestra esperanza. Quiero que sintáis pánico. Quiero que tengáis el miedo que yo siento todos los días. Y entonces quiero que actuéis como si nuestra casa estuviera en llamas, porque eso es lo que está pasando».

Al cabo de un año embarcada en su peculiar vuelta a medio mundo en tren, en barco o en coche eléctrico, sin coger aviones y ostensiblemente más delgada, Greta Thunberg regresó a Estocolmo a finales del 2019. VÄLKOMMEN HEM! (¡BIENVENIDA A CASA!) fue el cartel con el que la recibieron a la vuelta, agasajada por los lametones de sus perros, Moses y Roxy. Su padre Svante, su madre Malena y su hermana Beata se sumaron en enero del 2020 a la fiesta familiar para celebrar los diecisiete años de la niña capricornio.

Cuatro meses después, en el 50 aniversario del Día de la Tierra y en plena crisis del Coronavirus, Greta participó en un foro virtual en YouTube y aseguró que la recuperación verde ante la pandemia debe marcar el rumbo: «Si un virus destruye nuestra economía en cuestión de semanas, es que no estamos pensando a largo plazo. Es muy importante recordar que somos ciudadanos activos en una democracia y evitar que una crisis como esta acabe derivando en la dirección equivocada [...]. Tenemos que elegir un nuevo camino para salir hacia delante».

GUARDIANAS DE LA AMAZONIA

Nina Gualinga tenía siete años cuando vio llegar a los helicópteros, a los soldados y a los guardas de seguridad con explosivos y con pistolas. «Hasta ese momento llevaba una infancia tranquila y feliz en el bosque tropical», recuerda la joven indígena, nacida en la comunidad kichwa de Sarayaku, en la Amazonia ecuatoriana. «Aquella fue la primera vez que temí que mi tierra y mi vida iban a ser destruidas. Desde entonces no ha habido descanso posible porque nuestro territorio ha estado permanente amenazado».

En la Amazonia, las guardianas de la Pachamama (Madre Tierra) han sido secularmente las mujeres. Nina Gualinga (nacida en 1994) es la heredera de una larga tradición que viene de su abuela Cristina, de su madre Noemí y de su tía Patricia, amenazada de muerte por defender su tierra frente al hostigamiento de las grandes corporaciones petroleras, mineras o madereras.

La familia Gualinga lleva el activismo en las venas porque es su vida la que está en juego. Para Nina, la irrupción de la avanzadilla de la General Fuel Company (GFC) fue lo más parecido a una invasión. Llegaron sin previo aviso y con la venia del Gobierno, que había concedido la explotación petrolífera de una zona del bosque tropical asignada fríamente como «bloque 23».

El área en cuestión estaba a las puertas de lo que los kichwa llaman «la selva viviente», un espacio sagrado cuajado de lagunas y pequeños ríos en el que no se permite ninguna intervención humana. La comunidad, de unos 1.400 habitantes, se concentra en apenas el 5 por ciento de su territorio de 135.000 hectáreas a orillas del río Bobonaza (afluente del Pastaza, que desemboca en el Amazonas).

El pueblo, normalmente afable con los forasteros, se puso en guardia cuando intuyeron lo que se les venía encima con la llegada de los pistoleros. De la noche a la mañana crearon los llamados campamentos de la paz y ocuparon gran parte del «bloque 23». **Patricia Gualinga**, tía de Nina y una de las activistas locales más conocidas, recuerda cómo todos se involucraron: «Nadie se quedó quieto en la lucha para defender Sarayaku: todos participaron, de los niños a los mayores».

«La iniciativa para defender nuestro territorio la hemos llevado siempre las mujeres», recalca Patricia Gualinga. «Fuimos nosotras quienes vinimos con la idea de los campamentos de la paz y los hombres nos respaldaron. No quisimos negociar con nadie. Exigimos al Gobierno ecuatoriano que respetaran nuestros deseos y no exploraran nuestras tierras».

Doce años duró el forcejeo. El Gobierno envió soldados, detuvo a los líderes, presentó cargos penales, hostigó a los miembros de la comunidad. Ellos siguieron en sus campamentos, involucraron a la organización Amazon Watch (que vela por los derechos de los pueblos indígenas de la Amazonia) y llevaron su caso ante la Comisión Interamericana de Derechos Humanos.

Un año después, la Comisión falló que el Gobierno ecuatoriano no podía hacer exploraciones petrolíferas sin contar con el consentimiento del pueblo indígena. Cuatro ministros se desplazaron hasta Sarayaku para pedir públicamente disculpas. Pero los kichwa sabían que no se trataba de la paz, en todo caso de una tregua. A los pocos meses, el Gobierno concedió efectivamente licencia a Petroamazonas para explorar el Parque Nacional Yasuni, una de las zonas con mayor biodiversidad del planeta.

«Ya no somos los pueblos tranquilos que éramos antes, siempre estamos a la defensiva», advierte Patricia Gualinga. «Nuestra vida no se ha vuelto a retomar, llevamos años dedicados a la defensa del territorio».

Solo en el año 2017 fueron asesinados en América Latina 116 defensores del medio ambiente, la mayoría de ellos por proteger sus territorios. En el 2018, la misma Patricia Gualinga recibió una amenaza directa —«La próxima vez te mato»— en boca de un hombre que rompió a pedradas una ventana de su casa en Puyo. Amnistía Internacional documentó su caso e intercedió por ella y otras dos activistas en peligro ante el Gobierno ecuatoriano.

Lejos de intimidarse por el hostigamiento hacia su tía, Nina Gualinga siguió implacable su propia campaña y ese mismo año recibió el premio International President's Youth Award de WWF por sus «incansables esfuerzos» en defensa de la naturaleza y las comunidades de la Amazonia, «en una época en la que la región está más amenazada que nunca debido a la explotación insostenible de los recursos».

Nina ha sido especialmente activa en la campaña del colectivo Mujeres Amazónicas, que culminó con la entrega del Mandato con 22 planteamientos al presidente Lenin Moreno. «Como mujeres indígenas, hemos resuelto que no queremos más extractivismo en nuestros territorios y pedimos que se respete nuestro derecho a la autodeterminación. Los proyectos extractivistas generan una gran conflictividad interna que pone en peligro la supervivencia de los pueblos más vulnerables».

Nina Gualinga habla español, inglés, kichwa y sueco. Su padre es de Suecia y ella alterna su vida entre los dos mundos. En el 2017 creó la fundación Hakhu, la vitrina global de la artesanía realizada por las mujeres amazónicas. «Cuando necesito fuerzas, vuelvo a mis raíces. Mi herencia es parte de mi trabajo. Mis padres y mis abuelos defendieron siempre lo que más importa para ellos: la Tierra y nuestra gente».

«Espero que llegue un momento en que la tierra y la gente de la Amazonia sean finalmente respetados y el Gobierno reconozca el valor del bosque por sí mismo y renuncie a los contratos de empresas mineras y petroleras», advierte Nina. «Si queremos avanzar hacia una economía baja en carbono, hay que dejar el petróleo bajo el suelo y desarrollar las energías renovables».

Helena Gualinga, la pequeña de la saga, ha decidido seguir también los pasos de su hermana y mantener viva la llama del activismo. En el 2019 estuvo en la Cumbre sobre la Acción Climática de la ONU en Nueva York, enarbolando una pancarta donde se leía: SANGRE INDÍGENA, NI UNA GOTA MÁS. Ese mismo año se dejó caer por la COP25 de Madrid, donde criticó el doble rasero del Gobierno de Ecuador: «Nuestro país está aún entregando nuestros territorios a las compañías responsables del cambio climático».

Ecuador es el tercer país latinoamericano con mayores reservas de petróleo, después de Venezuela y Brasil, que es además el país con una mayor porción de la selva amazónica (el 60 por ciento). En agosto del 2019, se celebró en Brasilia la Primera Marcha de Mujeres Indígenas de la Amazonia, en la que participaron representantes de 130 comunidades (Potiguara, Timbira, Yawalapiti, Tembé, Guajajara...). Pintadas con jenipapo y urucum, las mujeres indígenas lanzaron su desafío al presidente Jair Bolsonaro por la oleada de 80.000 incendios que arrasaron ese año 9.762 kilómetros cuadrados de selva amazónica, la mayor deforestación registrada en una década: «Reivindicamos el derecho a la vida, que para nosotras es el derecho a defender nuestro territorio».

• • •

Nacer en el año 2000 y llamarse Xiuhtezcatl son dos cosas que marcan. Lo del enrevesado nombre tiene fácil solución (sus amigos le llaman simplemente «X»). La cuestión del milenio es algo más compleja, pues los primeros veinte años del siglo no han sido precisamente esperanzadores y los que vienen pueden ser especialmente duros por el cambio climático. «Lo mejor de nuestra generación es que tenemos un sentido de urgencia», advierte **Xiuhtezcatl Roske-Martínez**. «Pensamos de una manera diferente a nuestros padres porque nacimos en un mundo cambiante y turbulento. Y entendemos mejor la tecnología porque crecimos con ella».

Pongamos que Xiuhtezcatl es activista ambiental desde los seis años, que recogió de su madre Tamara el testigo de los Earth Guardians y que en el 2015 se adelantó a Greta con un emblemático discurso en las Naciones Unidas en inglés, en español y en náhuatl.

Su padre, Siri Martínez, mantuvo muy viva en él la cultura de sus ancestros aztecas. Hasta los diez años le educaron en casa («mientras los niños aprendían las canciones de la guardería, a mí me enseñaban poemas y cánticos de nuestra tradición»). Desde Hawái, su madre se trajo la antorcha de Earth Guardians hasta Boulder, Colorado. Y allí se fue forjando el activismo ecológico e indígena de Xiuhtezcatl.

«En el colegio me señalaban por mi melena, por mi nombre impronunciable y por mis continuas ausencias para dar charlas de medio ambiente», recuerda Xiuhtezcatl, que pronto destacó también por sus habilidades musicales, con la colaboración de su hermana Tonantzin y su hermano Itzcuauhtli. En el 2014 rompió moldes en el género del «hip-hop ecológico» con temas como «What the Frack» y «Speak for the Trees».

En su segundo álbum, *Break Free*, grabó mano a mano con Shailene Woodley y Tru e intentó ampliar la conciencia sobre la crisis ambiental. Ese espíritu indomable lo trasplantó desde los inicios a los Earth Guardians, que han convertido el arte, la música y la tradición oral en poderosas herramientas de cambio social.

«Ha habido momentos en que he deseado escapar a la presión y ser un chaval normal en el instituto», reconoce Xiuhtezcatl, pionero de la «justicia climática», que ha plantado cara a la industria de los combustibles fósiles. En el 2015, en el ocaso de la era Obama, Martínez saltó a primerísimo plano con la denuncia colectiva contra el Gobierno federal por la falta de acción ante el cambio climático. El pleito ha seguido adelante con más razón cuando Trump decidió dar la espalda al resto del mundo y salirse del Acuerdo de París.

Otras de las acciones más sonadas fueron las dirigidas contra la Dakota Access Pipeline, el oleoducto que movilizó a la tribu sioux de Standing Rock y dio pie al movimiento juvenil One Mind. De esa alianza nació en el 2019 la primera Iniciativa de Jóvenes Líderes Indígenas, que está ganando fuerza en Estados Unidos. Los Guardianes de la Tierra llevan años haciendo piña con el grupo 350.org y decidieron sumarse también ese año a las huelgas climáticas de Fridays for Future.

«Greta es un culo de mal asiento y ahora las universidades han recogido el testigo», asegura Xiuhtezcatl. «Ha llegado el momento de que la gente joven se levante y exija a los políticos que presten atención al problema que más afecta a las generaciones venideras. Huelgas, manifestaciones, resistencia civil, denuncias en los tribunales... Vamos a necesitar todas las estrategias para canalizar nuestros miedos y convertirlos en acción. Sea lo que sea, tenemos que hacerlo desde un lugar de amor y apreciación hacia la naturaleza. Es una hermosa lucha y estoy agradecido de formar parte de ella».

EL EFECTO INVERNADERO EN 10 MINUTOS

«Tienes 10 minutos para explicar qué es el cambio climático», le dijeron a **Joanna Haigh,** expresidenta de la Real Sociedad Meteorológica, miembro del Panel Intergubernamental sobre el Cambio Climático de la ONU y una de las máximas expertas mundiales en la relación entre la actividad solar y el calentamiento global. Al final se estiró casi 2 minutos más, pero su explicación fue vital en el arranque de la primera Asamblea del Clima de las islas Británicas celebrada a principios del 2019.

No abundan las mujeres en la ciencia del clima, sin embargo, son quienes mejor se explican y mejor transmiten esa sensación de urgencia. Si de algo se arrepiente Joanna Haigh, que fue catedrática de Física del Imperial College y una de las primeras mujeres en la emblemática Royal Society, fue precisamente de no haber sido más asertiva en su momento y no haber parado los pies a los escépticos.

«Llamarles escépticos es casi hacerles un favor. Los científicos somos escépticos por naturaleza. Lo cuestionamos todo hasta que vemos la evidencia. Hay que llamarles simplemente negacionistas, porque eso es lo que son: se niegan a aceptar la realidad».

«La ciencia lleva advirtiendo de los efectos del exceso de CO_2 en la atmósfera desde el siglo XIX, con estudios como los de John Tyndall y Svante Arrhenius», recuerda Joanna Haigh con su proverbial locuacidad y su considerable altura. «En los años treinta, Guy Stewart Callendar demostró que se estaba produciendo un aumento de las temperaturas desde la era industrial, pero la sociedad prefirió mirar hacia otro lado».

«La ciencia del clima ha avanzado al final gracias a visionarios que supieron adelantarse, como James Hansen en los años ochenta, que fue una gran influencia para mí», recalca la física británica. «Hubo un antes y un después de que Hansen alertara sobre el "efecto invernadero" en el Congreso estadounidense. Muchos le criticaron, pero el tiempo fue dándole la razón. Con la mejora de los sistemas de medición y la ayuda de los satélites, la evidencia es irrebatible».

Desde entonces, apunta Haigh, el problema ha sido básicamente político. «Los políticos son esencialmente cortoplacistas y están normalmente al servicio de los intereses económicos del momento. Trump o Bolsonaro pueden ser ignorantes, pero no son precisamente estúpidos. Se niegan a oírlo y punto. Y de paso contribuyen a retrasar la acción multinacional que tanta falta hace».

Y, por último, están los medios, cómplices de esa resistencia colectiva a aceptar la amenaza inminente y real... «Los medios deberían hacer un esfuerzo para transmitir cómo el cambio climático puede afectar a nuestras vidas. La crisis del Coronavirus ha servido tal vez de muestra: a la gente le preocupa sobre todo la salud. Y el cambio climático puede tener graves implicaciones, como la posibilidad de que la malaria o la fiebre amarilla lleguen a países como España. La crisis del Coronavirus está sirviendo también para exponer los graves efectos de la contaminación».

La pandemia, advierte Joanna Haigh, puede inclinar el péndulo hacia un lado o hacia otro: «Me preocupa cada vez que el cambio climático desaparece de los titulares o pasa a segundo plano. Pero en esta ocasión, la emergencia del Coronavirus está obligando a replantearnos todas nuestras acciones a nivel individual, de las empresas y de los propios Gobiernos. Tenemos la oportunidad de hacer un gran esfuerzo de inversiones públicas dirigidas a la recuperación "verde". Al mismo tiempo, la gente alrededor del mundo está apreciando los beneficios de la mejora de la calidad del aire como resultado de una reducción en la quema de combustibles fósiles».

Joanna Haigh fue en tiempos codirectora del Grantham Institute, y desde allí promovió una visión «multidisciplinar» del cambio climático. «Hay muchos errores de percepción del problema que conviene corregir. Por ejemplo, la confusión entre tiempo y clima. El tiempo es simplemente el estado atmosférico en un lugar concreto y en un período corto. El clima es el patrón atmosférico en un período largo. Otro error relativo es pensar que lo que está ocurriendo en las últimas décadas es algo "natural" porque el clima es cambiante por naturaleza. Y otro, para mí fundamental, es creer que reducir las emisiones es mucho más caro que simplemente adaptarnos. Hay que decirlo claro: estamos causando los niveles más altos de CO_2 que ha tenido el planeta en más de 800.000 años».

Ponemos a Haigh en la tesitura de explicar el efecto invernadero no ya en 10 minutos, sino en 30 segundos... «Tenemos una atmósfera que se ha desarrollado durante miles de millones de años, compuesta sobre todo de nitrógeno y oxígeno. También hay elementos como el vapor de agua y el dióxido de carbono, y todos juntos actúan como una "manta protectora" que permite que la Tierra sea unos 30 grados más caliente que si no estuvieran. Los gases invernadero cumplen, pues, su función: crear unas condiciones ideales para la vida. El problema es que, si sube su proporción en la atmósfera, la Tierra se sobrecalienta más de lo debido, y eso es lo que está pasando».

Como miembro del Panel Intergubernamental sobre el Cambio Climático de la ONU, Haigh insiste en la importancia de limitar el aumento de las temperaturas a 1,5 grados... «Porque hasta ese punto podemos mantener el clima bajo un relativo control. Si llegamos a los 2 grados, se produciría una reacción en cadena que afectaría gravemente a la vida en la Tierra: la muerte de las barreras coralinas, la desaparición de las capas de hielo, la subida del nivel del mar».

Y, finalmente, llegamos a su especialidad: el papel de la actividad solar en el cambio climático, un argumento al que han vuelto a aferrarse los negacionistas para retrasar la acción, alegando que podemos estar entrando en un mínimo de actividad solar.

«El papel del Sol en la temperatura de la Tierra es obvio, pero depende de la escala del tiempo», advierte la física británica. «Si nos ceñimos a los últimos treinta años, yo diría que la influencia del Sol ha sido mínima. El Sol funciona en ciclos de once años: la diferencia entre la actividad máxima (cresta) y mínima (valle) en ese período puede equivaler a una décima de grado arriba o abajo. Eso es todo. De modo que, si ponemos en una balanza los cambios en la actividad solar y las acciones del ser humano, está muy claro hacia dónde se inclina. Estamos ante un problema causado por el hombre».

. . .

Jonathan Gregory tenía por delante un prometedor futuro en la física de partículas y un trabajo privilegiado en el Gran Colisionador de Hadrones de Ginebra. Pero el cambio climático llamó a su puerta y a su conciencia: «Sentí que tenía que volcarme en algo con una conexión más directa con la sociedad y con la vida diaria de la gente, algo también en lo que pudiera marcar la diferencia como científico».

El cambio de tercio le reportó al poco tiempo el primer reconocimiento internacional, con su investigación publicada en *Nature* en el 2014 sobre los efectos de la desaparición del hielo en Groenlandia y la subida del nivel del mar. Quince años después, Gregory recibió el premio de la Fundación Fronteras del Conocimiento del BBVA por «entender, detectar y proyectar la respuesta de los océanos ante el nivel del mar» (un reconocimiento compartido con sus colegas Anny Cazenave y John A. Church).

Desde su doble observatorio en la Met Office y en la Universidad de Reading, el científico británico miró hacia atrás, a los albores de la Revolución industrial, para constatar un hecho así de preocupante: «El ritmo de aumento del nivel del mar en los últimos ciento cincuenta años ha sido notablemente mayor que el de los dos últimos milenios».

Tres milímetros al año pueden resultar algo inapreciable al común de los mortales, «pero eso se traduce en más de 7 centímetros en veinticinco años, y con la progresión actual podría ser medio metro a finales de siglo», puntualiza Gregory. «Si no bajan las emisiones de CO_2, ese escenario podría afectar a más de 100 millones de personas que viven en zonas costeras».

«Vamos a tener muchas Venecias si no actuamos pronto», advierte el físico. «Ciudades ricas como Róterdam tienen dinero para defenderse del mar y seguir construyendo diques. Pero ciudades no tan ricas como Manila, que se ha ido hundiendo por la extracción de agua dulce, lo van a pasar mal. Países enteros como las Maldivas pueden desaparecer bajo las aguas y otros como Bangladés se verán obligados a trasladar a gran parte de la población».

Gregory, nacido en Welwyn Garden City, se define como «un hombre de tierra adentro», interesado por el mar a nivel teórico, aunque amante de la montaña... «Mi verdadera pasión son los glaciares. Son mi destino predilecto en vacaciones y me asombra ver la rapidez con la que están menguando. Pero, efectivamente, no hay que ir muy lejos para notar el impacto en las costas. Las tormentas y los episodios de clima extremo son cada vez más virulentos, y año tras año vemos cómo se acentúan los efectos de la erosión».

«El mundo se está calentando de una manera inusual, y el aumento del nivel del mar es una de las primeras manifestaciones», advierte Jonathan Gregory. «Los océanos son el termómetro del cambio climático: allí es donde va a parar casi todo el calor atrapado en la atmósfera. Cuando el agua se calienta, se expande, y eso es exactamente lo que está pasando. Eso, y la desaparición del hielo, el otro factor clave».

Mirar al pasado para comprender mejor el futuro. Los estudios del físico de la Universidad de Reading, miembro del Panel Intergubernamental sobre el Cambio Climático de la ONU, han servido para construir modelos de proyección más fiables con los datos acumulados durante las últimas cinco décadas por los satélites...

«La subida del nivel del mar es inevitable y va a seguir a lo largo de este siglo. Hagamos lo que hagamos, la escala del calentamiento en las profundidades es algo que puede tardar siglos en manifestarse. Ahora bien, eso no nos puede servir de coartada para la falta de acción. En nuestras manos está lograr que esa subida sea de varios centímetros, y no de más de un metro, lo que pondría en riesgo la vida de millones de personas».

REBELIÓN O EXTINCIÓN

Bajo el imponente esqueleto de 25 metros de la ballena azul, más de 100 activistas del grupo Extinction Rebellion (XR) se hicieron los muertos en el *hall* del Museo de Historia Natural. La visión de los frágiles cuerpos humanos, a la sombra del mayor animal del mundo, convirtieron el *die in* en un acto sin precedentes. Apenas media hora duró la escenificación, rematada por un grupo de manifestantes cubiertos con velos y con los rostros pintados de rojo.

Empezaron a llegar furgones de la policía. Sin plantar resistencia, los improvisados actores se dejaron detener, rumbo al calabozo. Los arrestados en la semana del activismo climático en Londres llegaron así a los 1.065. Misión cumplida...

El objetivo era movilizar a 10.000 activistas, superar los 1.000 detenidos y calar al menos en el 3,5 por ciento de la población. Ese es el «algoritmo de la rebelión» que puede propiciar el giro definitivo ante el cambio climático, según los cofundadores de Extinction Rebellion (XR), la física molecular **Gail Bradbrook** y el profesor de Ciencias Sociales **Roger Hallam**.

Todo empezó con una pacífica reunión de 17 activistas concienciados en la primavera del 2018 en Stroud, en el corazón de los montes Cotswolds, al este de Inglaterra. Allí echó raíces con sus dos hijos Gail Bradbrook, en ese pueblo bucólico inundado de cafés veganos y parafernalia *hippy*, en el punto de mira de artistas y activistas. Pese a su bagaje científico como física molecular, Bradbrook recaló en Stroud buscando un contacto más directo con la naturaleza para sus dos hijos y un lugar más acorde con sus ideas. Siempre se sintió «un espíritu libre», como lo demuestran el aro que lleva en la nariz y su predilección por la psicodelia.

Su particular «iluminación» como activista la tuvo precisamente en un retiro espiritual en Costa Rica en el 2016. Atrás quedaron pasadas luchas contra el *fracking* y las incineradoras. También su involucración en el movimiento Occupy con la creación de su propio grupo, Rising Up! Pese a los logros puntuales, en el fondo arrastraba una frustración por el desdén de los Gobiernos ante el cambio climático.

«La ciencia nos lo lleva advirtiendo desde hace más de treinta años: estamos llevando el planeta a una espiral destructiva», sostiene Bradbrook. «Como científica sé lo que está en juego: tenemos apenas diez años para frenar la destrucción ecológica y evitar un cambio climático incontrolable. Los políticos siguen sin actuar a pesar de todas las alarmas. No podemos seguir siendo obedientes».

«Algo hay que hacer», fue la consigna que Gail lanzó al grupo de 17 agitadores concienciados que acudieron a su llamada en el salón de su casa en Stroud. «Algo diferente y contundente que haga abrir los ojos a la gente y ponga la cuestión más apremiante del siglo XXI en las portadas de los periódicos y en la agenda política».

Gail se asoció sobre la marcha con Roger Hallam, exagricultor ecológico en Gales reconvertido en académico y activista, con su campaña anticontaminación Stop Killing Londoners, por la que fue detenido en el 2017. Apasionado de la historia del cambio social, Hallam se empeñó en aplicar al cambio climático las enseñanzas de Erica Chenoweth, que estudió a fondo los movimientos sociales del siglo XX hasta descubrir la «fórmula del éxito» o el «algoritmo de la rebelión».

«Algunos cambios han sido impulsados por una proporción aún menor de la población, pero llegando al 3,5 por ciento se puede empezar a hablar ya de la masa crítica», advierte Hallam, autor de un opúsculo de desobediencia civil que es algo así como el manual de XR: *Common Sense for the 21st Century: Only Nonviolent Rebellion Can Now Stop Climate Breakdown And Social Collapse.*

EN ESTE MOMENTO ACABA LA DESESPERACIÓN Y EMPIEZAN LAS TÁCTICAS, podía leerse en el grafiti que Banksy dedicó al movimiento, con su emblemático símbolo del reloj de arena.

El idealismo de los años setenta no basta: los nuevos activistas del clima llegan con una dosis de realismo y con el poder de las matemáticas, más ese sentido de urgencia que hasta ahora faltaba.

«Llevamos teniendo marchas del clima desde hace treinta años y, con todos mis respetos para Greta Thunberg, nunca han conseguido nada», advierte Roger Hallam. «Solo la disrupción causada por acciones no violentas va a tener un impacto en la opinión pública y va a obligar a negociar a los políticos».

Y así fue... Las cadenas de acciones de XR en el 2019 se saldaron con tres mil detenidos: desde la ocupación de los puentes de Londres al *die in* del Museo de Historia Natural, pasando por el bloqueo de las puertas de la Bolsa o el *striptease* en el Parlamento. El cambio climático dejó de ser una nota a pie de página para saltar a los telediarios.

Dos de las reivindicaciones del grupo —la declaración de emergencia climática y las asambleas del clima— fueron una realidad en cuestión de semanas. La tercera y ambiciosa petición (cero emisiones para el 2025) arrancó al Gobierno al menos el compromiso para el 2050. Hubo una cuarta —«decir toda la verdad sobre el cambio climático»—, pero era ya demasiado pedir a los políticos.

Gail Bradbrook, Roger Hallam y cientos de miembros de la nutrida, colorista y multigeneracional tribu de XR pasaron varias noches en el calabozo, pero vieron recompensados sus esfuerzos. Pese a la disrupción creada, miles de londinenses se pasaron por el campamento instalado en Marble Arch para participar en las sesiones informativas y sumarse espontáneamente a las protestas. La mecha de XR prendió además en otros países, entre ellos España, en acciones coordinadas que dieron una visibilidad internacional al grupo.

Pero algo cambió. Algunas acciones no violentas fueron más allá de lo previsto. La prensa conservadora cerró filas contra ellos, persiguió implacablemente a sus líderes y empezó a desacreditarlos. Roger Hallam disparó contra su propio pie al declarar a una revista alemana que el holocausto fue «una jodienda más de la historia». El Gobierno británico incluyó entretanto a XR en lista negra de grupos extremistas.

Y en esto llegó la auténtica disrupción: la epidemia del Coronavirus. El cambio climático pasó a tercer plano. Las medidas de distanciamiento social acabaron con cualquier amago de manifestación. Y XR se ha visto en la tesitura de reinventarse sobre la marcha para lograr su último objetivo, la Gran Transición. El naturalista David Attenborough les dio su bendición: «Ninguna acción es demasiado radical llegados a este extremo».

• • •

«El cambio climático es como un punto ciego, como ese espacio que no vemos cuando estamos conduciendo y miramos con el rabillo del ojo por el espejo retrovisor». **George Marshall**, fundador de Climate Outreach y autor de *Don't ever think about it*, ha ahondado como nadie en las razones por las que nuestros cerebros no hacen clic con el clima. El problema, advierte, es que la «resistencia psicológica» ha echado raíces en gran parte de la población y obedece a causas complejas, muy relacionadas con nuestra propia condición de humanos.

«Nuestros cerebros están programados para responder a amenazas concretas, visibles y urgentes», advierte Marshall. «Somos capaces de vislumbrar el futuro, pero no reaccionamos hasta que tenemos el peligro delante. Y por eso una amenaza abstracta, invisible y lejana como el cambio climático no provoca una acción colectiva».

La clave, en el arranque de su propio libro, se la da el psicólogo y premio Nobel Daniel Kahneman, autor de *Pensar rápido, pensar despacio*: «Para que la gente se movilice por una causa, ha de existir un componente emocional. Sea lo que sea, tiene que percibirse como respuesta a un asunto inminente y prominente que sobresalga con fuerza propia sobre todos los demás».

Con grandes dosis de autocrítica y humor, lejos de cargar las tintas sobre los escépticos del clima, George Marshall propone en su libro un inusitado punto de encuentro: «Estamos ante una decisión colectiva y no podemos excluir de esa decisión a la "otra" mitad de la población. Más bien al contrario, hay que tender puentes, encontrar líderes sensibles al mensaje en el "otro" lado y cambiar necesariamente de narrativa».

Don't ever think about it traza el camino hacia ese «cambio de narrativa». Marshall no nos abruma con estadísticas irrebatibles ni con advertencias apocalípticas, sino más bien con apelaciones emocionales y al sentido común... «La ciencia ya se ha pronunciado mayoritariamente, pero la gente se mueve ante todo por señales sociales. Tenemos que derribar las barreras ideológicas que han convertido el problema en un arma arrojadiza de la izquierda y en una bestia negra de la derecha. Necesitamos crear un debate robusto y avanzar hacia un movimiento inclusivo que no deje a nadie fuera».

Si algo no funciona, advierte, son los mensajes apocalípticos o mesiánicos al estilo de «100 días para salvar el mundo», que ponen en guardia al común de los mortales. «No se puede esconder la dimensión del problema, pero hay que cambiar el tono del lenguaje, poner el énfasis en las soluciones y propiciar la acción colectiva. Hasta que la mayoría de la población no se comprometa, no vamos a tener el impulso que necesitamos. La presión popular será la que haga actuar a los políticos».

LA ÚLTIMA FRONTERA

La nación de los gwich'in se extiende por un espacio indómito de 78.000 kilómetros cuadrados en el norte de Alaska. Viven repartidos en quince aldeas, apenas perceptibles a vista de pájaro, en una zona conocida como el Refugio Nacional de Vida Silvestre del Ártico. Son la tribu india más septentrional del continente norteamericano; por encima de ellos solo quedan los inuit (esquimales).

En los últimos treinta años, los gwich'in han contado su peculiar historia de resistencia al mundo gracias a una mujer de gesto grave con la sabiduría acumulada en su rostro. **Sarah James**, nacida en 1946 en el corazón helado de Alaska, es algo así como la embajadora volante de la «nación del caribú», que se enfrenta a una doble y apremiante amenaza: las prospecciones de petróleo y el cambio climático.

«Un problema viene ligado al otro: para nosotros son las dos caras de la misma moneda», afirma James, que suele presentarse irónicamente como «la otra Sarah de Alaska» (en referencia a la exgobernadora Sarah Palin). «Pese a la apariencia salvaje de "la última frontera", el nuestro ha sido en realidad un "petroestado" durante décadas, surcado por oleoductos. Hasta hace poco el daño era invisible, pero es ahora cuando estamos sufriendo las consecuencias».

«La población de caribús se ha reducido casi a la mitad: de 189.000 a 100.000 cabezas en menos de dos décadas, y esa es para nosotros una cruel advertencia», sentencia «la otra Sarah» de Alaska. «La pérdida del caribú sería como la pérdida del búfalo, que acabó con muchas culturas del oeste americano. No son solo nuestro sustento alimenticio y vital, son también nuestra cultura y nuestros compañeros inseparables en este frágil hábitat. Si desaparecen ellos, desaparecemos nosotros».

El vasto espacio que da vida a la nación de los gwich'in está considerado como el Serengueti de Estados Unidos. La planicie costera del Refugio Nacional de Vida Silvestre del Ártico es uno de los ecosistemas más intactos y biodiversos de Norteamérica, con más de doscientas especies de aves que migran hasta allí todos los años atraídas por la explosión de vida que se produce en verano, cuando se retiran las nieves.

Los caribús (o renos) sienten también la llamada del Norte con el buen tiempo y recorren en manadas rutas de hasta 1.000 kilómetros. La alfombra de hierbas, plantas y líquenes sirve de poderoso reclamo todos los veranos en la tundra, aunque el deshielo se anticipa cada vez más, lo que está alterando profundamente los ecosistemas y retroalimentando el cambio climático.

Sarah James invita a todos los escépticos a que suban hasta Alaska a comprobar de primera mano los efectos de la subida de las temperaturas: «Los animales están hambrientos, confusos y desorientados. Los caribús no encuentran el forraje con el que alimentarse. La taiga se está secando y los incendios duran todo el verano. El permafrost [la capa permanentemente helada] se está derritiendo y emitiendo grandes cantidades de metano. El sur está subiendo al norte».

Y eso por no hablar de las «facilidades» que el deshielo supone para la busca del oro negro. El Refugio Nacional de Vida Silvestre del Ártico, protegido por el presidente Dwight D. Eisenhower en 1960, sufre el asedio constante de las petroleras, que estrecharon su cerco en la era Bush y volvieron a la carga —y con venganza— bajo el impulso de Donald Trump.

Fue en Alaska, precisamente, donde los pueblos indígenas se adelantaron a los países industrializados y reclamaron una acción urgente para disminuir las emisiones y paliar los efectos cada vez más palpables del calentamiento global. Movilizados ya antes por el impacto del vertido de 37.000 toneladas de petróleo del *Exxon Valdez* en el estuario del Príncipe Guillermo, los pueblos indígenas del norte y del sur del estado han unido fuerzas en la larga batalla.

Sarah James, curtida en su día en la lucha por las libertades civiles en San Francisco y en la «ocupación» de la isla de Alcatraz, se ha erigido en lo que va de siglo como «la voz ancestral del Ártico». En los últimos años se ha sumado activamente a la iniciativa Conversaciones con la Tierra, que recoge las experiencias y los testimonios de pueblos indígenas ante el cambio climático: de Alaska a Papúa-Nueva Guinea, pasando por Perú, Camerún o Filipinas...

«Reducir, reutilizar y reciclar está muy bien para las sociedades industriales, pero a nosotros no nos basta», advierte Sarah James, galardonada en el 2002 con el Goldman Prize por su infatigable activismo. «Los pueblos indígenas necesitamos una cuarta "erre", el derecho a "rechazar" y elegir nuestro destino. Perforar nuestra tierra sería como perforar el corazón de nuestra existencia. Queremos una protección permanente para nuestro hábitat y el de tantas especies».

Sarah James tendió también un puente con el sur global desde la cumbre de Río, reforzado cada cuatro años por la Marcha por la Paz y la Dignidad, donde confluyen los indígenas del hielo y los indígenas del sol. «Los pueblos de Alaska y del Amazonas venimos del mismo tronco. Mi madre me hablaba de la gente del sol, y he tenido la ocasión de estrechar los lazos con ellos. Nuestro lenguaje por signos es muy parecido. Podemos entendernos sin abrir la boca... Y nuestra lucha contra la explotación indiscriminada de los recursos naturales es básicamente la misma. Por eso nos unimos en el canal de Panamá, que es donde partieron físicamente nuestro continente. Volvemos a unir simbólicamente nuestra tierra herida».

La portavoz de la nación del caribú se asoma al futuro con inquietud. El cambio climático, se teme, agudizará los conflictos por el control de los recursos, mientras que los hábitats naturales irán desapareciendo ante nuestros ojos. La única salida, asegura, es el esfuerzo común de la tribu humana por encontrar una senda común.

«Los pueblos indígenas no somos perfectos, ni ustedes los occidentales lo son. Nuestras dos culturas tienen cosas buenas y cosas malas, y podemos aprender unos de otros. Necesitamos encontrar un camino por el que podamos avanzar juntos. No podemos tener la paz sin un aire limpio, sin un agua limpia. Dios nos dejó unas instrucciones muy claras sobre el uso del planeta: están escritas en la naturaleza».

• • •

Como auténticos pioneros de la vida sana, cuatro familias estadounidenses emprendieron su peculiar aventura en la última frontera. Llegaron a Alaska hace más de treinta años después de haber explorado California y el estado de Washington. Compraron cinco acres de tierra en los bosques de Kasilof, frecuentado en tiempos por los comerciantes de pieles y los buscadores de oro. Echaron raíces en el norte indómito y fundaron lo que hoy se conoce como Ionia, la comunidad inspirada por los principios de la macrobiótica (en griego, «gran vida»).

«Los inviernos nos hicieron fuertes», recuerda **Eliza Eller**, de cincuenta y seis años, una de las fundadoras, que ha visto nacer y crecer a sus trece hijos en estos parajes incomparables. «No nos habría importado encontrar todo lo que hemos hallado aquí en un lugar un poco más cálido... Pero lo mejor para marcar la diferencia es elegir un lugar donde no quiera vivir mucha gente».

Ionia suena casi a lugar imaginario, pero no es tan difícil ubicarlo en el mapa. Basta con enfilar la carretera que lleva desde la capital, Anchorage, hasta la península de Kenai, arrastrados por el imán de los glaciares y los fiordos. Los rigores y la oscuridad del invierno pueden eternizar las 3 horas de viaje en carretera. Pero en verano las distancias se acortan y el paisaje nórdico cobra una vibrante intensidad, acentuada por el río rojo de los salmones que remontan la corriente junto a la cuneta.

Alaska es definitivamente otro planeta, o tal vez la esencia misma de la Tierra. La mancha humana es mínima, aunque el accidente del *Exxon Valdez* sirvió de trágico recordatorio. La naturaleza recuperó al cabo de una década su frágil equilibrio, pero los efectos del cambio climático se han agudizado en el nuevo siglo: incendios, plagas, especies invasivas. Aunque la razón primera y última que atrajo a los pioneros de Ionia sigue intacta: la inmensidad del espacio, la sensación de estar en los confines del mundo, la libertad para imaginar una sociedad mejor...

«En Alaska encontramos cuatro ingredientes fundamentales», recuerda Eliza. «Primero, la tierra impoluta y barata. Después, una aceptación de la diversidad que no existe siquiera en el oeste americano, gracias a la influencia de las comunidades nativas. El tercer factor es que las cuatro estaciones se viven aquí de un modo muy intenso. Y el último, la ayuda que recibimos del Estado a este tipo de proyectos».

La utopía entre las nieves empezó a forjarse pues a principios de los años noventa. Con una población flotante de 50 habitantes, repartidos entre una decena de caserones autoconstruidos, Ionia se encuentra en pleno esplendor en el tránsito de la segunda a la tercera generación. Los largos inviernos se soportan mejor en la Long House (la casa común) y en primavera empieza el trabajo en los campos de cultivo y en el granero, más las expediciones de rigor para recolectar algas y bayas silvestres en la isla de Seldovia.

«Nuestra idea inicial era por así decirlo un poco egoísta», recuerda Eliza. «Todo lo que queríamos era una aldea basada en los principios de la macrobiótica para nosotros y para nuestros hijos. Pero esa idea ha ido evolucionando. Sobre la marcha nos hemos hechos más realistas, flexibles y pacientes».

«Aunque la lección más importante ha sido mantener la confianza en nuestro sueño», matiza la «pionera» macrobiótica, que bebió directamente de las fuentes de Michio y Aveline Kushi. «Seguimos creyendo en una idea cuyo momento ha llegado verdaderamente. En Ionia no tenemos la solución a los problemas, pero sí algunas de las respuestas para hacer frente a los retos a los que nos enfrentamos en el planeta. Cuando empezamos estábamos aislados, ahora somos una fuerza positiva de cambio en Alaska».

Toda la experiencia acumulada por Eliza Eller la ha volcado en un libro, *Cooking Without Recipes*, que lo dice todo sobre su filosofía de vida: «No hay nada como una comida nutritiva para abrir tu mente». Todo en Ionia gira efectivamente alrededor de la comida: de los cereales integrales a las algas, pasando por las raíces, las semillas y los alimentos fermentados. Aunque la propia Eliza admite que esa idea ha ido también cambiando. Para los «ionians», tan importante como buscar el equilibrio entre yin y yang en la dieta es alimentar las actitudes y los pensamientos positivos.

Alaska ha sido secularmente una encrucijada de culturas y continentes. En esta pequeña gran comunidad entre las coníferas de Kasilof se ha alimentado también esa tradición: las nuevas generaciones salieron a recorrer mundo con su vocación de exploradores y han introducido a la vuelta sangre de Japón, Cuba, Guatemala, México, Francia y Reino Unido. Todos los veranos, Ionia abre de par en par sus puertas y extiende su invitación hasta el último rincón del planeta. «Tal vez algún día, este lugar especial acabe dando a luz a bebés en forma de ecoaldeas, para aprender a cocinar juntos otro estilo de vida y sin necesidad de recetas».

REFUGIADOS CLIMÁTICOS

A medio camino entre Hawái y Australia, hay un conjunto de 33 atolones coralinos y una isla volcánica que vistos del aire recuerdan al país de Nunca Jamás. Bienvenidos a la República de Kiribati, «conquistada» en tiempos por el español Álvaro de Saavedra Cerón (primo de Hernán Cortés) y colonizada después por los británicos, que la rebautizaron como Islas Gilbert hasta su independencia en 1979.

Pese al entorno exótico, en el corazón de la Polinesia, Kiribati está en el furgón de cola de los países más pobres del mundo. En su capital, Tarawa Sur, se concentran la mitad de sus 110.000 habitantes en unas condiciones extremas, azotados por violentas tormentas y acorralados por el aumento del nivel del mar. Un informe de la ONU advierte que Kiribati será inhabitable en el plazo de diez o quince años y uno de los primeros países en desaparecer del mapa por el cambio climático, convertido en algo así como la Atlántida del siglo XXI.

Durante años, el vecino más notorio de Kiribati fue el presidente Anote Tong, del Partido Pilares de la Verdad, que recorrió el mundo buscando una «patria de adopción» para sus habitantes ante el inevitable hundimiento de su país en las aguas turquesas. El documental *El arca de Anote*, del canadiense Matthieu Rytz, siguió la cruzada global del ya expresidente, que llegó a plantear incluso en el Parlamento la compra de terrenos en las islas Fiyi para empezar paulatinamente el éxodo.

El protagonismo se lo ha robado, sin embargo, en estos últimos años un humilde kiribatiano con sangre micronesia: **Ioane Teitiota**. Nacido hace cuarenta y tres años en el pequeño atolón de Tabiteuea, Teitiota emigró como tantos de sus compatriotas a la capital, Tarawa Sur, y se instaló en una pequeña finca compartida con familiares de su esposa y castigada sin clemencia por las mareas cada vez más altas.

Cansado de librar una lucha contra los elementos, Teitiota decidió abandonar el falso paraíso de Kiribati en el 2007 para buscar una vida mejor con su mujer en Nueva Zelanda, donde tuvo tres hijos y trabajó como agricultor en los invernaderos. Tres años después le expiró el visado, y como era demasiado tarde para regularizar su situación, decidió pedir amparo en los tribunales como «refugiado climático».

El «caso Teitiota» dio la vuelta al mundo y puso finalmente rostro humano a una tragedia hasta entonces silenciada y oculta. Durante varios meses, defendido con una fe proverbial por el abogado y pastor pentecostal Michael Kidd, Teitiota acarició la posibilidad de lograr el estatus aún no reconocido de «refugiado climático».

«Yo huyo del clima, igual que la gente que huye de la guerra», declaró ante el juez para ilustrar su pulso personal contra la subida de las aguas. Las autoridades neozelandesas rechazaron, sin embargo, su solicitud alegando que, si bien es cierto que Kiribati «puede ser inhabitable en diez o quince años», también lo es que su Gobierno puede reclamar en ese tiempo asistencia de la comunidad internacional para proteger o reubicar a su población.

Teitiota se vio obligado, pues, a hacer las maletas, de vuelta al terreno familiar asediado por las olas, protegido a duras penas por un muro lleno de agujeros que él mismo construyó y que tiene que reparar cada dos por tres. Pero su lucha legal siguió su camino, arropado por la ONG Oxfam, que rodó un documental sobre su vida titulado *The Biggest Challenge of Our Time*. Al cabo de cinco años, el tenaz kiribatiano ha logrado una victoria moral que le ha hecho recuperar la fe en el futuro...

El Comité de Derechos Humanos de la ONU le dio parcialmente la razón en el 2020, alegando «el derecho de las personas refugiadas y desplazadas por causas climáticas a no ser retornadas a su país de origen». La sentencia determina que tanto los sucesos repentinos (huracanes, tifones, inundaciones...) como los de evolución lenta (la sequía o el aumento del nivel del mar...) pueden poner en riesgo el derecho fundamental a la vida.

El fallo no es vinculante, pero sienta un precedente a escala mundial y supone el reconocimiento tácito del primer «refugiado climático». Decenas de casos similares se han ido acumulando en Nueva Zelanda y Australia desde los años noventa, cuando empezaron a agudizarse los efectos del cambio climático en las islas de la Polinesia, que han lanzado de esta manera su inusual SOS.

«Como decía Gandhi, hemos agitado el mundo de una manera amable», asegura el abogado impenitente de Teitiota, Michael Kidd. «Nuestro caso tiene una gran fuerza moral. Mi cliente es un "refugiado" porque ha sufrido una persecución indirecta por el calentamiento global causado por la acción humana... Las leyes reconocen a los refugiados solo por motivos de raza, religión y opinión política, pero ha llegado seguramente el momento de cambiarlas».

El taciturno Teitiota, que apenas habla inglés y suele entenderse a través de un intérprete, ha recibido con cautela el fallo del Comité de Derechos Humanos de la ONU, consciente de que no tiene un efecto práctico e inmediato. «Sigo atrapado entre Kiribati y Nueva Zelanda, y en los dos sitios me siento aceptado y rechazado de la misma manera», reconoce en declaraciones a la revista *Foreign Policy*. «Todo el mundo ama su país, pero si me quedo aquí, sé que no hay futuro para mis hijos».

Pese a haberse convertido en símbolo mundial, Teitiota admite que no es profeta en su tierra. Su lucha le ha traído problemas con sus sufridos compatriotas y ha generado rencillas dentro de su propia familia: «Piensan que estoy menospreciando a nuestro país. Mi cuñada se da la vuelta o me grita cada vez que hablamos del tema. Mi esposa, Angua Erika, recibe el mismo trato de su hermano cada vez que le llama por teléfono».

El «refugiado climático» está condenado de momento a seguir con su mujer y sus tres hijos en la modesta casa compartida con sus cuñados al borde del mar. La casa tiene electricidad, pero carece de agua corriente y de saneamiento. El agua potable la captan de la lluvia en un depósito porque ya no pueden sacarla del pozo: cada vez está más salinizada y expuesta a la contaminación por los restos fecales de los animales (cerdos y perros) que viven en la finca.

La tuberculosis y la lepra campan a sus anchas en las chabolas de la superpoblada Tarawa Sur, que se ha ido llenando con inmigrantes de los pequeños atolones. La erosión, las inundaciones y la subida del nivel del mar han provocado un éxodo paulatino con destino a la capital de Kiribati, que con un desempleo del 30 por ciento vive con gran precariedad económica.

«Es increíble que el Gobierno de Nueva Zelanda piense que está bien devolver a la gente a vivir en estas condiciones», denuncia el abogado de Teitiota, Michael Kidd, que espera que el mundo abra los ojos ante la cuenta atrás de los habitantes de Kiribati y despierte pronto a la «amenaza existencial» en que se ha convertido la crisis climática para todo el planeta.

En Kiribati, sin embargo, se produjo un cambio de marea con la llegada en el 2016 del nuevo presidente, Taneti Mamau. Cansado de la imagen catastrofista que proyectó del diminuto país su predecesor, Mamau puso en marcha un plan para potenciar la pesca y el turismo local (apenas 6.000 visitantes al año). La lucha contra el cambio climático ha dejado paso al desarrollismo a la vieja usanza. Los kiribatianos prefieren dejar en el aire la pregunta que acecha a 140 millones de potenciales refugiados climáticos en el 2050: «¿Qué vamos a hacer con los habitantes de Estados desaparecidos bajo las aguas que se quedarán pronto sin país y a la deriva, como auténticos náufragos?».

7
ENERGÍA

La generación de energía es responsable
de dos terceras partes de las emisiones de CO_2.

La capacidad de las renovables se ha cuadriplicado
en diez años y la solar y la eólica generan el 18 por
ciento de la energía consumida en el mundo.

Mil millones de personas
no tienen aún acceso a la electricidad.

AUTOSUFICIENCIA CONECTADA

Al oreo del Mediterráneo, en la costa murciana, el aragonés **Domingo Jiménez Beltrán** encontró no solo su lugar en el mundo, sino también su particular desafío personal y su «reto profesional, social y económico». DJB o Mingo, como le llaman los amigos, venía de dejar huella en Copenhague como el primer director ejecutivo de la Agencia Europea de Medio Ambiente (1994-2002). Al dejar el puesto, se propuso llevar a la práctica sus principios y encontrar un entorno en el que poder vivir «en la mayor armonía posible con el medio natural».

Domingo y Elin, su compañera noruega, llevaban tiempo veraneando «en el entonces menos castigado Mar Menor», en San Pedro del Pinatar, hasta que decidieron «buscar otros aires, siempre murcianos». Acabaron recalando en una vieja casa de labor en Águilas, con una huerta de casi 1 hectárea cargada de frutales. Entre naranjos, limoneros, higueras y olivos (y también mangos, aguacates o guayabos) fueron alimentando su particular vergel, que tiene algo de oasis en estas tierras semiáridas al borde del mar.

Decidieron llamarlo El Sol, a modo de luminosa declaración de intenciones y al tiempo que instalaban los paneles fotovoltaicos (12,5 kilovatios) y el aerogenerador (6 kilovatios). La antigua cuadra se transformaría en cocina y comedor, el epicentro de la vida hogareña. Luego llegaría la desaladora doméstica, capaz de convertir en agua potable hasta 10.000 litros cada día, extraídos de un pozo de agua «playero» que se alimenta de las entradas de agua de mar.

La típica pregunta murciana —«¿Esto se "pué" hacer?»— sirvió de acicate a Domingo y Elin en el momento de dar nueva vida a lo que con el tiempo sería no solo su residencia habitual, sino también un «muestrario de lo posible» (y lugar obligado de paso de los incontables huéspedes que vienen a degustar los aceites, las mermeladas y los membrillos de la casa).

«Quisimos demostrar que se puede aunar una mayor calidad de vida con un uso eficaz y eficiente de los recursos, bajo la idea siempre imperante de la "autosuficiencia conectada"», explica DJB, ingeniero industrial y pionero de las políticas de calidad del aire, gestión del agua y conservación de la naturaleza en España.

Más allá del autoconsumo, DJB reivindica la autosuficiencia conectada —la paternidad del concepto la comparte con Juan Requejo Liberal— como alternativa necesaria al sistema integrado y controlado por los oligopolios eléctricos. «Todos podemos aspirar, gracias a las tecnologías renovables, a generar la energía equivalente para nuestro consumo en nuestro entorno inmediato. En la medida de lo posible, esto debería acometerse de forma conectada y con sistemas mallados para que sea posible disponer de aportes externos o volcar excedentes».

«La autosuficiencia conectada no es solo más sostenible, sino también menos vulnerable y más resiliente que el sistema centralizado», señala DJB. «La epidemia del Coronavirus ya ha mostrado la necesidad de la resiliencia de las comunidades locales para un futuro descable, algo que ya era evidente ante un problema como el cambio climático».

«Sabemos suficientemente lo que va a pasar si seguimos con nuestros modelos de producción y consumo y con nuestro modo de vida en general», advierte Domingo, que fue también director del Observatorio de la Sostenibilidad y es patrono de la Fundación Renovables. «Sabemos que necesitamos un cambio de la subjetividad colectiva, y la autosuficiencia conectada puede ser un instrumento incluso rupturista para lograr ese objetivo, frente a la transición pausada y tranquila que piden los sectores energético y eléctrico».

Le preguntamos a DJB si su modelo es trasplantable a las ciudades, y nos recuerda que Copenhague ha incorporado la «autosuficiencia energética conectada» a su plan de emisiones cero para el 2025. «Para las grandes ciudades, la intervención ha de ir por barrios, que son unidades que en muchos casos tienen su propia entidad socioeconómica o cultural. O también por células urbanas, como unidades de autocontención, como en la propuesta de las "supermanzanas" en Barcelona».

Pero estábamos en El Sol de Águilas, destilando la autosuficiencia, en esa planta desaladora que proporciona un agua potable con un contenido de sales de 0,25 gramos por litro, bastante inferior al agua que sale del grifo. Todo lo aprendido y experimentado por DJB en su finca familiar le ha servido de rodaje para el siguiente paso: la «gestión societaria» de la finca de Chuecos de Arriba, en pleno espacio natural de la sierra de Almenara, «y esta vez por empecinamiento mío».

A Domingo le gusta referirse al proyecto como «el Central Park de la sostenibilidad en las regiones mediterráneas», para que nos hagamos una idea de la extensión de la finca. Un tercio es bosque mediterráneo, y en las casi 500 hectáreas hay restos de asentamientos de la Edad del Bronce, una fortaleza árabe derruida, tres embalses, una mina abandonada y el conjunto capilla-casa cortijo de los Condes de San Julián, donde con el tiempo se crearán hasta veinte ecohábitats.

En el 2020, como si no tuviera suficiente con su labor de apoyo y difusión de las renovables que periódicamente le reclama en Madrid, Domingo Jiménez Beltrán presentó la Fundación Castillo de Chuecos para «sembrar conocimiento en el territorio y compartirlo». La meta del proyecto es impulsar «un cambio en los modelos de gestión de los recursos naturales para una mayor sostenibilidad y resiliencia a todas las escalas».

Al cabo de dieciséis años de esfuerzos, Domingo está sobre todo orgulloso del primer ejemplo demostrativo del Central Park mediterráneo: un proyecto pionero de «riego con sol», con aportación de agua de la desaladora de Águilas mediante bombeo con energía procedente de dos plantas fotovoltaicas y con un depósito de acumulación. La idea es preservar los caudales naturales, respetar al máximo el ecosistema y en todo caso introducir «cultivos promisorios» autóctonos (olivos, almendros, algarrobos) y otros más adaptados a los rigores del cambio climático (aloe vera, moringa, argán).

Desde su doble mirador en Águilas, en su propia finca y en el castillo de Chuecos, DJB se asoma al futuro convencido de que esta crisis (la del Coronavirus) y la que ya venía de atrás (el cambio climático) se van a solapar en lo que él mismo llama el «clímax por el cambio», que ya no podemos aplazar...

«Parafraseando a Einstein, no podemos salir de esta situación con la misma lógica que la propició. Nuestro modo de producir, consumir y vivir es el que ha contribuido a transformar los eventos de la naturaleza en catástrofes. El "CV" (Coronavirus) y el "CC" (Cambio Climático) nos han cargado de razón para acometer cambios ambiciosos y urgentes. No podemos volver a la "normalidad" prepandemia. La salida de esta crisis es verde, con energía y disruptiva. Los ciudadanos saben lo que pasa y lo que hay que hacer, ya solo les falta empoderarse para pasar a la acción».

• • •

En el barrio de Lavapiés, en la calle de la Escuadra, está el espacio radiante de Savia Solar. Allí lleva tiempo gestándose la transición energética, impulsada a brazo partido por **Cote Romero** y **Mario Sánchez-Herrero** con la empresa social

Ecooo, que las ha visto de todos los colores desde su creación en el 2005.

Ecooo nació con la misión de facilitar herramientas de autoconsumo, ahorro y eficiencia energética y «promover instalaciones solares fotovoltaicas participadas por personas». Pero en esto llegó la crisis, y luego el parón solar, y después «el impuesto al sol», y España empezó a descolgarse del tren de las renovables por los errores del pasado y por los nubarrones del futuro.

Frente a la marcha atrás de aquellos años, Ecooo decidió lanzar la campaña Desobediencia Solar, que les puso definitivamente en el mapa. Con microparticipaciones de 100 euros en instalaciones colectivas de energía fotovoltaica y viralizando los vídeos de «desobedientes solares», los pioneros de Ecooo (incluido el legendario José Vicente Barcia) decidieron plantarle cara al Gobierno y al oligopolio.

«En España hay ya una marea ciudadana que reclama el cambio de reglas del juego energético», aseguraba Cote Romero. «La gente está despertando porque es escandaloso que se nos niegue el derecho a ser titulares de nuestra propia energía, y eso es lo que ha pasado en España. Los ciudadanos estamos ejerciendo de contrapoder y estamos impulsando la revolución energética».

Poco después, Cote Romero dio un paso más allá como coordinadora de la Plataforma por un Nuevo Modelo Energético, donde se dieron la mano cuatrocientas organizaciones que reclamaban «un sistema radicalmente distinto, basado en las renovables, en el ahorro, en la eficiencia y en la democratización de la energía».

La recuperación y «socialización» de plantas solares fotovoltaicas (más de 120) ha sido una de las líneas de actuación de la empresa social, volcada en los últimos años en el proyecto Ecooolocal. El fichaje de Ángel Ruiz, exjugador de baloncesto y artífice del proyecto Rubí Brilla (en el municipio catalán de Rubí), fue proverbial para dar impulso a esta iniciativa de transición energética municipio a municipio (más de 75 y sumando, con Vitoria, Las Palmas, Menorca y Puerto Real entre ellos).

La energía ni se crea ni se destruye, sino que se convierte en herramienta de empoderamiento de los ciudadanos en tiempos de crisis gracias al impulso de gente como Cote, Mario, Ángel y todo el vibrante equipo que los acompaña en esta larga travesía.

SOMOS ENERGÍA

El holandés **Gijsbert Huijink** y su mujer compraron una casa en Banyoles y necesitaban luz. Como la red quedaba lejos, pensaron que era más lógico y barato poner placas solares y baterías. Con lo que no contaban era con las trabas al autoconsumo, que, para colmo, fueron aumentando hasta llegar al famoso «impuesto al sol».

«Venía de tener una experiencia muy distinta en Europa y de comprobar cómo en países como Dinamarca o Alemania se incentivaba incluso el autoconsumo», recuerda el holandés errante desde su proverbial altura. «Aquí pasamos de pronto del *boom* a la ceguera. De un Gobierno prorrenovables a otro Gobierno antirrenovables que creó una situación fatal para el sector, para los inversores y para los ciudadanos en general».

Huijink ejercía de profesor en la Universitat de Girona, y allí fue donde prendió la chispa de Som Energia. «Primero fue la energía humana y luego todo lo demás», como les gusta recordar al puñado de veteranos y jóvenes entusiastas de las renovables. Entre todos ellos decidieron desafiar al modelo energético y movilizarse para construir «una alternativa real» en España, siguiendo el camino trazado por Ecopower en Flandes y Enercoop en Francia.

La crisis sirvió incluso de acicate a los fundadores de Som Energia, que arrancaron con apenas 150 contratos en Cataluña y se convirtieron de la noche a la mañana en la cooperativa energética de mayor crecimiento en Europa, hasta llegar a los 63.000 socios y 108.000 contratos por todo el territorio español una década después.

«En España recogimos tarde el testigo, pero el despegue superó realmente nuestras expectativas», reconoce Huijink. «Nacimos además en un período de cambio social en el que la sociedad reclamaba alternativas tras el 15M. Los ciudadanos se habían cansado de ser meros consumidores y aspiraban a retomar el control. Quisieron ser actores de la democracia energética, que aún no había llegado a España».

Som Energia fue efectivamente la avanzadilla de la nueva ola de cooperativas para la producción y comercialización de energía renovable en España. GoiEner, Zencer, Energética, La Corriente... La geografía del nuevo cooperativismo energético se ensancha por días, aunque aún nos queda un largo camino para impulsar sobre todo la producción propia.

Empezó, de hecho, como comercializadora de energía verde, pero Som Energia cuenta ya con seis plantas y cinco cubiertas fotovoltaicas, una central hidroeléctrica y otra de biogás que generan 17 gigavatios/hora al año, suficientes para abastecer 6.800 hogares. Otras tres huertas solares y dos parques eólicos les permitirán superar el listón del 10 por ciento de sus propios socios. El objetivo es seguir creciendo orgánicamente hasta cubrir la totalidad de la demanda.

Lejos, muy lejos, quedan aquellas *trobades* iniciales, como la que se celebró en el 2012 en Calafell, cuando parecía aún imposible hacerle cosquillas al oligopolio. «El componente humano ha sido vital desde el principio», recordaba entonces **Marc Roselló**, ingeniero técnico y primer presidente de la cooperativa. «Si hubiéramos adoptado un modelo más empresarial, nunca habríamos crecido de esa manera. El nivel de implicación de la gente fue desbordante desde el principio. Desde que arrancamos, no dejamos de recibir mensajes en este plan: "Nunca pensé que me iba a sentir orgulloso en el momento de pagar el recibo de la luz"».

Roselló recalcaba cómo desde el principio hubo que hacer un esfuerzo muy especial por informar a la gente, abonada a la compañía de toda la vida y habituada a pagar religiosamente la factura... «Hubo que explicarles que era tan fácil como cambiar de compañía de teléfono móvil. Que no hacía falta instalar un nuevo contador ni realizar ningún ajuste. Que la tarifa era la misma y sin ningún sobrecoste. Que para hacerse socio bastaba con abonar 100 euros al capital social, y a partir de ahí era un mero trámite administrativo».

Gijsbert Huijink ejerció entretanto de gestor, de comunicador e impulsor de la idea desde la incubadora de la Universitat de Girona y con incursiones por toda nuestra geografía con su Nissan LEAF eléctrico: «En el sur todo va más lento, pero estamos cogiendo velocidad tras el parón general y empezamos a recuperar el terreno perdido. En Alemania o en Países Bajos todo es mucho más simple. Por pura lógica, este país acabará aprovechando sus propios recursos, que son el sol y el viento».

«La pregunta incómoda era antes: "¿Estás dispuesto a pagar algo más por consumir energía limpia?"», recalcaba Gijsbert. «La respuesta ahora es obvia: ya no vamos a tener siquiera que pagar más porque las energías renovables son totalmente competitivas y resultan hasta más baratas que las energías fósiles. Hace veinte años, la energía solar era un lujo. Hoy por hoy es una necesidad».

En el 2018, al cabo de ocho años en Som Energia, Gijsbert Huijink decidió buscar «nuevos horizontes» y se despidió de sus amigos y socios con una emotiva carta: «Me encanta impulsar proyectos, pero no soy el más adecuado para gestionar el día a día de una cooperativa que factura 50 millones de euros y tiene una plantilla de 70 personas».

«No imaginábamos que llegaríamos donde estamos ahora: el mundo cambia rápidamente», advertía el holandés en el momento de hacer balance y recordar hitos como el Acuerdo de París sobre el cambio climático, el objetivo de emisiones cero para el 2050 o la apuesta por las renovables de las grandes energéticas, que se aprestan a cerrar las centrales térmicas de carbón.

En el capítulo personal, empeñado siempre en mirar a largo plazo, Gijsbert Huijink sigue adelante con su camino de emprendimiento solar, la mirada puesta ahora en «los más de 1.000 millones de personas en África y Asia que aún no tienen acceso a la energía», con proyectos desde Zimbabue a Camboya. Lo bueno de África, asegura, es que la energía limpia se impone por su propio peso en las pequeñas comunidades...

«Llegas a un poblado de 300 habitantes y están deseando colocar las placas solares y almacenar su propia energía en baterías, y poder despedirse de una vez del viejo generador y de la dependencia energética del exterior. Ellos ven muy rápidamente las ventajas y tienen cojones para dejar atrás las rémoras del pasado y abrazar lo nuevo».

• • •

El «derecho al viento» es algo tan obvio como el derecho a respirar. Y, sin embargo, oscuros intereses estrangularon durante décadas la participación popular en proyectos de energía eólica en España. «La iniciativa la llevaron en los años ochenta y noventa pequeñas empresas, que acabaron renunciando a sus proyectos por las incontables trabas que ponía la Administración», recuerda **Pep Puig**, exconcejal de Barcelona con Els Verds. «El resultado fue al final la adjudicación de los grandes proyectos eólicos al oligopolio de las eléctricas y las constructoras».

En el 2009, aprovechando el 25 aniversario del primer aerogenerador moderno conectado a la red pública en Cataluña, el propio Pep Puig lanzó la pregunta al aire: «Al cabo de todo este tiempo y con la tecnología eólica perfectamente madura, ¿qué aportación innovadora podríamos hacer al país?».

La inspiración vino del norte, de países como Dinamarca o Alemania, donde las cooperativas de renovables (tanto fotovoltaica como eólica) llevan tiempo liderando la transición energética. El propio Pep Puig lanzó el reto desde Eurosolar, y un puñado de idealistas arrimaron el hombro para lanzar Viure de l'Aire, la primera iniciativa de eólica popular del sur del Europa.

Meses después se constituyó Eolpop, S.L., encargada de la promoción del proyecto, con la misión de elegir un potente aerogenerador y de buscar un emplazamiento adecuado. Los vientos cambiantes de la política dilatarían el proyecto aún nueve años, en un eterno proceso «propio de una república bananera», en palabras de uno de los primeros participantes en el proyecto comunitario.

El momento álgido llegó cuando se decidió finalmente la ubicación en el municipio de Pujalt, que reunía los tres requisitos: un régimen aceptable de vientos, un acceso practicable y una red de distribución cerca. El siguiente reto fue elegir un modelo de aerogenerador: la primera opción fue Ecotecnia, pero el tiempo fue retrasando la decisión y al final se eligió una turbina de 2.350 kilovatios de Enercon, diseñada para gran rendimiento en zonas de vientos bajos.

Pocas cosas pueden competir con una turbina como emblema de la energía limpia. Y pocas imágenes dicen tanto como la fila de entusiastas impulsores de Eolpop cargando al hombro con las impresionantes palas de su aerogenerador. Los 103 metros de diámetro del rotor hablan por sí solos del esfuerzo de gigantes que tuvieron que hacer los 438 inversores que aportaron 2 millones de euros (más el millón de euros en un crédito blando de los colegas de Som Energia).

En marzo del 2018, el aerogenerador de Viure de l'Aire hizo honor a su nombre y entró en acción, procurando una energía equivalente a la demanda de 2.000 familias y alcanzando un ahorro al año de hasta 6.000 toneladas de emisiones de CO_2. «El viento es un bien común y va siendo hora de que lo reivindiquemos», apunta Pep Puig, convencido de que ha llegado la hora de la eólica popular. «El aire, el sol, el subsuelo... Finalmente tenemos tecnología para lograr energía en nuestro entorno sin necesidad de quemar y contribuyendo a un mundo más respirable».

LA REVOLUCIÓN DE LOS «NEGAVATIOS»

En las Montañas Rocosas, el físico **Amory Lovins** ha ido construyendo la casa de sus sueños a lo largo de más de treinta años. El padre de la eficiencia energética —nombrado por la revista *Time* como una de las cien personas más influyentes del mundo— ha demostrado que se puede vivir mejor consumiendo hasta diez veces menos electricidad, sin necesidad de calefacción, en un baño perpetuo de luz natural y en un aire que nada tiene que envidiar al de las cumbres cercanas de Aspen.

Pocos pueden permitirse el lujo de arrancar un plátano en casa o tener una «jungla» interior como la de Lovins, pero todos podemos sumarnos en nuestra medida a lo que él llama «la revolución de los "negavatios"».

Por «negavatios» entiende Lovins «los vatios no consumidos gracias a un uso eficiente de la energía». Se trata en su opinión de la auténtica asignatura pendiente, que debería avanzar a la par de las renovables: «¿Para cuándo la revolución de la eficiencia? Sería como la reinvención del fuego».

«Cualquier hogar y cualquier oficina pueden ahorrar el 30 por ciento de la factura eléctrica», sostiene Lovins. «No podemos conformarnos con cambiar las bombillas o comprar electrodomésticos de bajo consumo. Hay que ir mucho más allá. Hay que cambiar radicalmente los diseños y los criterios de construcción para reducir al máximo las necesidades energéticas».

En esa busca lleva Amory Lovins desde que empezó a construir su casa y a levantar de paso los cimientos del Rocky Mountain Institute (RMI), en las cercanías del emblemático Boulder. Hogar y oficina, ocio y negocio, pasión e investigación se dan la mano bajo el mismo techo, compartido en total con más de ochenta compañeros de viaje.

«Somos lo que yo llamo un *tanque* de pensamiento y acción», presume Lovins, arropado siempre por ese cuenco de fibra de carbono que para él simboliza la eficiencia máxima del diseño. «Nos centramos no tanto en los problemas como en las soluciones. Somos más prácticos que teóricos. Creemos en la transformación y no en el *statu quo*».

Allá en los años setenta, cuando la revolución contracultural empezó a dar sus primeros frutos, Lovins acuñó el concepto de «energías blandas» y convenció entre otros al presidente Jimmy Carter para que instalara paneles solares térmicos en la Casa Blanca. La «contrarreforma» de Ronald Reagan en los ochenta dio al traste con la incipiente transición energética, pero Lovins siguió fiel a su búsqueda de la ultraeficiencia, volcado también hacia la divulgación con libros como *Natural Capitalism* (con Paul Hawken y L. Hunter Lovins) o *Factor 4: Duplicar el bienestar con la mitad de los recursos naturales.*

Su casa-laboratorio en las Montañas Rocosas se fue convirtiendo entretanto en punto obligado de referencia y en banco de pruebas de todo lo que iría llegando con el tiempo y que él se empeñó en demostrar con su propia experiencia.

El edificio de 372 metros cuadrados donde vive y trabaja fue diseñado con los criterios de máximo aprovechamiento «pasivo» de la luz solar: fachada acristalada al sur, capaz de generar el 99 por ciento de calor necesario (con dos estufas como sistema de «repuesto»). La temperatura del aire se mantiene sobre los 17 grados, con un alto índice de humedad gracias a la jungla-invernadero que ha dado ya 29 cosechas de plátanos.

Una instantánea sensación de bienestar se apodera del recién llegado nada más traspasar el templo de la ecoeficiencia de Amory Lovins, controlado por más de un centenar de sensores y protegido por «superventanas» con cristales rellenos de criptón, que dejan pasar la luz pero bloquean el calor y el ruido. Los muros de 40 centímetros de mampostería de piedra completan el aislamiento térmico de la casa, desde la que pueden contemplarse las cumbres nevadas con una relajante placidez tropical.

Las placas térmicas (para el agua caliente) y fotovoltaicas (para la electricidad) han pasado por varias puestas al día desde que Lovins construyó la planta original del edificio con su exmujer, Hunter, y un centenar de voluntarios entre 1982 y 1984. La casa empezó produciendo una quinta parte de la electricidad necesaria y en el verano del 2002 generó por primera vez la energía suficiente para alimentar también las oficinas del RMI, que ocupan dos terceras partes de la construcción.

La iluminación con diodos emisores de luz (led) bajó notablemente el consumo, al igual que la renovación de los electrodomésticos. Lovins recalca la importancia del auténtico sumidero de energía doméstica: la nevera. El modelo híbrido que instaló consume el 8 por ciento de uno convencional y ahorra suficiente electricidad «para evitar que se queme en un año una cantidad equivalente de carbón al que cabría en su interior».

«La eficiencia energética es sin duda la inversión de menor riesgo y de mejor amortización de toda la economía», asegura Lovins, que trasplantó todo lo aprendido sobre el terreno en su casa a los 102 pisos del Empire State, capaz de ahorrar el 38 por ciento de la factura de la luz. Convencido de que el cambio en las ciudades ha de ser edificio a edificio, Lovins ha embarcado al RMI en el diseño de «la manzana sostenible».

El proyecto Get Ready aspira también a preparar las metrópolis para la expansión del coche eléctrico y el advenimiento del «garaje inteligente». «Los coches acabarán siendo estaciones energéticas de dos ruedas, capacitados para almacenar energía y devolverla por la noche a la red», vaticina. «El transporte, la vivienda y la red eléctrica formarán parte integrada en este nuevo paradigma de la energía».

«¿No es acaso demasiado tarde para reinventar la rueda?», le preguntamos al profeta de la eficiencia. «La revolución está llegando finalmente al mundo del automóvil, que es seguramente una de las herramientas menos evolucionadas desde el punto de vista energético y del diseño», responde el director del RMI, embarcado desde hace ya más de una década en la comercialización de un «hipercoche» ultraligero y ultraeficiente.

En sus ratos libres, Amory Lovins intenta conectar con la naturaleza y con los orangutanes. A sus sesenta y dos años, como si no le pesaran las alforjas, sigue recorriendo el mundo y asesorando a decenas de empresas y jefes de Gobierno sobre cómo subirse al carro de la transición energética, apoyándose tanto en las renovables como en la revolución de los «negavatios».

Su legendario libro *Factor 4: Duplicar el bienestar con la mitad de los recursos naturales* ha dejado paso en los últimos años a una ambiciosa obsesión: el factor diez, o cómo disminuir hasta el 90 por ciento del consumo de energía con idénticos resultados... «Puede que no lleguemos a ser diez veces más eficientes, pero la meta está ahí y merece la pena intentarlo».

• • •

Daniel Nocera entraba y salía de su laboratorio en el MIT sin quitarse la camiseta de químico psicodélico en honor a Jerry García de los Grateful Dead, no se sabe muy bien si cantando «House of the Rising Sun» o «That Lucky Old Sun». El mensaje venía a ser el mismo: «Al final del día, y en un plazo no muy largo, usaremos el sol como única fuente de energía».

Con el tiempo cambió de camisa y se fue a la Universidad de Harvard, donde sigue persiguiendo el santo grial de la química: reproducir el «milagro» de la fotosíntesis de un modo eficiente y barato. Hace una larga década, la revista *Nature* le dedicó páginas y más páginas a su invento: una hoja artificial de silicio que puede revolucionar el futuro de la energía solar.

«Hasta ahora teníamos básicamente dos alternativas: la fotovoltaica y la termosolar», recuerda Nocera mesándose la barba cana. «Las dos van a seguir haciendo falta, sobre todo como fuentes de energía centralizada. Pero pronto tendremos nuevas opciones de energía descentralizada, y una de ellas puede muy bien ser la hoja artificial».

La hoja, del tamaño de un naipe, está fabricada de silicio, con níquel y cobalto que sirven de catalizadores. Depositada en un cubo con agua, la hoja reacciona químicamente ante la luz solar y produce burbujas separadas de oxígeno e hidrógeno, que puede ser recolectado y almacenado en pilas de combustible para proporcionar energía limpia.

La hoja de laboratorio imita la función, pero no es una réplica exacta de una hoja ni tiene la misma forma, explicaba Nocera... «Hay básicamente dos maneras de aprender de la naturaleza: una es imitándola por completo y otra es lo que llamamos "biomímesis funcional", donde la función es exactamente igual, pero la forma y los efectos no tienen por qué ser los mismos».

Daniel Nocera llegó a crear su propia empresa, Sun Catalytix, con un padrino de lujo: el multimillonario indio Ratan Tata. La compañía fue adquirida por Lockheed en el 2014 y la idea sigue en fase experimental. «No quiero hacer ciencia para los ricos», confesaba Nocera, que siempre pensó en la utilidad de su invento en millones de hogares en la India. «Tengo un compromiso, y es el de procurar energía para países en desarrollo, que es donde va a estar la clave en las próximas décadas y donde podemos realmente tener un impacto visible y apreciable».

LA MECÁNICA DEL CORAZÓN

Sístole y diástole. Contracción y relajación. Expulsión y llenado de sangre en un flujo que no cesa... «Todo lo que está vivo palpita», certificaba el cardiólogo sueco **Stig Lundbäck**, fascinado al mismo tiempo por el bombeo del corazón y por el movimiento del mar. «Y si somos capaces de reproducir ese flujo incesante, tendremos una fuente inagotable de energía que hay que saber capturar».

En su remoto taller de Tynningö, en la miríada de islas que rodean Estocolmo, Lundbäck estuvo dándole vueltas durante más de dos décadas a una idea tan palpitante como revolucionaria: una boya que «late» como un corazón y en resonancia con las olas que vienen y van.

Pese a su fama acumulada de cardiólogo, siempre hubo un sitio donde Lundbäck se sintió mejor que en el hospital: el taller semioculto en el bosque y aledaño a su casa, que visto desde fuera parecía más bien el escenario de una intriga a lo Stieg Larsson. Al entrar allí, Lundbäck dejaba atrás la bata blanca y se convertía en una especie de Leonardo nórdico —mitad mecánico, mitad inventor— en las largas y nevadas noches de invierno.

El momento «eureka» lo tuvo en 1984, cuando desarrolló en su taller la así llamada «tecnología dinámica adaptativa de bombeo por pistón» (DAPPT). Su aplicación inicial fue para uno de los primeros corazones artificiales, pero Lundbäck ya sabía que aquel no era más que el primer latido...

Unos cuarenta inventos llegó a patentar, aunque el que más le llena de orgullo es sin duda el de la boya/corazón. Ahí sintetizó Lundbäck, con sus cabellos nevados y su mirada inquieta, toda la sabiduría acumulada sobre nuestro órgano más preciado y sobre la fuente primordial de vida en el planeta.

«Nos empeñamos en ir a Marte y aún no hemos sido capaces de desvelar muchos de los misterios de la vida en la Tierra. Todas las respuestas a los grandes retos que tenemos delante están en la naturaleza, y sobre todo en el mar, que sigue siendo un gran desconocido y encierra un potencial enorme. A los humanos nos toca hacer la observación y la conexión, y sacar partido de todas esas fuerzas que están a nuestro alcance».

La mayoría de los ingenios para capturar la energía de las olas fueron «serpientes metálicas» que funcionaban con complejos sistemas hidráulicos. Antes del experimento de Lundbäck existieron también experimentos con boyas, pero ninguno con la ambiciosa misión de replicar la mecánica del corazón.

La pequeña boya de fibra y de rabioso color naranja fue el motor de CorPower (el poder del corazón), la compañía sueca que despegó con la financiación del programa de innovación Kic InnoEnergy. En Tynningö, junto al embarcadero y en la ría que llegaba hasta el jardín de la casa de Stig Lundbäck, una pequeña boya (escala 1.16) servía para la demostración cuando le visitamos. El mar estaba casi en calma, pero el «corazón» flotante palpitaba con especial alegría.

«El corazón humano funciona siempre a la misma presión, independientemente del flujo de la sangre», explicaba el cardiólogo enlazando sus manos a la altura del pecho. «La idea es que la boya se comporte de una manera muy similar, al margen del tren de olas que tenga que afrontar. En momentos de escaso oleaje, el sistema empuja la boya hacia arriba para que tenga un mayor recorrido. Con gran oleaje, impulsa la boya hacia abajo y la mantiene en una posición más estable».

El secreto de la boya está en su interior, en el muelle neumático que se activa con sus bajadas y subidas, y en el sistema de engranajes en cascada capaz de transformar ese movimiento en energía. Una visita posterior al Royal Institute of Technology de Estocolmo nos permitió descubrir el interior a una escala 1:3, más cercana al dispositivo real. La música del mar y la mecánica cardíaca se daban la mano en el movimiento incesante de los muelles neumáticos (con simulación incluida de conexión a la red).

Reproduciendo la oscilación con sus manos expertas, Lundbäck nos invitaba a imaginar decenas de boyas en acción y con su espectacular tamaño final: 20 metros de altura y 8 metros de diámetro. Con un peso de 60 toneladas, podrán generar medio megavatio por unidad. El cardiólogo sueco imaginaba una peculiar danza entre sus boyas y los aerogeneradores marinos de 15 megavatios en las aguas del mar del Norte: «En el futuro, la energía eólica y la undimotriz serán complementarias».

En el 2012, para dar el impulso definitivo a su invento, Stig Lundbäck unió fuerzas con el emprendedor Patrick Möller, que asumió la dirección de CorPower tras quedar fascinado con la idea de su mentor. Entonces se puso en marcha un programa de verificación en cinco fases de los prototipos a escala real, en la zona de pruebas del Centro Europeo de Energía Marina en Scapa Flow, en las islas Orcadas escocesas.

La altura ideal de ola son los 3 metros, en aguas de hasta 40 metros de profundidad. Pero en las pruebas a escala en tanque de agua, la boya ha soportado el equivalente a olas de 10 metros, en un hipotético temporal. Esa es una de sus grandes ventajas, además de su bajo coste de mantenimiento y de su alta eficiencia técnica.

La boya estaría anclada en el fondo marino mediante varias líneas para optimizar su recorrido vertical. El mayor reto, una vez perfeccionado el sistema tras la entrada de Jørgen Hals Todalshaug como jefe del equipo científico, será el diseño del cable de exportación de energía, preparado para poder trabajar en condiciones extremas.

«Estamos ante un sistema auténticamente revolucionario que se desmarca de todo lo que existía ahora», asegura Patrick Möller, que vaticina que la energía undimotriz y mareomotriz se subirán pronto a la ola de la eólica marina. «Si logramos nuestro objetivo, seremos capaces de conseguir cinco veces más energía con un sistema tres veces más ligero que los convencionales de energía de olas».

CorPower confía en superar los dos últimos pasos de verificación en el 2023 y poder entrar ese mismo año en el mercado de la mano de las grandes compañías de renovables. La promesa del mar está ahí. Se calcula que del 10 por ciento al 20 por ciento de las necesidades energéticas se podrían cubrir si somos capaces de capturar los «latidos» del planeta azul y hacer realidad el sueño de Stig Lundbäck, el legendario cardiólogo sueco.

• • •

Las Orcadas, o la cuna del neolítico. Las Orcadas, o el rompeolas de Europa... Pasado y futuro se dan prodigiosamente la mano en este entramado de setenta islas desprendidas de la punta de Escocia, donde se asentaron en su día los vikingos, atraídos por su valor estratégico en la confluencia del mar del Norte y el Atlántico. Mucho antes, hace 5.000 años, los pobladores de la edad de piedra llegaron hasta aquí atraídos por un clima más benigno y crearon una tradición agrícola que perdura. En pleno siglo XXI, las Orcadas se han convertido en la proa mundial en la energía de las mareas y de las olas.

Escocia ha decidido apostar por la energía marina. Pese a las dificultades iniciales para dar el salto comercial, al menos dos proyectos marcaron el camino en el cambio de década. En las islas Shetland, la compañía Nova Innovation inauguró la primera central de energía mareomotriz *offshore* del mundo. En las Orcadas, entretanto, la turbina mareomotriz SR2000 funcionó durante un año consecutivo, soportando violentos temporales, y generó 3 gigavatios, suficientes para dar energía a 830 hogares (o al 25 por ciento de la población de las islas).

«Estamos en mitad de una carrera apasionante en la que existe tanta competencia como colaboración», advierte el ingeniero de Scottish Power **Barry Carruthers**. «Nadie tiene hoy por hoy la "llave" de la energía marina: todos nos necesitamos unos a otros».

El puerto de Kirkwall es la encrucijada en la que convergen las viejas y las nuevas tecnologías, en la tregua de apenas seis semanas al año que concede el riguroso clima del norte de Escocia para mantener a punto la infraestructura. En Stromness, el otro punto estratégico de la isla principal, se encuentra el Centro de Energía Marina (EMEC), el mayor laboratorio mundial de experimentación con energía mareomotriz y undimotriz, creado en el 2001 con capital público y gestionado como un consorcio.

«El mar del Norte y el Atlántico convergen aquí y crean unas condiciones únicas en Europa», asegura **Lisa MacKenzie**, portavoz del EMEC. «Tenemos unos recursos naturales únicos, tan solo un brazo de mar nos separa de Escocia y podemos acceder directamente a la red eléctrica. Vivimos en unas islas privilegiadas que ya generan su propia energía limpia y que pueden marcar la pauta al resto del mundo».

El EMEC cuenta con dos privilegiados enclaves de experimentación en las Orcadas. En el canal de Warness, junto a la isla de Eday, convergían siete proyectos de prueba de la energía de las mareas en el momento de nuestra visita. En el oeste de la isla principal, llegamos hasta las aguas agitadas de Billia Croo, donde podían contemplarse en acción las «serpientes» marinas de Pelamis, los cilindros de Aqua Power o los flotadores octogonales de Seatricity, entre otros dispositivos para captar la energía de las olas.

De momento, la gran apuesta es la energía de las mareas. Se estima que Escocia podría proporcionar el 25 por ciento de la capacidad europea, seguida de lejos por los países nórdicos (y más de lejos por el Cantábrico). El Gobierno escocés ha dado el visto bueno a la construcción de la mayor central mareomotriz de Europa en Pentland Firth, que podría abastecer al 40 por ciento de los habitantes de las Tierras Altas.

Dejamos atrás las islas Orcadas, que vivían hasta hace poco de la agricultura y la pesca, avanzando con paso firme hacia la promesa del mar. El diálogo entre el pasado y el futuro seguirá intensificándose en las próximas décadas en estas tierras de un verde intenso bajo cielos cambiantes. El cartel a la entrada de Stromness no engaña: MÁS ALLÁ DE LO QUE UNO PUEDE CREER.

¿A QUÉ ESPERAMOS?

«¿A qué esperamos?» es la pregunta que se lleva haciendo **Nicholas Stern** desde su famoso informe sobre la economía del cambio climático en el 2006, donde vaticinaba que la inacción ante el calentamiento global podría traducirse en un descenso del PIB mundial del 5 por ciento al 20 por ciento. Una década después publicó el libro con el apremiante título *Why are we waiting?* y con la sensación de haber llegado a un punto muerto.

«Nos estamos empezando a mover, pero muy lentamente. Y esto ocurre porque estamos ante un fenómeno que aún no se ha manifestado en toda su dimensión. Las empresas están dando los primeros pasos. La gente no acaba de ver la urgencia. Pero el principal problema son los políticos, que tienen por desgracia un horizonte muy corto».

Desde los ventanales del Grantham Institute, el veterano economista de la LSE y exvicepresidente *senior* del Banco Mundial, buscaba un rayo de optimismo, pero no acababa de encontrarlo: «El siglo XXI puede ser una pesadilla si no actuamos rápidamente. Tenemos dos décadas, a lo sumo tres, para dar el volantazo. Si no lo hacemos, vamos a estar pronto en una situación difícil. Con la tendencia actual de emisiones, las temperaturas pueden aumentar 3 o 4 grados a finales de siglo, y eso sería un desastre en todos los sentidos».

Y en esto golpeó el Coronavirus. Y la cumbre del clima COP26 de Glasgow tuvo que ser aplazada. Y la relativa sensación de urgencia que empezaba a fraguar saltó por los aires ante el «cerrojazo» mundial por la epidemia. Nicholas Stern advirtió sobre el riesgo de que la emergencia climática quedara enterrada bajo el pánico social y el grave impacto económico, pero sobre la marcha cambió de perspectiva...

«Hay una oportunidad de que la recuperación de la crisis del Coronavirus sirva para crear una nueva aproximación al crecimiento que sea sostenible. Esta crisis puede servir también para crear una conciencia de humanidad y vulnerabilidad compartidas. Es el momento para impulsar un nuevo internacionalismo y avanzar hacia una economía más alineada con el mundo natural. Tenemos que saber aprovechar este momento».

Porque lo que existía justo antes, según Stern, era «todo lo contrario al internacionalismo», con el mundo avanzando peligrosamente por la senda de los nacionalismos: «Por extraño que pareciera, la China autocrática había expresado mucho más apoyo a la cooperación internacional que Estados Unidos. Esta crisis ha servido para demostrar que una respuesta multilateral es la única manera de hacer frente a una amenaza global, sea una epidemia o sea el cambio climático».

Aunque Stern es de los que piensan que las cumbres internacionales nunca serán suficientes y que la repuesta tiene que fraguarse desde las ciudades: «Cuando digo que este siglo puede ser el peor o el mejor para la humanidad, hablo sobre todo de la vida urbana. El futuro del planeta nos lo jugamos en las ciudades. Vamos a pasar del 50 al 70 por ciento de población urbana. Tenemos una oportunidad en los próximos veinte años de construir una manera más atractiva de vivir, con ciudades menos congestionadas, más eficientes, más sostenibles. Si las seguimos construyendo como hasta ahora, seguirán contribuyendo enormemente al cambio climático y serán además muy vulnerables».

«Las ciudades europeas están forzando ya un cambio con la prohibición de los vehículos diésel», señala el economista británico. «En el 2006 no pensé que llegaría nunca a escuchar a los fabricantes de automóviles decir: "La era del motor de combustión está tocando a su fin". Sin la presión de las ciudades, no se estaría produciendo la transición hacia el coche eléctrico, que debería ser aún más rápida y requerir una gran inversión en infraestructuras por parte de los Gobiernos».

El Informe Stern marcó un antes y un después en la percepción del cambio climático. Hasta entonces, se trataba esencialmente de un problema ambiental. Desde ese momento empezó a ser también una cuestión económica.

En su último libro, Nicholas Stern pone la historia en contexto: la temperatura global media de la Tierra (en torno a 15 grados) ha fluctuado un grado hacia arriba o hacia abajo en los últimos 8.000 años. Esto ha permitido lo que llamamos «civilización». Con la Revolución industrial y la emisión de gases invernadero, todo empezó a cambiar...

«Las acciones humanas nos han llevado a este punto crítico: por encima de los 2 grados, nos adentramos en territorio inexplorado y el clima puede quedar fuera de control. Las condiciones de vida en el planeta serían mucho más extremas... Las empresas han empezado a entenderlo: un clima hostil compromete el crecimiento económico. En pocas palabras: los beneficios de actuar ahora son mayores que los costes por la falta de acción».

A Stern le tildaron de alarmista, pero ahora vuelve la vista atrás y cree que se quedó corto: «Hace falta un cambio en la percepción del problema, que se está manifestando antes de lo que anticipábamos. Tenemos que estar preparados para gestionar un cambio mucho más rápido: poniendo un precio al carbono, fijando estándares más altos de eficiencia energética, tendiendo un puente entre innovación e infraestructuras y, finalmente, reorientando el sistema financiero hacia la economía real».

«Los próximos veinte años van a ser posiblemente los más críticos en la historia de la humanidad», advierte el economista británico. «En ese tiempo, la economía global se puede multiplicar por dos, y también las infraestructuras. En el mismo período tenemos que reducir las emisiones a más de la mitad mientras duplicamos la economía. El reto es de una urgencia y una magnitud que aún no hemos entendido».

Le preguntamos si parte de la respuesta no está en el decrecimiento y en el cambio a fondo del modelo económico. «El decrecimiento es un punto muerto político», sostiene Stern. «El decrecimiento es lo que experimentamos de pronto en una crisis, y eso lleva de cabeza al estancamiento y al desempleo. Lo que necesitamos es romper ese vínculo pernicioso entre actividad económica y destrucción ecológica, y eso se consigue cambiando el modo en que producimos, consumimos y vivimos».

La desinversión en combustibles fósiles es, en su opinión, algo que se está produciendo ya por razones obvias: «Las energías renovables son más competitivas, y ese es otro cambio que se ha producido mucho más rápido de lo que yo esperaba. No tiene sentido invertir en petróleo o carbón en medio de esta recuperación verde y en esta economía de emisiones cero a la que aspiramos».

. . .

Otra pregunta incómoda: «¿Estamos dispuestos a quemar tres, cuatro o cinco veces más petróleo del que podemos permitirnos?». Esta vez en boca de **George Monbiot**, autor de *Calor: Cómo parar el calentamiento global*, que en el 2007 se atrevió a lanzar la sonda en las páginas de *The Guardian*. «En aquel momento se burlaron de mí», recuerda. «"¿De qué estás escribiendo, idiota? ¿Acaso bromeas?...". Creo que fui el primero en los medios en poner la realidad cruda sobre la mesa: hay que poner un límite a las extracciones de petróleo y carbón».

En los últimos años, el movimiento de la desinversión en petróleo ha levantado el vuelo. En abril del 2020 un total de

1.192 instituciones, universidades, Gobiernos locales, bancos y empresas y unos 58.000 inversores (más de 15 billones de euros en activos) habían dado los primeros pasos para cerrar el grifo a los combustibles fósiles.

«Finalmente empieza a haber un reconocimiento de que esto es lo que tenemos que hacer», admite George Monbiot en su reducto de Oxford y recordando cómo la mitad de las universidades británicas se han subido a bordo. «El problema es que la idea no ha penetrado aún en la conciencia de los Gobiernos. Simplemente, no hay sitio para ella en las negociaciones internacionales».

«No hace falta ser un genio de las matemáticas para comprobar que las cuentas no cuadran», advierte el columnista y activista británico. «Con el petróleo, carbón y gas que las industrias tienen en reserva o han previsto extraer, las emisiones van a seguir creciendo y el objetivo de mantener el aumento de la temperatura por debajo de 1,5 grados va a ser imposible».

Asegura Monbiot que ha llegado el momento de cambiar de lógica y desviar la atención de la emisión de gases invernadero a la extracción de combustibles fósiles... «Esa es la verdadera raíz del problema y hasta ahora la hemos dejado intacta. La meta que perseguimos es inconsecuente con los medios. El mensaje que estamos transmitiendo es este: podéis extraer todos los combustibles fósiles que queráis, pero por favor no los queméis. Me temo que esto no va a funcionar».

Advierte Monbiot que la crisis del Coronavirus puede ser usada para contener la ola del activismo climático y rescatar «las industrias moribundas del siglo XX», aunque en el fondo confía que la caída del petróleo (y las lecciones aprendidas por la población durante la cuarentena) sirva para dar un salto cualitativo que llevábamos aplazando desde hace demasiado tiempo...

«Vivíamos en la burbuja del falso confort. Habíamos empezado a creer que podemos trascender el mundo material. Ahora la membrana se ha roto y nos hemos dado cuenta de que no podemos aislarnos de los riesgos naturales, que dependemos de un planeta habitable gobernado por las leyes de la biología y la física».

«Nuestros grandes problemas tienen su origen en la gran desconexión con la naturaleza», advierte. «Desde la Revolución agrícola, hace 10.000 años, estamos intentando conquistar la naturaleza, con esa mentalidad dominante tan propia de la condición humana. Ha llegado el momento de hacer una pausa y cambiar de rumbo».

La epidemia y la retirada del ser humano han permitido casos espontáneos de renaturalización en todo el planeta, algo que el propio Monbiot, curtido en tiempos en la unidad de historia natural de la BBC y como periodista ambiental en Indonesia, Brasil o África oriental, reclamaba en su último libro, *Salvaje: Renaturalizar la tierra, el mar y la vida humana*.

«El *rewilding* es una de las respuestas más apremiantes ante la crisis climática. Si hay algo maravilloso en la naturaleza, es su capacidad para regenerarse. Pero yo no reivindico simplemente una "retirada" de la mano del hombre. Lo que reclamo es un compromiso del hombre con la naturaleza, una nueva relación para restablecer el contacto perdido y renaturalizar nuestras vidas».

8
ECONOMÍA

Los beneficios de una economía baja en carbono equivaldrían a 2,5 billones de dólares al año en la próxima década.

El cambio climático sin control puede tener un impacto anual del 5 por ciento al 20 por ciento del PIB mundial, frente al 1 por ciento del coste de limitar las emisiones.

La economía circular será la «norma» en el 2030 y podría generar resultados económicos por 4,5 billones de dólares al año.

LA ODISEA CIRCULAR

Ellen MacArthur se embarcó en el 2005 para dar la vuelta al mundo en vela y fulminar el récord de navegación en solitario. Lo que no imaginó entonces era que ese viaje, en el que tuvo que vivir al límite, sería el inicio de una profunda transformación interior. Cuando volvió a tocar tierra, todo parecía girar a su alrededor. Cinco años después decidió dejar el timón y adentrarse con pie firme en una nueva y fascinante aventura: la economía circular.

«En el barco de vela aprendí las lecciones más básicas de la economía: todas las provisiones estaban calculadas día a día», recuerda. «El barco era mi vida y fue así como di realmente valor a los recursos, reaprovechando todo lo que podía y sin desperdiciar apenas nada. Durante esa durísima travesía me vino a la cabeza el contraste con el modo en que vivimos en tierra, con esos supermercados desbordantes que nos crean la ilusión de un mundo con recursos ilimitados. Me di cuenta de que no podemos seguir funcionando así a largo plazo, y decidí hacer lo posible por cambiar las cosas».

Producir, usar y tirar... La vieja ecuación de la economía lineal, la misma que ha alimentado la sociedad de consumo, está cayendo por su propio peso. Entramos en la era de la economía circular, que aspira a emular la dinámica de la naturaleza, donde todo se mueve en un flujo incesante.

«Nada se pierde, todo se transforma». Esa es la idea que inspira la economía circular, en la que los componentes de los productos se dividen en dos grupos: nutrientes biológicos y nutrientes técnicos. Los primeros son biodegradables y se pueden reintroducir total o parcialmente en la naturaleza a través de procesos como el compostaje, la digestión anaeróbica o la extracción de bioquímicos.

Los nutrientes técnicos, en cambio, se diseñan para ser reciclados y reutilizados, de modo que puedan ensamblarse y desmontarse fácilmente para producir materiales de menos calidad (*downcycling*) o como materia prima para productos de mayor funcionalidad (*upcycling*). En cualquiera de los casos, se produciría un sustancial ahorro de recursos y energía.

La idea de la economía circular lleva dando vueltas desde los años sesenta, cuando Kenneth E. Boulding escribió el artículo «The Economics of the Coming Spaceship Earth». El testigo lo recogió el arquitecto suizo Walter R. Stahel, fundador del Product-Life Institute, que promueve desde 1976 la «desmaterialización de la economía». La siguiente vuelta de tuerca la dieron el también arquitecto William McDonough y el químico Michael Braungart con el concepto *cradle to cradle* («de la cuna a la cuna»).

Todos ellos sirvieron como «nutrientes» a la hora de crear en el año 2010 la Fundación Ellen MacArthur. La navegante británica también se reconoce deudora del capitalismo natural de Amory Lovins y de la biomímesis de Janine Benyus. «Me parece increíble comprobar que la idea lleva circulando en realidad desde el año en que yo nací (1976). Lo que ha contribuido a hacerla popular son las circunstancias en que vivimos».

«La crisis financiera nos lo puso muy difícil en el momento de fletar la fundación», confiesa Ellen MacArthur, arropada por treinta «tripulantes» en tierra y en unas oficinas con un inconfundible sabor marinero en Cowes, en la isla de Wight. «Pero la situación ha servido para que la élite económica abra los ojos. En épocas de escasez, las empresas tienen mucho interés por extraer el máximo de valor de los recursos».

«El segundo factor que pesa a nuestro favor es la revolución tecnológica, que nos permite seguir la pista de cualquier material a través de la cadena de suministro», asegura con voz persuasiva la excampeona de vela. «Hay un tercer elemento, y es la nueva generación de consumidores que prefieren el uso de los productos antes que la propiedad... Estamos viviendo un momento fascinante, de convergencia de ideas que van a permitirnos un cambio radical en el modo de fabricar y consumir las cosas».

Para incorporar más y más empresas al barco de la economía circular, Ellen MacArthur lanzó el proyecto CE100, con la participación de un largo centenar de compañías comprometidas. Entre ellas, Renault, Philips, Ikea, Unilever, Cisco, Vestas, H&M... «Con el uso de piezas "remanufacturadas", un fabricante como Renault ahorra hasta el 80 por ciento de energía, el 88 por ciento de agua y el 96 por ciento de productos químicos», sostiene MacArthur, que se apoya en los sesudos informes de la consultoría McKinsey & Company para ponerle números a la ecuación.

Con el modelo lineal que funciona hoy en día, la economía global recupera apenas el 20 por ciento de los materiales y se pierde un valor estimado en 1,9 billones de euros en todos los sectores. La industria textil, la segunda más contaminante del mundo, reaprovecha tan solo el 1 por ciento de los tejidos. Más de 98 millones de toneladas de petróleo se consumen anualmente para la fabricación de prendas de vestir. Cada segundo acaba en los vertederos o en las incineradoras el equivalente a un camión cargado con ropa...

«A New Textiles Economy» es el título del demoledor informe de la Fundación MacArthur, que colabora estrechamente con Stella McCartney y otros reconocidos diseñadores para darle la vuelta a un sistema definitivamente «pasado de moda». «La nueva economía del plástico» es otra iniciativa auspiciada por la Fundación MacArthur para evitar la avalancha de residuos en los mares.

«La economía circular empieza en el momento del diseño, pero afecta a toda la fase de producción», recalca Ellen MacArthur. «El proceso implica también el uso de energía. Las auténticas energías circulares son las renovables: los combustibles fósiles son la base de la economía lineal (usar y quemar) que debemos dejar atrás».

MacArthur ha impulsado también la creación de la red de ciudades circulares —de Nueva York a Toronto, pasando por Ámsterdam, Copenhague, Río o Londres—, convencida de que la transición ha de empezar por los núcleos urbanos, donde se consumen el 75 por ciento de los recursos y se producen del 60 al 80 por ciento de las emisiones. «Se trata de crear flujos sostenibles desde lo local, respetuosos con el medio ambiente, que puedan crear una economía regenerativa en la que todos salgamos ganando».

Admite Ellen MacArthur que en plena odisea circular en tierra ha sentido a veces la tentación de saltar por la borda ante lo inabarcable que parece la tarea... «La última meta es un cambio sistémico que exige una nueva manera de pensar. Soy consciente de que es un camino largo y aún nos queda un largo trecho. Pero estamos ganando tracción y la economía circular está ya de boca en boca».

En sus mejores sueños, Ellen MacArthur sigue navegando en el trimarán *Castorama B&Q*, el mismo que estableció en el 2005 el récord de navegación en solitario y sin escalas alrededor del mundo: 71 días, 14 horas, 18 minutos y 33 segundos... «Dejar la competición fue la decisión más dura de mi vida: nunca imaginé que llegaría el momento de dar un paso fuera del barco. Pero aquí estoy, en tierra firme, navegando en mi tiempo libre por placer y surcando mientras tanto las intrincadas aguas de la economía. Para mí ha sido el círculo completo».

· · ·

Imaginemos que los líderes mundiales se sentaran en una mesa con forma de rosquilla. En el centro, donde antes había un inmenso vacío, estarían los once fundamentos sociales. En los bordes de la mesa, apremiantes, tendríamos los nueve límites planetarios. Y en el medio, la parte más dulce y jugosa: el espacio seguro y justo para la humanidad (eso que también llamamos el desarrollo sostenible).

Levantemos ahora a los líderes de sus poltronas y hagamos fuerza entre todos para alzar la mesa redonda y hacer más visible la rosquilla por si no ha quedado clara la idea: el espacio «comestible» es el que podemos consumir sin poner en peligro nuestro propio futuro. Ni más, ni menos.

La idea de la «economía rosquilla» se le ocurrió a **Kate Raworth** hace más de veinticinco años, pues quería ir más allá del clásico diagrama que siguen enseñando como el santo grial de la macroeconomía: «No podemos vislumbrar un futuro mejor si antes no visualizamos bien el presente para comprender mejor dónde estamos y hacia dónde nos movemos».

Kate Raworth se codeó durante tres años con mujeres emprendedoras en una aldea de Zanzíbar, y después trabajó durante una década para Oxfam, hasta llegar al Instituto de Cambio Ambiental de Oxford (ECI), donde sigue dándole vueltas a la rosquilla. «El punto de partida son los nueve límites planetarios», advierte Raworth. «Tenemos que reconocer que vivimos en un planeta finito e identificar las fronteras que no pueden ser sobrepasadas si no queremos causar un daño ambiental irreversible».

Los nueve límites que rodean la rosquilla son un constante recordatorio de lo que puede pasar (o está pasando ya) si forzamos las capacidades naturales del planeta: del cambio climático a la pérdida de biodiversidad, pasando por el ciclo del nitrógeno, el uso del agua dulce, la conversión de bosques en cultivos o la acidificación de los océanos.

En el centro de la rosquilla se encontraría la gente que sufre carencias básicas y no cumple con los once fundamentos sociales (del acceso a alimentos y agua potable a la salud, la educación, la igualdad de género, el derecho a voto o un salario digno). El objetivo sería sacar a toda la humanidad de ese «agujero» y concentrarla en el espacio seguro y jugoso de la rosquilla sin comprometer los límites.

«El problema es que gran parte de la humanidad no tiene aún acceso a una vida digna, y eso lo tienen que reconocer tanto los ecologistas como los economistas», advierte Kate Raworth. «No podemos olvidar que el 21 por ciento de la población vive con menos de 1,25 dólares al día, que el 19 por ciento no tiene electricidad y que el 13 por ciento pasa hambre».

«El gran reto de la economía en el siglo XXI es conciliar los aspectos sociales y ecológicos y garantizar lo mejor para la población dentro de los límites en los que nos movemos», concluye la autora de *Economía rosquilla*. «Tenemos que asegurar una vida digna para toda la humanidad. Pero no podemos alimentar la cultura del consumismo sin fin, o hablar de externalidades para ocultar el impacto ambiental, o medir el desarrollo con una visión tan estrecha como la del PIB».

La investigadora de Oxford nos invita a asomarnos a la economía con una «nueva luz» y a tener muy en cuenta el propósito de la vida en común, como si fuéramos líderes de nuestro pequeño mundo sentados en los límites de esa suculenta mesa con forma de rosquilla... ¿Nos comemos el planeta?

LA NATURALEZA TIENE UN PRECIO

Todos sabemos que la naturaleza tiene un valor «incalculable». Pero hasta que no le pongamos números, hasta que no entremos de alguna manera en el engranaje de la economía, la destrucción va a seguir como hasta ahora y la ecología va a quedar relegada a los márgenes...

Al menos eso es lo que piensa **Tony Juniper**, asesor ecológico del príncipe Carlos y profesor de Sostenibilidad de la Universidad de Cambridge, donde vive en medio de un frondoso vergel doméstico. Su libro *What Has Nature Ever Done for Us?* abrió la caja de Pandora y provocó un intenso debate en el activismo ambiental en el Reino Unido.

¿Hasta qué punto debemos poner «precio» a la naturaleza? ¿Cómo medir la fotosíntesis, la captación de CO_2, el ciclo del agua, el reciclaje de los residuos, la fertilidad de la tierra o la polinización de los cultivos? ¿No estaremos cayendo acaso en la misma lógica de la vieja economía, incapaz de ver más allá de los números?

Sostiene Juniper —ornitólogo por vocación, pragmático por convicción— que la ecología tiene que «ganar necesariamente el argumento económico» para seguir siendo relevante en tiempos de crisis. De ahí su empeño en ponerle un valor a todos los sistemas naturales. Aunque los economistas no se ponen de acuerdo, Juniper afirma en su libro que la aportación de la naturaleza se puede cuantificar en una cifra redonda: 100 billones de dólares al año (notablemente por encima del PIB mundial).

«El valor de la naturaleza es hasta cierto punto incalculable y deberíamos apreciarla tal cual es, con toda su belleza y todo lo que nos aporta», reconoce el exdirector de Amigos de la Tierra en el Reino Unido. «Pero por mi propia experiencia puedo decir que ese argumento es el que hemos mantenido durante treinta años y no nos ha servido de mucho. Seguimos destruyéndola como si en realidad esta no valiera nada».

Contra esa negación persistente del «capital natural» se rebela Juniper, partidario de «poner los números sobre la mesa». Ese es el primer paso para avanzar hacia la fusión de dos ciencias que parecían condenadas a no entenderse y que, en su opinión, están abonando el terreno a lo que empieza a conocerse ya como bioeconomía.

Y a quienes le critican por caer en la lógica capitalista, Juniper responde sin rodeos: «Respeto ese razonamiento, pero creo que los ecologistas debemos ser más pragmáticos. Tenemos que hacer un esfuerzo por defender con argumentos nuestra postura, de ahí mi empeño en aportar cifras que puedan visualizar lo "impagable"».

Según sus cálculos, los océanos aportarían a la economía mundial unos 21 billones de dólares todos los años, en su triple función de suministradores de alimentos, sumideros de CO_2 y generadores de oxígeno a través del plancton. Los bosques son otro «capital natural» en retroceso: al ritmo actual de deforestación, habrán perdido una capacidad de absorción de CO_2 equivalente a 3,7 billones de aquí al 2030.

Suma y sigue... Se estima que dos terceras partes de los cultivos dependen de la polinización a cargo de los insectos y las aves: la venta de esos cultivos supone un billón de dólares al año. Y eso por no hablar de la labor de la naturaleza como «protectora de desastres», desde las barreras coralinas a los manglares destruidos por la acción humana. El ciclo del agua es otro «regalo» que se da por hecho, por no hablar de los sistemas naturales de captación y filtración.

La naturaleza es además un suministro incesante para industrias como la farmacéutica o la química: el 27 por ciento de las grandes compañías admite que la pérdida de biodiversidad afectaría directamente a sus ingresos. Juniper habla incluso del Servicio Natural de Salud, con todo el ahorro para la sanidad pública que podría suponer paliar el «déficit de naturaleza» que está detrás de casi todas las enfermedades de la opulencia: de la obesidad a la depresión, pasando por las afecciones cardíacas y el cáncer.

«He intentado demostrar que la ecología no es un lujo, sino un elemento vital sin el que no puede funcionar una sociedad, y mucho menos una economía», asegura Juniper: «Afortunadamente, muchas empresas han empezado a reconocer esa carencia y están tomando medidas. Ahora solo falta que tomen nota los políticos, que siguen reincidiendo públicamente en el error».

Tony Juniper hizo su propia inmersión como candidato por el Partido Verde y pudo comprobar directamente cómo los políticos se han convertido en adalides de la «falsa economía»: «Seguimos poniendo el PIB por encima de todas las cosas y marginando el resto de los indicadores. La "falsedad" estriba en que estamos midiendo muchas veces como crecimiento económico lo que en el fondo es la destrucción del capital natural. La ONU estima que los daños ecológicos causados por la actividad humana al planeta avanzan a razón de 4,8 billones de euros al año».

«Lamentablemente, seguimos funcionando con la lógica de que para crear riqueza hay que destruir la naturaleza», advierte Juniper. «Por esa regla de tres, solo cuando se ha sacado a la gente de la pobreza y se han creado clases medias, es cuando podemos permitirnos el "lujo" de pensar en problemas ambientales. Ese modelo de desarrollo, que hemos exportado a países como China y la India, ya no nos vale».

¿Y cuál es la alternativa? «Lo que necesitamos es cambiar de lógica. Tenemos que reconocer que los problemas ecológicos son en el fondo fallos económicos, y debemos actuar en consecuencia y sobre la marcha. No podemos seguir externalizando los costes. Tenemos que incorporar la sostenibilidad como un valor vital en la economía. Y podemos ir incluso más allá: podemos usar el potencial regenerador de la naturaleza para compensar toda la destrucción ecológica causada durante las últimas décadas».

• • •

«La idea es aplicar a la actividad humana la sabiduría de los ecosistemas, que generan energía y proporcionan alimento, reciclan los residuos, satisfacen las necesidades de todos y se están constantemente regenerando». Gunter Pauli (Amberes, 1956) lleva más de una década intentando explicar su visión de la «economía azul» frente a la «economía verde» en la que él mismo participó como fundador de Ecover.

«Yo era el propietario de una fábrica de detergentes que usaba aceite de palma y que en el fondo estaba contribuyendo a la destrucción del hábitat de los orangutanes. Llegó un momento en que me pregunté: "¿Cómo puede un emprendedor verde destruir el bosque tropical?". Eso me hizo cambiar radicalmente de perspectiva. Vendí la compañía y creé una fundación para iniciativas de residuos cero (ZERI)».

Gunter Pauli es un visitante asiduo de nuestras tierras con sus charlas y seminarios sobre *La economía azul*, el libro que elaboró como un informe para el Club de Roma y se acabó convirtiendo en un *bestseller* mundial tras la crisis financiera del 2008. El empresario, economista y pensador belga propuso adaptar la lógica de los ecosistemas al mundo empresarial para alcanzar mayores niveles de eficacia, respetando el medio y creando riqueza (y con la meta utópica de impulsar en 10 años 100 soluciones capaces de crear 100 millones de puestos de trabajo).

Pauli propone básicamente una regeneración de la economía desde lo local, respondiendo a las necesidades básicas de cada entorno, buscando el alineamiento con la naturaleza y creando valor y empleo al mismo tiempo... «La mayor aplicación de la economía azul está en campos como la alimentación, el agua o la salud. Por ejemplo, los residuos de café iban al vertedero: nosotros los estamos reutilizando como sustrato ya esterilizado para el cultivo de setas domésticas. En Cerdeña hemos puesto en marcha una biorrefinería, en una antigua planta petroquímica, que convierte los cardos del campo en materia prima. En Bután, hemos creado una empresa que produce bioplástico con los desechos de trigo sarraceno y sirve precisamente para empaquetar el grano».

Más de doscientos proyectos llevan el emblema de la economía azul en todo el mundo, y Gunter Pauli hace de catalizador y al mismo tiempo divulgador del concepto, que se codea con tantos otros en el mar de las «otras» economías. «Lo que existen son muchas ideas que no acaban de descender al terreno de lo concreto. A mí no me importa si el nuevo modelo económico es "azul" o cualquier otro. Lo importante es responder a la pregunta: "¿Lo ponemos en marcha?"».

Pauli reniega, eso sí, de lo que tradicionalmente se ha llamado economía verde. «Me rebelo contra la idea de que lo que es bueno para el medio ambiente y para la salud sea más costoso. ¿Por qué un producto ecológico tiene que ser más caro? ¿Quién inventó eso? Tenemos que acercar esos productos a la mayoría de los consumidores y ajustar las leyes y los impuestos para incentivar a las empresas que optan por las emisiones cero».

Cada crisis, asegura Pauli, abre las puertas a nuevas oportunidades, y las soluciones «naturales» serán las que acaben imponiéndose por pura lógica: «Tenemos que superar la idea de "salvar el mundo", pues el mundo se salvará sin nosotros si llegara el caso. Lo que debemos hacer es hacerlo mejor, mucho mejor».

Pauli es, por último, un gran fabulador. Cualquiera que le

haya escuchado en una de sus conferencias habrá tenido la misma sensación de asombro de los niños en China, donde sus fábulas son muy populares: «Les cuento a los chavales que sus papás tienen una crisis: cada vez hay menos peces en los mares. Los políticos debaten mientras tanto sobre las cuotas de captura, pero los niños tienen una visión muy clara y saben lo que hay que hacer. No entienden que sus padres se coman incluso los peces hembra con las huevas. Eso es lo que está pasando en el mundo y eso es lo que tenemos que cambiar».

ANTES DEL AMANECER

«A mí me gusta recordar que el momento de máxima oscuridad es precisamente antes del amanecer». **Diego Isabel La Moneda** (Palencia, 1974) ha vivido ya unas cuantas crisis y ha sentido como cualquiera ese pánico inicial ante el mundo que se derrumba. También ha experimentado lo que viene justo después: un deseo de arrimar el hombro, hacer piña con otros, tirar juntos del carro hasta que pase la noche y salga finalmente el sol.

«Ante el miedo, nuestra condición humana nos hace juntarnos con aquellos más cercanos, ya sea la familia, la tribu o la nación», atestigua Diego. «En momentos como este que estamos viviendo, la crisis de confianza ante las instituciones o las grandes empresas se ve compensada por las relaciones *peer to peer*, cara a cara o por Internet. Con esas bases podemos construir una nueva economía que funcione para las personas y para el planeta».

«Hoy es una crisis pandémica, mañana puede ser una crisis climática, energética, alimentaria, tecnológica (un apagón digital) o la mezcla de varias de ellas», advierte el fundador del Foro de la Nueva Economía y la Innovación Social (NESI). «Esta crisis ha puesto sobre la mesa una palabra que lleva tiempo en boca de todos y que ahora cobra más importancia que nunca: "resiliencia"».

«Una economía resiliente es aquella capaz de afrontar imprevistos, resistir grandes crisis y recuperarse sin apoyo externo», recalca el emprendedor social palentino. «Por eso ahora es más importante que nunca crear economías locales conectadas en lo global, pero autosuficientes en lo elemental y organizadas en torno a los principios de la economía circular, el consumo consciente y el bien común».

«¿Qué quedará después?», es la pregunta que sigue corriendo de boca en boca ante la mayor crisis económica a la que nos hemos enfrentado desde la Segunda Guerra Mundial. La tragedia personal y el pánico sanitario dejaron paso a esa sensación de colapso económico y depresión social que marcará definitivamente esta década y gran parte del siglo XXI.

El Coronavirus puede haber sido ese momento de «máxima oscuridad» que precede no ya a un nuevo amanecer, sino a pequeños amaneceres desde lo local y a nuevos mecanismos de colaboración y solidaridad entre territorios. Al menos eso es lo que piensa Diego Isabel La Moneda, que sintetiza en cuatro las prioridades económicas de la pandemia: soberanía alimentaria, energética, financiera y sanitaria.

«La globalización ha hecho que estos cuatro sectores estén conectados y sean especialmente frágiles y más proclives al colapso», advierte Diego. La crisis pandémica provocará a su entender un giro inaplazable hacia lo local y lo «circular», o incluso un paso más allá: «En esta década se va a hablar mucho de la economía regenerativa, aquella que no solo respeta la naturaleza, sino que además la regenera, para paliar los efectos del cambio climático y de la destrucción ecológica».

Con su simpatía natural y su optimismo irrenunciable, Diego Isabel La Moneda consiguió hace unos años lo que parecía una misión imposible: sentar en la misma mesa al conjunto de las «otras economías». Algunas venían de largo (economía solidaria, cooperativismo, movimiento de transición...), pero la mayoría salieron a flote durante la larga crisis del 2008 (economía azul, del bien común, colaborativa, circular, BCorp...).

«Hasta ahora, todas ellas daban batalla por separado o incluso competían entre sí por hacerse un hueco», recuerda

Diego, que fue coordinador internacional de la Economía del Bien Común (ECB). Sin renunciar a sus principios, enriqueciéndolos con otras perspectivas, creyó llegado el momento de «acabar con el despiste general y ofrecer a la sociedad una oferta conjunta».

En el 2017 no solo logró reunir a las «otras economías» en el primer Foro NESI de Málaga, sino que también consiguió embarcarlas en un manifiesto común y comprometerlas a 100 acciones para cambiar el mundo. En el 2020, en plena crisis del Coronavirus, las otras economías hicieron de nuevo piña en el así llamado Plan A, para cocrear «una economía para la vida al servicio de las personas y del planeta».

«No queremos regresar a la anterior normalidad», advierte Diego. «El sufrimiento vivido y el que nos queda por vivir merecen que seamos capaces de reinventar nuestra sociedad a través de la transformación de la economía».

Aunque lo cierto es que el fantasma de la precariedad (que nunca se fue) acecha de nuevo en esta crisis y vuelve a cebarse con los jóvenes. La *gig economy* amenaza con fulminar los últimos derechos de los trabajadores. Y la economía digital avanza peligrosamente hacia el «capitalismo de vigilancia», término acuñado por Shoshana Zuboff que nos previene contra el poder omnímodo de los gigantes de la tecnología.

El Coronavirus ha puesto en jaque, eso sí, al modelo neoliberal de las últimas décadas y los Estados han ganado el protagonismo perdido con una inyección de dinero público que no se veía desde la posguerra. En muchos países se ponen en marcha planes de «recuperación verde». El impacto sin precedentes de la crisis ha forzado medidas radicales, impensables hace una década, como el ingreso mínimo vital o la petición de una renta básica europea...

DO WE CHANGE IT? (¿CAMBIAMOS EL MUNDO?) podía leerse en la camiseta que llevaba puesta Diego Isabel La Moneda el día soleado en que nos conocimos en Brighton. Corría el año 2014, el emprendedor palentino había dejado ya atrás el impulso de la juventud (la consultoría empresarial Dynamyca) en busca de nuevos horizontes. Por el camino creó la Fundación Emotiva, «emprendiendo la utopía», con la idea de apoyar a empresarios sociales sin recursos en España, África y Latinoamérica.

En sus viajes a Colombia y Uruguay se fue forjando su conciencia social, condensada en esa expresión de empatía que se usaba como saludo en la cultura maya: IN LAKÉCH (YO SOY TÚ). Así tituló su libro *Yo soy Tú: Propuesta para una Nueva Sociedad*, en el que reivindica «la necesidad de identificarnos con los demás y reconocer que en el fondo todos anhelamos lo mismo: ser felices, amar y ser amados, sentirnos parte de la gran comunidad humana».

Podrán llamarle soñador o iluso, pero Diego quiere ejercer de mayor una profesión no reconocida —«agente de cambio»— siguiendo el ejemplo de su viejo amigo, Nicolás Castellanos, el obispo de Palencia que lo dejó todo «para construir un poquito de utopía allá en Bolivia».

• • •

Christian Felber no es el típico profesor de Economía. Lo suyo fueron la filología, la psicología y las ciencias sociales, e incluso la danza moderna, antes de sentir la llamada del «bien común» y diseminar en más de treinta países las semillas de ese «modelo alternativo al capitalismo y al comunismo» que lleva promoviendo desde el 2010 y que ha echado raíces por igual en Austria, Alemania y España (su tierra adoptiva).

En una gélida mañana vienesa y sin quitarse la bufanda roja, este austriaco de cuarenta y siete años criticaba en un español muy directo el «canibalismo» que practicó el sistema después de la crisis del 2008, y proponía, ni más ni menos, trasladar a la economía «los valores humanos que están en el corazón de nuestra sociedad y que son incluso reconocidos por nuestras constituciones».

Cooperación, confianza, democracia, solidaridad... Esos son, a su entender, los pilares de la economía del bien común (ECB), el modelo que han puesto en práctica más de 2.000 empresas, organizaciones y ayuntamientos y que propone realizar «balances» que midan más allá de lo estrictamente económico. El impacto ecológico, la igualdad salarial, las condiciones laborales o la toma democrática de decisiones son factores que pesan lo suyo a la hora de realizar un balance del bien común...

«La idea es que la ECB funcione como un sello que distinga a las empresas y dé a sus productos un valor añadido y sirva para atraer clientes. O que reconozca la labor de un ayuntamiento o una institución y sirva para propagar esos valores. La puntuación puede ser de cero a mil: cuanto mejor sea la cifra, mejor tu reputación. Pero la meta es ir más lejos que una simple certificación, más bien crear un ecosistema del bien común».

Le pregunto qué respondería a quienes critican su propuesta como utopía. Christian, que habla lenguas clásicas, abraza esa palabra y se atiene a la raíz... «Utopía es un lugar al que aún no hemos llegado. Nuestra visión es a largo plazo: no se trata de un modelo que se pueda imponer en cinco años. Pero es una propuesta a la que le llegará su momento: no podemos hablar de responsabilidad social y dignidad humana y luego fomentar comportamientos deshonestos e irresponsables, que es lo que pasa con la economía. Tenemos que crear un sistema que incentive las virtudes y no los vicios».

Uno de los síntomas de que el «credo» de la economía del bien común está calando es todo lo que se habla de la desigualdad... «Curiosamente, fue J. P. Morgan la que impuso entre sus empleados a finales del siglo XIX el "factor 20": que nadie gane 20 veces más que nadie. Está claro que los banqueros se han alejado más que nadie de sus propios principios. En los años sesenta, la diferencia entre los ejecutivos mejor pagados y los trabajadores en Europa era de 24 a 1. En el 2011, la brecha era de 325 a 1».

El auge de la noción del procomún (los «recursos compartidos» de Elinor Ostrom frente al individualismo a ultranza de Adam Smith) es otro claro indicio, al igual que el nuevo cooperativismo. Aunque Felber advierte que, en un entorno capitalista, hasta las cooperativas «acaban perdiendo su conciencia ética y acoplándose a las reglas del juego». En sus animadas conferencias, y en una demostración de sus habilidades gimnásticas como bailarín, Christian suele hacer el equilibrio de cabeza e invitar a la audiencia a ver el mundo al revés... «La economía surgió hace doscientos cincuenta años como una rama de la filosofía moral y es ahí donde debería volver. Por eso es bueno que se abra ahora a la ética, a la sociología, a la psicología y a la ecología. Es el momento de la gran reunión de las ciencias universales, que no pueden seguir fragmentadas y peleadas entre ellas. Ha llegado el momento de que los no economistas nos ocupemos de la economía».

LA AUTÉNTICA TRANSICIÓN

«Transición: pasaje de un estado a otro: período de transformación». Rob Hopkins supo ver los cambios que se avecinaban en el nuevo milenio. A su gentil manera, sin estridencias pero sin pausas, este espigado profesor de permacultura ha puesto en marcha una reacción en cadena que se propaga ya por medio centenar de países y está dando una vibrante cosecha de cambio económico y social al cabo de quince años.

Lo que arrancó como Transition Towns ha acabado cuajando en la Red de Transición, un experimento con ramificaciones múltiples y más de mil iniciativas en todo el mundo. Nada está escrito en piedra, y la única convicción que une a los «transicionistas» es esta: «Si esperamos a que actúen los Gobiernos, será demasiado tarde. Si tomamos la iniciativa en solitario, será demasiado poco. Pero si actuamos por comunidades, probablemente será suficiente y a tiempo».

Digamos que Hopkins nació en el sur de Londres y sintió la llamada de la ecología en Irlanda. Su primer proyecto fue el Plan de Descenso Energético en Kinsale, y tiempo después dio el salto con su familia a Totnes, el pueblo progresista de 7.000 almas en las colinas de Devon donde prendió la chispa de la «auténtica transición». El pico del petróleo y el cambio climático fueron los dos primeros reclamos del movimiento, que poco a poco evolucionó hacia la «regeneración económica».

«El sistema con el que funcionamos se encuentra en un callejón sin salida», sostiene Hopkins. «Vamos de crisis en crisis, esperando que la siguiente sea menos mala. Pero no tenemos ninguna alternativa válida. En el movimiento de transición estamos intentando crearlas con un abanico de acciones: planes de eficiencia energética, cooperativas de energía solar, proyectos de agricultura urbana, monedas complementarias... No tenemos todas las soluciones, pero las estamos buscando».

Hopkins es profeta en su tierra: el «experimento» ha echado raíces en todo el Reino Unido. Tan solo en Londres hay más de cincuenta grupos de transición que conectan los grandes barrios (de Belsize Park a Tooting) y promueven iniciativas de autonomía alimentaria, movilidad urbana o dinero local, como la emblemática libra de Brixton.

«Experimentamos haciendo, no esperamos a que nadie nos dé permiso», advierte Rob Hopkins. «No tenemos una receta mágica para el cambio, y hemos comprobado que la misma fórmula no sirve en todo el mundo, pero la red se está propagando cada vez más rápido. Del intercambio de experiencias está surgiendo un poder transformador que antes no teníamos».

Totnes, por cierto, es un pueblo bucólico pero no «utópico». «Aún no tenemos a las cabras pastando en los tejados verdes», señalan con sorna los vecinos, que todavía ven pasar los coches remontando la cuesta de High Street. Sobre la marcha, uno percibe sin embargo la variedad de los comercios locales, que han hecho piña para evitar la entrada de las multinacionales. Casi todos ellos admiten el pago con la moneda local: la libra de Totnes (con la garantía de que ese dinero circulará dentro de la comunidad).

Desde lo alto del castillo normando es donde se percibe mejor el cambio, con el destello de cientos de placas solares en los viejos tejados. En el pueblo funcionan hasta 65 grupos de transición, con 550 hogares implicados que han puesto en marcha su propio plan de descenso energético (con un ahorro de 700 euros al año por hogar en la factura de la luz y una reducción media de 1,3 toneladas de CO_2).

«Los cambios son lentos, pero el proceso está en marcha y lo bueno es que se han implicado ya las autoridades locales», apunta Hopkins. «Las placas solares son ya ubicuas y hemos logrado un plan local de descenso energético de aquí al 2030. Con Transition Streets, hemos embarcado a la población calle a calle. Y ahora contamos con el impulso de los comercios locales, el auténtico motor de nuestra economía».

Lo cierto es que la semilla de la transición creció sobre terreno abonado en Totnes. Hace un siglo, Dorothy y Leonard Elmhirst levantaron muy cerca su utopía rural, en lo que hoy es el Dartington Hall y el Schumacher College. El pueblo fue siempre uno de los puntales del pensamiento progresista y de la busca de otros estilos de vida.

La alimentación, ligada al pasado y el futuro de esta ciudad-mercado, es sin duda el campo más fructífero. La iniciativa Food Link pone en contacto directo a productores y consumidores. Gardenshare da nombre a la red local de huertos compartidos. Food Hub intenta dar respuesta al problema de los excedentes alimentarios. Las Seedings Sisters son las animadoras de la agricultura urbana y el grupo local de Incredible Edible cultiva a discreción en los espacios públicos.

«Cuando empezamos, seguíamos tal vez unos principios demasiado rígidos de transición en doce pasos», retoma el hilo Rob Hopkins. «Con el tiempo nos hicimos más flexibles y los hemos sintetizado en cuatro: empezar, profundizar, conectar y construir. Y que cada cual los adapte a sus circunstancias».

La propagación del movimiento por el mundo se explica en un documental, *In Transition 2.0*, dirigido por el español Emilio Mula, que se instaló en el pueblo con su propia productora, Nu-project. «Lo último que necesitamos en estos momentos son más películas apocalípticas», declara el propio Hopkins en el arranque del documental, que consigue ilustrar y celebrar la diversidad de este movimiento sin fronteras.

The Transition Companion se titula el libro en el que el fundador del movimiento pasa revista a las experiencias repartidas por el mundo: «El elemento unificador de todos nuestros proyectos es la necesidad de conectar. Eso es algo que nos hace humanos y que percibimos en todas las partes del mundo: la gente quiere conocer a sus vecinos y sentirse parte de algo, compartir inquietudes y vislumbrar soluciones».

Sin salir de Totnes más que ocasionalmente en tren o en barco (hace dos décadas que no viaja en avión), Hopkins dio un nuevo impulso al movimiento con su particular llamada a la acción en *The Power of Just Doing Stuff*. El infatigable permacultor y persuasivo comunicador ha vuelto a la acción a tiempo para la década crítica y reclamando esta vez el poder de la imaginación.

From What Is to What If es el título de su último libro, urdido a base de preguntas audaces: «¿Y si siguiéramos el ejemplo de la naturaleza? ¿Y si tuviéramos más árboles que gente en las ciudades? ¿Y si los pájaros acallaran el ruido del tráfico? ¿Y si los niños volvieran a jugar en las calles? ¿Y si las escuelas alimentaran la creatividad?».

«Vivimos en unos tiempos que pueden parecer poco propicios para la imaginación», admite Rob Hopkins. «Y, sin embargo, ante situaciones de crisis es justo cuando necesitamos mejores preguntas y respuestas urgentes. Hay que reimaginarlo todo; ha llegado el momento».

• • •

El mallorquín **Juan del Río** se subió al tren de la transición en Totnes. También pasó un tiempo en la Findhorn Foundation en Escocia y fue alumno aventajado en el Schumacher College, en la campiña de Devon. Entre las idas y venidas al Reino Unido, espoleado por la marea social que generó el movimiento del 15M, el joven educador ambiental fue esparciendo por nuestras tierras la semilla de las ciudades en transición.

Juan del Río es de una de esas personas inquietas, en eterna búsqueda, que te encuentras y te vuelves a encontrar, siempre dispuesto a contagiarte su entusiasmo y su esperanza en un mundo mejor a pesar de los mazazos de las sucesivas crisis, aunque el cambio del que tanto hablamos no sea aún del todo visible...

«Yo veo todo lo que está ocurriendo como una revolución silenciosa, que no hace demasiado ruido, pero que en el fondo es tan necesaria como inevitable», sostiene Juan, que condensó toda su experiencia con grandes dosis de idealismo práctico en la *Guía del movimiento de transición*.

«La transición la llevamos a cabo personas corrientes como tú y como yo», asegura en una invitación personal a los activistas invisibles. «Es un experimento, así que no hay que tener miedo a dar el primer paso. Basta con darnos cuenta del poder que tenemos para cambiar nuestro entorno y salir al encuentro de otros que comparten esa visión».

En su libro, publicado en el 2015, Juan del Río daba cuenta de al menos sesenta iniciativas del movimiento de transición más o menos activas en España: de Santa Coloma a Lanzarote, de Tarifa a Zarzalejo, de Santiago de Compostela a Vitoria...

«La geografía del movimiento se va ensanchando y adaptando a nuestros pueblos, a nuestros barrios y a nuestras ciudades. En los últimos años se ha producido además una convergencia con otros movimientos, del decrecimiento a las ecoaldeas, de las monedas sociales al nuevo cooperativismo. Se trata de un gran experimento ecosocial que está adaptándose a los cambios y que ha recibido un gran impulso en situaciones de crisis».

Mientras que en España seguíamos dándole vueltas a la eterna y devaluada transición (la política), Juan del Río diseminó por nuestra geografía la «nueva transición»... «La gente se está organizando de un modo más local y horizontal, y eso pasa por buscar nuevas maneras de cubrir las necesidades esenciales en tiempos de escasez. Los grupos de consumo y de ahorro energético, los huertos ecológicos urbanos o los proyectos colectivos autogestionados son algunos ejemplos».

«Debemos empezar a colaborar y compartir, a ayudarnos más entre nosotros, en vez de acumular y fomentar una sociedad individualista», sostiene Del Río. «Y tenemos que hacerlo además de una forma divertida, celebrando el cambio y descubriendo que el proceso es una gran oportunidad para rediseñar conjuntamente nuestro futuro».

Pero el idealismo compartido no es suficiente, y Juan del Río lo sabe por experiencia propia. Su libro arranca sopesando los escenarios a los que nos enfrentamos (adaptación, evolución o colapso) y enumerando «los siete peros» con los que solemos resistirnos al cambio: «Pero no nos lo van a permitir, pero no tenemos fondos, pero a nadie le importa el medio ambiente, pero ya hay grupos trabajando en este asunto, pero no tengo tiempo ni energía, pero ya es demasiado tarde...».

Lejos de emprender luchas quijotescas, Juan del Río propone maneras de sensibilizar y conectar, de usar la creatividad y el arte, de buscar alianzas y de crear también un espacio de transición interior, tendiendo puentes entre el cambio personal y la acción social, que tantas veces viajan en vagones separados.

«La transición es un tren de largo recorrido, y tampoco hay que preocuparse en exceso por las paradas técnicas. Los fracasos son experiencias de las que podemos aprender. No hay que tener miedo a equivocarse, ni tampoco obsesionarse con llegar a una meta. Pero tenemos que estar convencidos: los cambios múltiples a escala local pueden cambiar el mundo que nos rodea».

EL CAPITALISMO DEL DESASTRE

Ya sabemos el guion. Se hunden los mercados, se produce un ataque terrorista, se propaga una pandemia. La sociedad se queda desorientada y confusa. Los políticos dejan la democracia en suspenso. El caos y el miedo se instalan en nuestras vidas diarias. Y las oscuras fuerzas económicas hacen cola con su lista de deseos... Bienvenidos a *La doctrina del shock*.

Naomi Klein escribió su libro premonitorio en el 2007, parece que fue ayer. Su lejana inspiración fue el año que vivió peligrosamente (y desde dentro) el «corralito» en Argentina. El tumultuoso cambio de siglo arrancó realmente con los atentados del 11S, seguido de las guerras de Afganistán e Irak.

Todo se desmoronaba, en un triste presagio de la epidemia del Coronavirus. Y es en medio de esos escenarios apocalípticos donde empieza a fraguar lo que la propia Naomi Klein bautizó como «capitalismo del desastre».

«En tiempos de crisis, las ideas que parecen imposibles de pronto se hacen posibles», advierte la periodista canadiense parafraseando a Milton Friedman, el padrino de la Escuela de Chicago y del neoliberalismo. «El problema está en qué tipo de ideas y en qué tipo de sociedad queremos crear».

«Podemos estar hablando de ideas sensatas y justas, destinadas a dar seguridad y cobertura al mayor número posible de gente, como sucedió con el *New Deal* de Roosevelt tras la Gran Depresión», apunta Klein. «En aquella ocasión, la crisis sirvió de catalizador de una especie de salto en la conciencia colectiva que permitió la mayor intervención estatal en la historia de la economía estadounidense».

«Pero podemos estar hablando también de ideas depredadoras, diseñadas para enriquecer aún más a los que ya son inimaginablemente ricos, dejando a todos los demás en una situación muy vulnerable», asegura la autora de *La doctrina del shock*. «Esto fue precisamente lo que se hizo tras la crisis financiera del 2008, con el rescate multimillonario a los bancos que luego pagamos todos en la década de la austeridad».

Acabábamos de dejar atrás la austeridad, o eso creíamos, cuando estalló de pronto el pánico al Coronavirus. Estaba ganando fuerza la movilización popular ante el cambio climático, cuando se propagó la mayor pandemia mundial desde la gripe de 1918, pese a todos los avances de la medicina y dejando al aire las costuras de la globalización.

Fue precisamente en Seattle, en 1999, durante la «batalla» campal contra la Organización Mundial del Comercio (OMC), donde coincidí por primera vez con Naomi Klein en la ciudad de los cristales rotos. Entonces ya preparaba la publicación de *No logo*, el libro que la lanzó al reconocimiento mundial con veintinueve años. Eran otros tiempos, pero su diagnóstico sigue siendo el mismo: «El capitalismo ha declarado la guerra al planeta: hay que cambiar el ADN del sistema económico para encontrar una salida».

Klein fue algo así como la musa del movimiento antiglobalización: su presencia era casi obligada en todos los foros que se preciaran, empezando precisamente por el Foro Social Mundial de Porto Alegre. Pero todo el ímpetu que trajo consigo el cambio de milenio acabó hecho añicos entre los escombros de las torres gemelas. El 11S dejó al mundo en estado de *shock*, y la Administración Bush (capitaneada por Dick Cheney) usó las circunstancias para declarar la «guerra contra el terror».

De «la rabia y la impotencia» de la era Bush nació precisamente *La doctrina del shock*, al comprobar cómo las industrias privadas y las consabidas contratas hacían cola para sacar tajada... «La especulación en tiempos de guerra no es un fenómeno nuevo, pero el 11S lo llevó a una nueva dimensión. El Gobierno declaró una crisis de seguridad interminable, privatizó y externalizó las guerras de Afganistán e Irak e impulsó políticas internas que ahondaron en la desigualdad y enriquecieron a las élites».

El huracán *Katrina* sirvió para dar una nueva vuelta de tuerca al capitalismo del desastre, y el hombre elegido para «reconstruir» el apocalipsis no fue otro que Mike Pence, el vicepresidente de Donald Trump. La puntilla la puso la crisis financiera del 2008, justo un año después de la publicación de *La doctrina del shock*. Se diría que Naomi Klein tiene una bola de cristal. O simplemente que el futuro es más predecible de lo que parece y que una vez cada década tenemos que estar preparados para una crisis.

«El Coronavirus ha vuelto a crear la tormenta perfecta para el capitalismo del desastre», advierte Klein. «Los primeros movimientos de Trump creando confusión, prometiendo ayudas a la industria aeronáutica y del petróleo o rodeándose después de representantes de las corporaciones avanzaron en esa línea... Pero situaciones extremadamente críticas como esta pueden hacer también que el péndulo se incline hacia el otro lado, que los Gobiernos progresistas abandonen el credo neoliberal, intervengan para dar cobertura a la mayoría de la población e impulsen finalmente la transición hacia otro modelo».

Esto lo cambia todo es el título de otro de esos libros premonitorios de Naomi Klein, aunque no se refería precisamente al Coronavirus, sino al cambio climático. A su paso por Madrid, en plena época de involución energética, le costaba creer que en nuestro país existiera el «impuesto al sol». «La democracia tiene que llegar tarde o temprano a la energía», vaticinó, y algo parecido sucedió al poco tiempo.

«Ha llegado el momento de poner opciones radicales sobre la mesa», recalcaba Klein, especialmente activa también durante el movimiento Occupy tras la crisis financiera. «Hemos perdido más de dos décadas en la acción ante el cambio climático y no nos queda otra salida para lograr una reducción anual de las emisiones del 8 al 10 por ciento en países como España. Me acusan de polarizar el debate, pero es que ya no es posible un cambio gradual. Debemos contagiarnos de esa sensación de urgencia».

En la antesala de la pandemia, como si lo intuyera, Naomi Klein volvió a la carga con *On Fire: The Burning Case for a Green New Deal*. En su último libro, y como contrapunto a *No logo*, Klein advierte que los cambios personales no serán suficientes, que antes que consumidores somos ciudadanos y como tales tenemos que forzar un «cambio sistémico».

«Las analogías históricas cumplen su función, y es bueno hablar de un *New Deal* verde o de un nuevo Plan Marshall porque eso nos lleva de vuelta a una época en la que se pensaba en un cambio a gran escala. Nos han preparado para pensar en lo muy pequeño, pero ha llegado el momento de imaginar un cambio a lo grande».

• • •

Ya es noticia que los economistas dejen de mirarse al ombligo de la «riqueza». Y más aún que se asomen al extremo opuesto, la pobreza, para examinar con rigor sus causas, para vislumbrar soluciones y para probarlas como si se tratara de un experimento de laboratorio. Y comprobar lo que funciona y lo que no funciona.

Algo así fue lo que hicieron durante más de dos décadas **Esther Duflo** y su marido, Abhijit Banerjee, que vieron tiempo después recompensado su trabajo en el MIT de Massachusetts con el Premio Nobel de Economía en el 2019 (compartido con Michael Kremer). En el caso de Duflo se trataba además de recoger el testigo de Elinor Ostrom, reconocida en su día por haber redescubierto el valor de los bienes comunes.

Las economistas han enriquecido últimamente, con una visión social y ecológica que va mucho más allá del afán por el crecimiento y los grandes números, una ciencia que estuvo prácticamente reservada a los hombres.

Buena economía para tiempos difíciles se titula precisamente el libro escrito al alimón por Esther Duflo y Abhijit Banerjee, que ahora pasan la mayor parte de su tiempo en la India, al frente del Laboratorio Abdul Latif Jameel de Acción ante la Pobreza. Desde allí sigue rompiendo moldes impulsando proyectos para intentar mejorar las vidas de más de 400 millones de personas que viven por debajo del umbral de pobreza.

«Los economistas han tenido tradicionalmente una visión muy estrecha del bienestar, asociada siempre al consumo material individual», advierte Duflo. «Por nuestro trabajo de campo, hemos aprendido que una vida satisfactoria, en cualquier parte del mundo, va mucho más allá. Empezando por la dignidad humana, la igualdad de género, el derecho a la educación y a la salud, el respeto de la comunidad y el apoyo de la familia...»

Esther Duflo no se extraña de la mala reputación de los economistas, superada solo por la de los políticos, a cuyos intereses han servido secularmente. Frente a eso, la economista francesa reivindica la dimensión social y humana de su profesión, y su carácter de ciencia experimental.

«En el fondo, los economistas estamos aún en la fase del médico que experimenta con sanguijuelas», me reconoció personalmente Duflo en una entrevista, años antes de recibir el Premio Nobel. Entonces estaba muy reciente el terremoto de Haití, que sirvió de llamada mundial ante la devastación y la miseria. «Por desgracia, y aunque nunca lo verás en los titulares, unos 25.000 niños mueren todos los días por causas totalmente prevenibles y relacionadas con las pobres condiciones de vida», se lamentaba la economista, curtida sobre el terreno en África y en Asia.

Esther Duflo acababa de publicar entonces *Repensar la pobreza*, donde cuestionaba muchas de las creencias arraigadas: «La pobreza no es algo contra lo que se puede luchar como si fuera una guerra. Tenemos que dejar atrás también la creencia revolucionaria de que todo se puede solucionar con un cambio radical y de la noche a la mañana, como si no importara el contexto histórico, social o geográfico».

«No existe una fórmula mágica para sustituir la pobreza por la riqueza», aseguraba la economista. «Se pueden arbitrar medios para evitar las desigualdades, pero siempre habrá gente más o menos pobre en la base de la sociedad. Conviene admitir de entrada la complejidad del problema, acotar la realidad social y avanzar poco a poco con soluciones que pueden dar resultado a nivel económico (microcréditos), salud (mosquiteras contra la malaria) o de educación (empoderamiento de la mujer)».

Frente al eslogan ACABAR CON LA POBREZA, Duflo reivindicaba este otro: EXPERIMENTAR CONTRA LA POBREZA. «En el terreno del desarrollo económico necesitamos probar y seguir probando si la idea original falla. Es la manera de avanzar, con programas piloto que de verdad cambien las dinámicas y los contextos sociales y sirvan para que la mayoría de la gente tenga acceso a una vida digna».

9
CONSUMO

El mundo genera más de 2.000 millones de toneladas de residuos al año y los desechos llegarán a 3.400 millones en el 2050.

Con la tendencia actual, la producción global de plástico puede aumentar un 20 por ciento en la próxima década.

El sector textil es la segunda industria más contaminante del planeta (después de la del petróleo) y tan solo el 1 por ciento de los tejidos se recicla.

REDISEÑAR EL MUNDO DESDE LA CUNA

«Hay que rediseñar el mundo: no tenemos otra elección». Esto lo lleva diciendo el arquitecto estadounidense **William McDonough** desde el 2003, cuando acuñó el concepto revolucionario de *cradle to cradle* («de la cuna a la cuna») junto a su socio y cómplice, el químico alemán Michael Braungart. Los dos pensaban entonces que el nuevo milenio era el momento propicio para un cambio radical en la manera de pensar y hacer las cosas...

Siguiendo los principios de la naturaleza, donde todo funciona por ciclos. Tratando los materiales como «nutrientes». Creando un flujo continuo para reutilizar y reciclar todo lo que producimos. Generando una economía de reaprovechamiento total de los recursos, frente a la letanía del usar y tirar, quemar y enterrar, de la cuna a la tumba.

William McDonough llevó su recién nacido concepto del *cradle to cradle* a uno de los primeros encuentros de los Bioneers en la bahía de San Francisco. Poco después dio la campanada en una conferencia TED, donde lanzó la idea de convertir California en el laboratorio mundial de innovación verde. Como arquitecto, McDonough diseñó la Base de la Sostenibilidad de la NASA en Mountain View, uno de sus edificios más celebrados, junto a la planta de Ford en Dearborn. Pero su gran idea, una certificación mundial que avalara todos los productos comprometidos con los principios del *cradle to cradle*, tardó en despegar.

Según sus cálculos, unos treinta mil productos deberían haber logrado la certificación en la primera década. Y, sin embargo, se quedaron en algo más de trescientos, suficientes (según él) para demostrar que el concepto no es una utopía, sino «un ideal alcanzable, beneficioso y rentable».

A sus sesenta y nueve años, McDonough renunció también a su experimento fallido de la ciudad ecológica de Huangbaiyu, aunque está convencido de que el tiempo le dará la razón... «Un edificio tiene que ser como un árbol, capaz de producir oxígeno y absorber carbono. Y una ciudad tiene que ser como un bosque, capaz de respirar y nutrirse del sol. Las ciudades tienen que derribar los muros de cemento y abrirse al exterior, a su entorno natural, y convivir con la naturaleza en una especie de agrourbanismo».

El concepto de la ciudad ideal le sigue rondando la cabeza, pero su niño mimado continúa siendo «de la cuna a la cuna». Y su sueño irrenunciable es «convertir el imperativo ecológico en el imperativo económico».

«Muchas empresas siguen creyendo por desgracia que lo verde no es rentable. Los empresarios te escuchan con interés, pero luego te preguntan: "¿Cuánto me va a costar?". No me canso de decirles que la innovación no es solo beneficiosa, sino que a medio plazo es muy rentable. No podemos funcionar aún como en la vieja Revolución industrial: tenemos que darle un giro a nuestros modelos productivos y mentales».

McDonough hace un esfuerzo y simplifica así el concepto del *cradle to cradle* (C2C) para los profanos: «El residuo es un invento humano, acaso el más pernicioso. La naturaleza lo aprovecha todo, y esa es la idea con la que hay que diseñar los productos: teniendo en cuenta el uso presente y futuro de los materiales. Una parte de ellos volverá a la biosfera, otra parte se quedará circulando en la tecnosfera».

«El primer requisito es, pues, separar los materiales por su metabolismo», explica McDonough. «El segundo es lo que yo llamo un plan de gestión de nutrientes: determinar qué se va a hacer con ellos tras su uso. El tercer criterio es que estén fabricados con energías renovables, y el cuarto es minimizar el uso del agua y que pueda ser reaprovechada. El quinto, y no menos importante, es que los productos sean fabricados con criterios de responsabilidad social».

El listón del C2C es bien alto, pero está técnicamente a nuestro alcance, sostiene McDonough. La silla Think de Steelcase, uno de los primeros productos en lograr la certificación, es un claro ejemplo: fabricada con el 37 por ciento de material reciclado, el 98 por ciento de sus materiales son reciclables. Muebles, tejidos, alfombras, cubiertas exteriores y hasta edificios enteros componen el abanico del *cradle to cradle*, que ha llegado a su máxima expresión en el parque tecnológico 20/20 de Ámsterdam.

Los Países Bajos se han convertido, de hecho, en la «cuna» de la economía circular y han acogido las ideas de McDonough y Braungart con un entusiasmo peculiar... «Los holandeses son muy conscientes de sus propios límites. Son el país con mayor densidad de población de Europa, viven en gran parte bajo el nivel del mar y están habituados a hacer piña en torno a la cultura del *pólder*. La colaboración y la innovación la llevan en la sangre, y tienen además una conciencia ecológica muy avanzada».

El concepto ha arraigado también en países como Alemania y Estados Unidos, o incluso en China y en la India, donde se identifica con la idea de la reencarnación. «Cada país debe adaptar el concepto a su propia cultura, pero nuestro objetivo es lograr un estándar global. Y lograr que *cradle to cradle* sea la certificación de la ecoeficiencia».

McDonough y Braungart dieron por cierto una vuelta de tuerca a su idea al cabo de una década y popularizaron la tendencia del *upcycling* (el reciclaje «hacia arriba» de los materiales más valiosos), frente al reciclaje «hacia abajo», que ha sido hasta ahora el más habitual. El arquitecto no se cansa de citar su ejemplo predilecto: «Reciclando el aluminio usamos el 95 por ciento de la energía y ahorramos el 95 por ciento de las emisiones que nos costaría fabricarlo por primera vez. No es de extrañar que estemos reutilizando el 75 por ciento del aluminio producido desde 1888».

«El diseño es la intención», recalca McDonough. «El futuro lo estamos determinando en el presente. Lo que no podemos es seguir viviendo como si no existiera el mañana. Pensemos a largo plazo, con la idea de seguir habitando este planeta durante mucho tiempo... Y actuemos en consecuencia».

• • •

En Nederweert, a tiro de piedra de Ámsterdam, han logrado algo así como la reinvención de la rueda. Mientras que en muchas partes del mundo siguen quemando neumáticos, en la planta de Black Bear Carbon practican lo que se llama el *upcycling* con las ruedas usadas.

Lo habitual es reciclar el caucho de los neumáticos y usar el granulado como superficie en las pistas deportivas, en los parques infantiles o en las suelas de los zapatos. Lo que hacen en esta singular fábrica, pionera en todo el mundo, es extraer de las ruedas el valioso negro de humo, un producto indispensable como pigmento, reforzante o agente conductor en los procesos industriales.

Martijn Lopes Cardozo, con la experiencia y el impulso de varias *startups*, tiró de la calculadora y se dio cuenta de que ahí había una tremenda oportunidad de negocio: «Todos los años se desechan en el mundo 13,5 millones de toneladas de neumáticos, que corresponden a 4,5 millones de toneladas de negro de humo, que equivaldrían más o menos a 4.500 millones de euros si fuéramos capaces de recuperarlo».

Y eso por no hablar del gran alivio que supondría para el planeta, pues el negro de humo (también conocido como negro de carbón) se consigue a partir de los combustibles fósiles, «en forma de *pellets*, con un proceso altamente contaminante y con un uso muy intensivo de los recursos».

Martijn Lopes observa con orgullo las montañas de neumáticos que esperan a ser procesados para lograr esta especie de «oro negro» gracias a un proceso de termólisis. A razón de 1.400 kilos de neumáticos por hora, en tres turnos diarios, la planta de Black Bear Carbon lleva a la máxima expresión el concepto de economía circular.

Los residuos son en realidad recursos que alimentan un proceso de renovación constante, como en la propia naturaleza. El mismo negro de humo que se utiliza para la fabricación de los neumáticos se extrae al final de su ciclo de vida y vuelta a empezar. De la cuna a la cuna.

«Cada planta de este tipo no solo evita que 33.000 kilos de neumáticos acaben todos los días en los vertederos», explica Martijn. «Al tiempo, estamos reduciendo el equivalente a las emisiones de CO_2 que podrían absorber un millón de árboles. Y con la cantidad de neumáticos que se desechan, existe el potencial de crear hasta ochocientas fábricas como esta en todo el mundo».

LA HISTORIA DE LAS COSAS

Annie Leonard tiene una sonrisa que desarma. Sin acritud, con elocuencia y buen humor, esta peculiar activista removió la conciencia de millones de internautas en la primera década del siglo con un peculiar documental de dibujos animados: *La historia de las cosas*. Luego vinieron las secuelas (*La historia del agua embotellada*, *La historia de los cosméticos*, *La historia de los productos electrónicos*), hasta que en el 2014 volvió a sentir la llamada de la acción directa y cogió el timón de Greenpeace en Estados Unidos.

Pero su historia personal quedó siempre definida por su naturalidad y su desparpajo, arropada por simpáticos monigotes a la hora de contar algo tan aburrido como el ciclo de la producción y el consumo. En vez de intimidar a la gente con mensajes alarmistas o de inculcarnos a todos el sentimiento de culpabilidad, Annie Leonard nos invitaba a abrir los ojos sin más y a acompañarla durante 20 minutos en un alucinante viaje al fondo de la Tierra (y a lo que los humanos estamos haciendo con ella).

«Vivimos en un sistema tóxico que nos impide ver el origen y las consecuencias de lo que hacemos y consumimos», asegura Annie. «Mi empeño consiste en hacer las cosas visibles para que la gente reflexione y valore lo que tenemos... No me gusta que me llamen "anticonsumista", creo que el planeta está ya demasiado cargado de negativismo».

Con grandes dosis de ironía, Annie hacía cinco paradas

tremendamente ilustrativas en *La historia de las cosas*. Los dibujos infantiloides diseñados por Free Range Studios ayudaban a hacer más digerible el menú: extracción, producción, distribución, consumo y residuos.

«Nosotros solo vemos lo que compramos», recordaba Annie. «Rara vez tenemos en cuenta lo que hay detrás: los materiales que han hecho falta, las condiciones de los trabajadores, el viaje desde la otra parte del mundo hasta aquí... Y menos aún pensamos en el final del ciclo, en qué haremos con lo que estamos comprando cuando deje de ser útil, como si diéramos por hecho que acabará en un vertedero».

Ya de niña, Annie se sintió intrigada por la misteriosa conexión entre los bosques talados, los centros comerciales y los vertederos. De pequeña, confiesa, sentía una curiosidad rayana en la impertinencia cuando algo no encajaba. Las repuestas las encontró tiempo después... «Tuve que recorrer medio mundo y llegar a los cuarenta para darme cuenta de que el despilfarro y la destrucción son cara y cruz de la misma moneda. Pero no podemos hundirnos en el desaliento ante la situación del planeta. Para mí, el activismo ambiental es la más apasionante y divertida de las aventuras».

Annie se inició en el activismo en la National Wildlife Federation. Su curiosidad por la vida silvestre dejó paso a su interés por los efectos del hiperconsumismo. Aunque su verdadera «iluminación» ocurrió en un vertedero de Fresh Kills, que durante medio siglo digirió más de 11.000 toneladas diarias de basura de Nueva York: «Cuando lo cerraron en el 2001, la montaña de desechos era varias veces más alta que la Estatua de la Libertad. Aquella visión impactante me dio mucho que pensar: ¿quién puede haber concebido un sistema tan monstruoso? ¿Cómo permitimos que esto siga ocurriendo?».

A finales de los ochenta se incorporó a Greenpeace como activista y como investigadora en la campaña internacional contra el tráfico ilegal de residuos peligrosos. Su experiencia sobre el terreno en Bangladés, la India y Haití fue vital para acabar de atar los cabos sueltos. Annie Leonard se remonta a los estragos de la extracción: de las deforestaciones masivas en la Amazonia o en Indonesia a la decapitación de las montañas en los Apalaches o las arenas alquitranadas de Alberta. Como ocurre con los desechos, el sistema tiene la virtud de esconder las consecuencias de lo que consumimos desde el lugar de origen, casi siempre remoto, casi siempre a expensas de la explotación laboral, la corrupción política y el deterioro ecológico.

Tras una década de trabajo de campo, Annie se propuso finalmente comunicar todo lo que había visto a sus compatriotas, entregados a la fiebre consumista de fin de siglo: «Con el 5 por ciento de la población, Estados Unidos consume el 30 por ciento de los recursos y produce el 30 por ciento de los residuos mundiales. No hace falta ser un genio de las matemáticas para darse cuenta de que nos harían falta de tres a cinco planetas si los más de 7.000 millones de habitantes de la Tierra siguieran nuestro ejemplo».

«Y aun así, hay una verdad fundamental que vale en todo el planeta», advierte. «Lo que llamamos desechos son sobre todo recursos. Así, revueltos, no sirven de nada. Acabamos enterrándolos en un vertedero o, lo que es aún peor, quemándolos en una incineradora. Si los separamos, podremos volver a usarlos como papel, como metal, como vidrio, como compost para fertilizar la tierra».

Tras convertirse en un fenómeno en Internet, Annie Leonard trasplantó *La historia de las cosas* a un libro, con un llamamiento final lleno de carga social y política: «La cuestión no es si cambiaremos, sino cómo cambiaremos. ¿Lo haremos gradualmente y de un modo voluntario? ¿O lo haremos de un modo brusco y a la fuerza?».

«Lo primero es reivindicar nuestra condición de ciudadanos», recalca Annie. «Cualquiera diría que hay un complot para reducirnos a la categoría de consumidores. Se diría que somos lo que consumimos y que hemos dejado de ejercer por desidia el músculo de ciudadanos».

Cambiar las bombillas. Comprar ecológico o local. Abonarse a una cooperativa de consumo. Compostar la basura en casa. Moverse en bici por la ciudad... Annie hizo todo eso y mucho más, pero no notó un gran cambio más allá de su entorno personal en Berkeley, arropada en su singladura por su hija. Las pequeñas acciones están bien, pero no son suficientes ni van a servir para «salvar el planeta». Si los cambios se quedan en uno mismo, si se limitan a los aspectos materiales, nos valdrán para lavar nuestra conciencia de consumidores y poco más.

Al menos eso es lo que pensaba Annie Leonard cuando concibió *La historia del cambio* y *La historia de las soluciones*, las dos últimas entregas de su serie de cortometrajes: «Las soluciones no están a la venta. Comprar mejor y de un modo más consciente no es suficiente. Tampoco basta con hacernos los "ecomártires" o con "ser el cambio que quieres ver en el mundo", como decía Gandhi. Hay que "hacer" el cambio, y eso solo es posible pasando a la acción colectiva».

«La gente está cambiando su relación con las cosas, eso es cierto», admite Annie, cerrando el círculo como directora de Greenpeace USA al cabo de veinte años. «Ya no hace falta poseerlas y acumularlas, sino simplemente tener acceso a ellas: compartiéndolas, reutilizándolas, intercambiándolas, prolongado su uso... Pero por mucho que nos esforcemos en reducir el cubo de la basura, es la industria la que produce la mayor cantidad de desechos. Necesitamos leyes de responsabilidad productiva ya y en todo el planeta, y eso es algo que solo se consigue con la presión social y la acción política».

• • •

En su vida anterior, **Brenda Chávez** (Madrid, 1974) fue periodista en revistas «femeninas» como *Vogue* y *Cosmopolitan*, haciendo «más marketing que otra cosa», sirviendo de engranaje a la industria de la cosmética y de la moda, un eslabón más en esa cadena bien engrasada que convierte a las lectoras en poderoso objeto del consumo. En su vida actual, después de la publicación de *Tu consumo puede cambiar el mundo* y *Al borde de un ataque de compras*, Brenda se ha convertido en adalid de todo lo contrario, instando a las mujeres (y a los hombres) a liberarse de la manipulación constante y a empoderarse como ciudadanas y consumidoras conscientes.

La suya no fue una conversión radical al estilo de san Pablo, ni una «iluminación» sobre el verdadero alcance de sus «pecados» como consumidora. El cambio tampoco fue estresante y excesivamente planeado, sino más bien gratificante y sobre la marcha... «No me levanté un día y decidí cambiar mis hábitos: ha sido más bien algo gradual, un proceso de años, y aún sigo aprendiendo».

Digamos que Brenda llegó donde llegó porque sintió durante años un desdoblamiento interior, un conflicto de conciencia: «Hubo una época en que no vivía como pensaba, pero afortunadamente no acabé pensando como vivía, sino encontrando soluciones y aliados».

Inconscientemente, y a su manera, ya practicaba el consumo «consciente». Pero una cosa era su busca personal, y otra su inmersión laboral en ese entramado del que se sentía cómplice. Llegó un momento en que no pudo más: decidió alejarse y explorar las alternativas. Tirando de la cuerda descubrió que había más, mucho más de «lo que tiene visibilidad en los grandes medios».

Al final fueron tres años de investigación, condensados en *Tu consumo puede cambiar el mundo*, toda una declaración de principios a partir del título. «Los pequeños cambios son muy necesarios, pero no nos engañemos: mañana no va a cambiar la macroeconomía. Los consumidores, eso sí, podemos poner nuestro granito de arena y forzar el cambio en las empresas».

«Pero en última instancia son los Gobiernos y las administraciones los que tienen que regular y hacer su trabajo», reconoce Brenda. «Votar con el bolsillo es tan importante como votar en las urnas... Muchos de los abusos corporativos no son hechos anecdóticos, sino problemas sistémicos que necesitan resolverse con acciones políticas».

Brenda reivindica sin embargo el papel del ciudadano/consumidor para «equilibrar la balanza» y forzar cambios por efecto acumulativo. «Lo que estamos viendo ahora es en realidad fruto del trabajo de varias décadas. Cada generación ha ido recogiendo el testigo de la anterior. Muchas de las corrientes que vemos ahora, del consumo justo al minimalismo, vienen de los años sesenta y han evolucionado con el tiempo».

Cambiar de energía y cambiar de banco. Esas son en su opinión las dos decisiones de mayor impacto: abonarse a una cooperativa de energías renovables y abrir una cuenta en la banca ética. Cambiar las pautas de alimentación y de moda le siguen en importancia. Brenda nos previene también en su libro contra los excesos de la cosmética y del sector farmacéutico (la enfermedad como negocio).

A la hora de hacer la transición personal, Brenda da unas líneas maestras, pero recomienda a cada cual seguir su propio camino. Consume menos y mejor. Disfruta más, posee menos. Sé frugal, pero no austericida. Evita las grandes superficies. Tu salud y la del planeta van unidas. Rodéate de círculos virtuosos. Reduce y minimiza. Reutiliza y repara. Un pequeño cambio de hábitos al mes es suficiente. No sermonees a los que no consumen como tú. Sáltate de vez en cuando las reglas...

OTRA MODA ES POSIBLE

Sybilla Sorondo se alejó de la moda «porque no podía seguir el juego», porque estaba «agotada y decepcionada», porque sentía que la vida le pasaba por encima y le quedaban muchas cosas por hacer: «Empecé muy joven». El éxito le llegó también de una manera fulgurante y abrumadora. Todo fue un poco excesivo para una persona tímida y huidiza como ella. Así que decidió perderse un tiempo.

Una larga década pasó al final en la distancia, «cogiendo perspectiva y cargando las pilas». No fueron en absoluto años perdidos, en todo caso «recobrados» para aprender y crecer personalmente, viajar por el mundo, conocer lugares y personas que dejaron una profunda huella en su vida. Y también fue un período de acción, de involucración en causas sociales, educativas y ecológicas, vinculadas casi siempre a Mallorca, su isla adoptiva (aunque nació en Nueva York en 1963, se afincó de niña en Madrid).

Mallorca fue también el lugar elegido a conciencia para su vuelta. Primero fue una tienda efímera, después un local permanente en el *carrer* de Sant Feliu, convertido en encrucijada de sus vidas paralelas: la de diseñadora de moda y la de activista por un mundo sostenible. Influida por ecoheroínas como Helena Norberg-Hodge (*La economía de la felicidad*) o Ellen MacArthur (economía circular), Sybilla descubrió a su regreso un abanico de posibilidades.

«El mundo de la moda cambió mucho durante los años

en que estuve fuera», recuerda. «Hay tendencias que han ido tan lejos que parece que ahora haya sitio para algo diferente, más íntimo, hecho con cuidado y amor... Los nuevos consumidores demandan también otra manera de hacer las cosas, más coherente con los momentos críticos en que vivimos. Es importante que los consumidores se den cuenta de la fuerza que tienen a la hora de elegir. Esto podría acelerarlo todo».

La semilla del cambio ya la llevaba Sybilla casi desde sus comienzos, inspirada por su madre y recibiendo lecciones impagables de las modistas tradicionales: «Ellas fueron mis auténticas maestras». A los diecisiete años fue aprendiz en Yves Saint-Laurent y con diecinueve montó ya su propio taller, y poco después su tienda en el emblemático callejón de Jorge Juan: «Fue un local muy especial y en un momento también muy especial, de alguna manera fuimos pioneros».

Desde que dio sus primeros pasos como diseñadora tuvo un empeño por lo que ella llama «la prenda permanente», más allá de las modas que van y vienen. «Yo siempre he querido hacer ropa que dure, prendas que enamoren, que sean como un buen amigo, que te acompañen, que se llenen de buenos recuerdos y que sean también una buena inversión. Tan importante es innovar como preservar».

Lo que más le alegra, reconoce, es cuando alguien le dice que tiene una prenda suya de hace veinte años y que la sigue usando, como si nunca pasara de moda. «La verdad es que me lo dijeron tantas veces mientras estaba "retirada" que me acabaron entrando ganas de volver con nuevas propuestas, aunque con aquel viejo espíritu».

En sus años de lejanía, como si en el fondo supiera que algún día volvería, Sybilla ayudó a crear la fundación Fabrics For Freedom, consagrada a explorar de dónde vienen los tejidos, quién los hace y qué impacto tienen, y a promover al mismo tiempo la busca de alternativas para aligerar la huella ecológica de la moda.

Sus principios siguen intactos —la eterna predilección por la sutileza y la sorpresa— en su tienda en el barrio de Chueca. Pero ella misma se sorprende a veces con los resultados, y los atribuye si acaso al hecho de diseñar con un propósito más grande: «Volví con el deseo de ponerme al servicio de las mujeres, deseando hacer ropa que dé fuerza y alegría, que tenga detrás un proyecto ilusionante y una historia que contar, que genere beneficios en el sentido más amplio».

El proyecto que más la emociona ahora pasa por Mongolia y tiene como meta la producción sostenible de cachemira. La preciada fibra se obtiene de la parte más profunda, fina y delicada de las cabras que habitan en las altas montañas en el corazón de Asia, cubiertas de una especie de doble abrigo natural que les permite soportar temperaturas de hasta 30 grados bajo cero.

«Todos los eslabones de la producción, empezando por las increíbles pastoras de rebaños de cabras de cachemira, están en manos de mujeres, ¡y qué mujeres!», recalca Sybilla. «Nunca he sentido una emoción similar, trabajando todas juntas, creando ropa donde por primera vez puedo, y comprobando con mis propios ojos el impacto social y ecológico que tiene la producción del material o la historia de todo el proceso, hasta ver la prenda finalmente acabada».

«Creo que el hecho de que sean mujeres las que lideran este proyecto marca realmente la diferencia, por lo valiente y arriesgado que es», apunta la diseñadora. «Y también por la visión de futuro y el deseo de crear beneficios para otros, y por su belleza y por su emoción, en todos los sentidos».

Con el proyecto de Mongolia, Sybilla aspira a poner también su grano de arena «para fomentar y preservar la herencia natural trashumante en la producción de cachemira, que es alucinante». La sostenibilidad se ha incorporado al modelo de negocio con criterios como la compensación a los pastores por reducir sus rebaños para preservar sus pastizales y mejorar su calidad de vida.

«En Mongolia he encontrado a las socias de mis sueños», reconoce Sybilla mirando con orgullo y nostalgia las fotos que se tomó con ellas en su última visita. «Es una experiencia preciosa: todo lo que he vivido en ese país es ya algo que se quedará conmigo para siempre».

Sybilla le ha dado también vueltas a la moda «circular»: fue ella quien propuso directamente a la firma Ecoalf una colección-cápsula de diez prendas para una colección de otoño-invierno fabricadas con nailon reciclado de las redes de pesca. «El plástico en el mar es una de las cosas que más me angustia», reconoce. «Pensar que se puede recoger, reciclar y convertir en algo bello y útil es una de las motivaciones que necesitaba para volver a la moda. No podemos seguir destrozando el planeta para ponernos guapos, debe haber alguna otra manera».

El mar agita o aplaca, según los días, la inquietud creadora de Sybilla en su refugio en la costa mallorquina, con la Tramontana a las espaldas: «Mallorca me ha conectado con la sensación de libertad que tenía de niña, cuando venía los veranos a España. Sigo embarcada en proyectos en otras partes del mundo, pero este es siempre el lugar al que vuelvo para encontrarme con la vida, el que más saboreo y en el que más me implico».

· · ·

En una antigua mercería de Ventura Rodríguez, por una de esas carambolas de la vida, fraguó una singular iniciativa llamada The Circular Project: el punto de encuentro de la «otra» moda posible en Madrid. La tienda/tendencia fue el proyecto personalísimo de **Paloma García López** y de todos lo que ayudaron en este camino nada trillado: desde el señor Domingo (propietario de la mercería) al «ángel» Pedro (que le enseñó las claves del emprendimiento), pasando por los 26 diseñadores sostenibles que colaboran con ella y por el cada vez más frondoso ecosistema capitalino de la otra economía.

«La idea que nos inspira es devolver a la naturaleza todo lo que le hemos pedido prestado, cerrando el ciclo de los materiales, logrando que se reutilicen, que se reciclen o que vuelvan en su caso a la tierra», explica Paloma García López, que aspira a darle la vuelta al mundo de la moda con el concepto de economía circular.

«Yo creo sinceramente en el poder transformador de la moda», asegura. «El reto es enorme y las dificultades saltan a la vista. Pero si logramos cambiar las pautas de producción, distribución y consumo de la segunda industria más contaminante del planeta [detrás de la del petróleo], todo lo demás cambiará por sí mismo».

Antes de lanzar The Circular Project en el 2105, Paloma había dado el salto a la moda sostenible con las camisetas con mensaje de El Sinvivir. Antes trabajó durante casi quince años para una multinacional, y antes aún se dedicó al periodismo. Aunque lo cierto es que la tradición textil le viene de familia.

En su faceta de agitadora mayor de la «otra» moda, Paloma puso su grano de arena en el lanzamiento de Slow Fashion World (por una moda «lenta», ética, transparente y sostenible). El Retiro madrileño sirvió por un día de laboratorio para experimentar con ideas como el *upcycling* (reciclar hacia arriba), el patronaje cero residuos o el *triple balance* (económico, ecológico y social).

«En poco tiempo he notado que está fraguando un cambio de mentalidad», señala Paloma. «Ya no ves campañas publicitarias incitando al despilfarro o con mensajes del estilo: TE LO MERECES: TIRA TODO Y COMPRA DE NUEVO. El usar y tirar empieza a estar pasado de moda».

«Es cierto, siempre habrá gente que compre el calcetín de Primark como hay gente que come en el McDonald's», agrega Paloma. «Aunque la conciencia que ya existe ante el *fast food* se está trasladando poco a poco al mundo de la moda. La gente empieza a descubrir lo que hay detrás del *fast fashion*, las condiciones de esclavitud de los trabajadores en la otra punta del planeta y el tremendo impacto ecológico de la ropa».

De la mano de Paloma García López, conocemos la marca gallega Alazia Couture, que utiliza fibras lácteas provenientes de la caseína de la leche y la cera de las abejas para conseguir el hilo. O Fancy Sheep, con sus diseños reversibles y sin costura de algodón orgánico y lana merina. O Idunnbags, bolsos «made in Spain» que incorporan pieles de peces como el bacalao, la perca o el salmón, conservadas después de su consumo y teñidas y curtidas con procesos naturales.

«El diseñador del futuro será sostenible o no será», advierte Paloma desde la innovadora «mercería» convertida en laboratorio de la otra moda posible. «Nos definimos como moda *slow*, pero lo cierto es que tenemos mucha prisa por cambiar las cosas. El planeta no puede esperar».

BARRIOS SIN PLÁSTICOS

Bettina Maidment, vecina del barrio de Hackney en Londres, tiene un problema más o menos confesable: no soporta el plástico. Su fobia se agudizó en el momento de ser madre y tener que explicar a sus hijos cómo las bolsas de plástico acaban misteriosamente encaramadas a las ramas de los árboles por la acción del viento y el desdén de los humanos hacia los seres vivos, incluidas las tortugas y las ballenas que mueren estranguladas a mar abierto.

«Nadie puede escapar hoy en día a la plaga del plástico», cuenta Bettina. «Estamos totalmente rodeados y sufriendo las consecuencias. Se habla mucho del ocaso de los combustibles fósiles, pero pocos hacen la conexión con el plástico. Lo envolvemos todo con derivados del petróleo, estamos comiendo literalmente petróleo. Y lo peor es que la producción de plástico se va a seguir disparando si no logramos un cambio radical».

Bettina decidió empezar su campaña «unipersonal» en el 2017 y a los treinta y seis años, imponiéndose a sí misma una severa dieta *plastic free*. «Mi familia y mis amigos me miraban al principio con escepticismo, pero poco a poco lo fueron aceptando y empezaron incluso a seguir mis pasos», recuerda.

«Se trata sobre todo de ir reduciendo residuos y buscando alternativas», advierte. «Hay que resistir a los reclamos de plástico en los supermercados. Hay que ir a la compra no solo con tu bolsa de tela, sino con tus propios recipientes reutilizables para comprar a granel, evitando los empaquetados o asegurándonos de que están hechos con material biodegradable o compostable».

«Mucha gente se autoexculpa diciendo "yo reciclo"», agrega Bettina. «Pero eso es como subir una escalera y quedarse en el primer peldaño. El reciclaje es un buen punto de partida, pero un lugar terrible para quedarse. Está bien prohibir el plástico de un solo uso, aunque no podemos consolarnos usando plástico reciclable: no tenemos garantías de que todo lo que echamos a un contenedor acabe realmente reciclándose».

La llegada de los hijos suele traducirse en un aumento notable del uso y abuso del plástico, como si hubiera una conspiración para «plastificar» la infancia, empezando por los juguetes y acabando con el envoltorio de la comida para el cole... «Con los niños es más difícil, pero en mi caso sirvió para ser más consciente y tomártelo al final como un reto. Si buscas, acabas encontrando siempre la fórmula. Recuerdo la alegría que me dio encontrar una pasta de dientes en tabletas que se disuelven en la boca, sin necesidad de usar un recipiente de plástico o de metal».

Como todo en familia, lo que más cuesta es arrancar, pero cuando los niños se suben a bordo y se lo toman como una aventura o un juego, los cambios llegan por sí mismos: «La R más importante es reducir, y eso implica renunciar a la trampa del consumismo. No conviene hacer giros radicales ni planes draconianos, lo mejor es hacerlo de manera escalonada. Antes de empezar tienes que "conocer" tus residuos. Y finalmente hay que ser muy estricto con la separación: nada hay tan pernicioso como la noción de basura».

En dos años, Bettina se jacta de haber logrado reducir el 90 por ciento de los residuos. Pero el cambio personal no fue más que el primer paso. Sobre la marcha sintió la necesidad de ampliar el radio de acción, primero en su vecindario y después en todo el barrio. Así fue como nació Plastic Free Hackney, marcando la senda de los barrios sin plásticos en Londres.

Bettina se inspiró directamente en la campaña Costas sin Plásticos, que fue lanzada unos años antes desde Penzance, en Cornualles. La ola ha roto definitivamente en Londres y se extiende ya por ese mar inabarcable de 8 millones de habitantes. Varios distritos, de Lambeth a Camden, se han fijado ya la meta del *zero waste*, pero el punto obligado de referencia es Hackney, donde conviven el vecindario de toda la vida y el aluvión de *hipsters* llegados al reclamo del Parque Olímpico.

«El barrio está lleno de espacios verdes, además de estar surcado por canales y por su propio río, el Lea, afluente del Támesis. Tenemos también una de las mayores granjas urbanas de Londres y siempre ha sido un lugar abierto al arte y a la innovación».

Una de las primeras acciones de Plastic Free Hackney fue precisamente la limpieza del río y del canal, con la participación de casi un centenar de voluntarios que en pocas horas llenaron doscientas bolsas con residuos. «Los niños se volcaron en la tarea y todos nos quedamos abrumados por lo que fuimos capaces de encontrar», recuerda Bettina.

Lo más frecuente, las bolsas de supermercados y las botellas de refrescos. Y también, los pequeños paquetes de zumo y las ubicuas pajitas. Por no hablar de los pañales, los preservativos, los aplicadores de los tampones, los zapatos viejos y los balones pinchados, acumulados a orillas del Lea. En las limpiezas vecinales han llegado a aparecer colchones inflables, maletas con ropa, pelotas de golf y hasta dos iPads.

«No somos conscientes de la marea de residuos en la que vivimos y del destino final de todo lo que consumimos y desechamos», advierte la fundadora de Plastic Free Hackney. «Y es increíble la sensación de empoderamiento de los vecinos, y especialmente los niños, cuando contribuyen a la limpieza de las comunidades. Quienes se apuntan una vez, repiten».

«No podemos quedarnos en la limpieza y no cuestionarnos cómo el plástico ha llegado hasta allí», recalca Bettina. «Es necesario remontarse al origen, a la producción y al consumo, como parte de esa dependencia de los combustibles fósiles que tenemos que dejar atrás. Para eso hace falta presión social y acción política, logrando cambios en las leyes para aplicar el viejo principio: quien contamina, paga».

Hay que empezar a luchar contra la marea del plástico desde la infancia, de ahí el empeño de Plastic Free Hackney por implicar en sus campañas a los colegios. El Gobierno local se ha embarcado también en la misión posible y el gestor de servicios de reciclaje, el bilbaíno Ander Zabala, se ha propuesto «maximizar el efecto Bettina» para crear conciencia ante los residuos y avanzar hacia el reto #ZeroWasteHackney.

Bettina está volcada, sobre todo, en extender su radio de acción a las empresas, restaurantes y comercios locales para que apuesten por las alternativas que ya están en el mercado. Para tener un atisbo del cambio en ciernes, nos lleva hasta el Bulk Market, el paraíso a granel de Hackney, a comprar cereales integrales y productos de limpieza: «Vosotros traéis vuestros recipientes, nosotros los llenamos con amabilidad».

Desde su rincón en el este de Londres, en lo que empieza a parecerse ya a un barrio sin plásticos, Bettina Maidment reivindica el poder de las acciones personales: «Lo que hacemos en nuestras vidas puede parecer una gota en el océano, pero soy de las que cree en el efecto multiplicador de los pequeños grandes cambios».

• • •

Los surfistas de Cornualles fueron los primeros en otear la ola. Allá por los años noventa, el problema eran las aguas residuales. Poco a poco empezó a tomar cuerpo la plaga del plástico, y Surfers Against Sewage (SAS) levantó la voz y la tabla ante lo que se venía encima. Desde su enclave marino en St. Agnes, en la punta suroeste de Inglaterra, el grupo de infatigables activistas ha lanzado ahora el reto de las Costas sin Plásticos.

«Los surferos sentimos antes que nadie el impacto en nuestros propios cuerpos y en las playas que amamos», asegura **James Harvey**, director de campañas de SAS. «Nos hemos tomado el asunto como una cuestión personal y emocional. Cuando hablamos de este tema, lo hacemos con nuestro corazón "azul". Y pedimos a la gente que se una a nosotros en esta lucha, que es la de todos».

Penzance fue la primera ciudad costera en lograr la certificación *plastic free*. «Las previsiones se han superado con creces», reconoce James Harvey. «Más de 270 comunidades de todo el Reino Unido, con una población total de 20 millones de habitantes, han decidido asumir el reto».

El reto consiste no solo en la creación de grupos de voluntarios para limpiar periódicamente las costas, sino que la acción se extiende a las campañas de concienciación ciudadana y de educación en las escuelas. Aunque el punto clave es el compromiso de las empresas locales —sobre todo los hoteles y los restaurantes— en la ardua tarea de acabar con el plástico de un solo uso: de los cubiertos desechables a los vasos para el café, pasando por las ubicuas pajitas.

La certificación *plastic free* no garantiza que de un día para otro desaparezca el plástico de las playas, pero sí refleja una ambición y un propósito colectivo de acabar con la cultura de usar y tirar. La idea impulsada por los surfistas de Cornualles ha cuajado ya en lugares tan dispares como Dubái y las islas Malvinas, pasando por la ribera del Támesis y por el palacio de Westminster.

Hasta allí llegó recientemente el barco fletado por Surfers Against Sewage y fabricado con el plástico recogido en las playas de Cornualles, por aquello de hacer visible la dimensión del problema. La simbólica botadura puso en marcha la campaña Plastic Free Parliament. Objetivo: eliminar los dos millones de artículos de plástico de un solo uso que todos los años consumen sus señorías.

REPARAR Y NO DESESPERAR

Arie llega con una radio que ha dejado de funcionar. Jake carga con una panificadora averiada. Wilber trae su vieja cadena musical, convencido de que el problema está en el amplificador... Uno a uno, los aparatos van desfilando ante las manos expertas de Dirk Vries, profesional de la electrónica de sesenta y siete años ya jubilado que acude a la cita con su inseparable maletín de herramientas para reparar (gratis) todo lo que le echen.

Estamos en el Repair Café de Amstelveen (Países Bajos), donde los vecinos están invitados a llevar sus viejos cacharros estropeados con la esperanza de prolongar su vida. Bajo el lema ¿TIRARLO? ¡NI PENSARLO!, los holandeses se han apuntado al buen hábito de reparar y lo han convertido en un movimiento social.

Más de mil cafés de «reparadores» dan ya la vuelta al mundo, con parada obligada en España. Para viajar a los orígenes del movimiento hay que ir hasta Ámsterdam y salir al encuentro de **Martine Postma**, la periodista ambiental que se cansó de escribir y sintió la necesidad de pasar a la acción: «Se nos va la fuerza por la boca hablando de sostenibilidad, cuando lo que necesitamos es hacer cosas y usar nuestras manos».

La particular «bestia negra» de Martine era y sigue siendo la cultura de «usar y tirar». Con el idealismo inicial, pensó que los Repair Cafés eran la solución idónea para acabar, barrio a barrio, con esa avalancha de productos que se convierten en «residuos» antes de tiempo. «Al cabo de más de una década he terminado aceptando que no somos la solución definitiva, pero sí el germen del cambio», reconoce Martine, satisfecha de ver cómo el movimiento se está propagando por Europa gracias al impulso de la Repair Café Foundation y de un cada vez mayor reconocimiento oficial.

«Creo que estamos mandando un poderoso mensaje al sistema: no podemos seguir funcionando con esta mentalidad», advierte la fundadora de los Repair Cafés. «La gente quiere productos duraderos y que se puedan reparar, porque es más económico para todos y porque es bueno para el medio ambiente».

«El problema es que muchas veces resulta más barato y fácil comprar un aparato nuevo que reparar el que ya tienes», reconoce Martine. «Lo que hace falta es cambiar radicalmente el sistema desde el momento del diseño. Y dar incentivos a los productos reparables, penalizar la obsolescencia programada. Lo que ahora llamamos economía circular es puro sentido común: todo o casi todo se puede reaprovechar».

El 70 por ciento de los aparatos que pasan por los Repair Cafés vuelven a funcionar gracias a expertos como Dirk Vries, el «manitas» de Amstelveen, que tiene todo el tiempo del mundo desde que se jubiló y vuelve a sentirse reconocido y apreciado. «Me he pasado media vida reparando cosas y estoy encantado de volver a hacerlo. Algunos aparatos se resisten más que otros, pero entre tres o cuatro "expertos" acabamos encontrando casi siempre una solución. Todo es ponerse manos a la obra».

«Los cafés cumplen también una función social», recalca la fundadora Marine Postma, que recibe consultas y remite a todas las partes del mundo su kit para poner en marcha un café de reparadores. «Cada cultura tiene su propia peculiaridad, pero hay dos elementos muy comunes que se repiten:

las tiendas de reparación han ido desapareciendo, y sin embargo todo el mundo conoce a alguien en su entorno con esa rara habilidad para reparar. Los cafés sirven para "rescatar" a toda esa gente tan extraordinariamente útil y conectarla con redes locales. No solo evitamos que miles de cacharros acaben en el vertedero, sino que creamos comunidad al mismo tiempo. Emilie llega con su tostadora averiada. Enna, con su lámpara de suelo que no se enciende. Sam, con su móvil que no funciona. Tony, con su vieja impresora que se ha quedado atascada...

Estamos ahora en Londres, en uno de los talleres itinerantes del Restart Project, que recorre la capital británica con un mensaje alentador: REPARAR Y NO DESESPERAR. **Janet Gunter** y **Ugo Vallauri** pusieron en marcha el proyecto inspirados por los Repair Cafés holandeses y por el Fixers Collective de Brooklyn.

La chispa del Restart Project surgió inesperadamente en África cuando Ugo trabajaba en un proyecto de cooperación en el cambio de milenio: «Fui allí a divulgar las virtudes de los teléfonos móviles y a cambio recibí lecciones vitales realmente impagables, del estilo "cómo prolongar la vida de un simple cable"».

A su regreso al Reino Unido, en plena década de la austeridad, Ugo decidió poner en práctica aquellas lecciones. «La crisis sirvió de acicate. Pasamos de ser una masa de individualistas a descubrir el poder de las redes. La gente no solo busca prolongar la vida de sus aparatos para ahorrarse unas libras o unos euros. En el fondo, todos estamos deseando conectar y encontrar soluciones colectivas».

«Hay una magia para resolver los problemas en grupo que sin duda no la hay cuando uno trabaja en solitario», sostiene Janet, involucrada en el cambio social con Global Voices. «Hay también una posibilidad inexplorada de crear empleo con esta idea, tanto para gente mayor que tiene los conocimientos y la práctica como para gente joven e inexperta que aprende sobre la marcha y así se siente útil».

El Restart Project ha servido de catalizador de «clubs de reparadores» en media docena de países y ha contribuido a crear esta contracultura que se dio cita en el 2019 en el primer Fixfest. El movimiento ha tomado también un cariz político con la Declaración de Mánchester, que sirvió de lanzadera a la campaña europea por el «derecho a reparar». La parte práctica sigue siendo sin embargo esencial: los objetos reparados en los dos primeros meses del 2020 supusieron un ahorro estimado de 19.839 kilos de desechos.

«Estamos asistiendo a una rebelión contra el hiperconsumismo que te obliga a cambiar cada dos años de coche, ordenador y teléfono móvil», sostienen Ugo y Janet. «Estamos ante un "nuevo comienzo", descubriendo el auténtico valor de las cosas. No podemos consolarnos con el reciclaje, que es el diablo, la ultimísima opción... Antes de tirar nada conviene preguntarse: ¿lo puedo reparar?».

• • •

El enigmático **Mr. Jalopy** huye de todas las etiquetas. Aunque si tuviera que definirse a sí mismo en pocas palabras, lo haría así: «Mecánico de bicicletas, soldador experimental, reparador electrónico, diseñador industrial, inventor de garaje, constructor, carpintero, bloguero y activista». En resumidas cuentas: un perfecto *maker*.

Estamos ante el pionero del movimiento que ha dado un nuevo impulso al lema HAZLO TÚ MISMO en el siglo XXI. Más de 100.000 entusiastas convergen todos los años en el Makers Faire de San Mateo, en el corazón de Silicon Valley, en ese cónclave de inventores, reparadores y «manitas» replicado ya en medio mundo. La fiebre tecnológica, el *boom* de las impresoras en 3-D y la producción en código abierto han alentado el fenómeno imparable de los *makers*.

Y todo empezó aquí, en un discreto taller de bicicletas en Riverside, donde el visionario Mr. Jalopy recibió la visita de Dale Dougherty —hasta entonces dedicado a la publicación de libros técnicos— y Mark Frauenfelder, deseoso de darle un giro a su carrera después del pinchazo de la burbuja tecnológica.

Frauenfelder recuerda la visita al taller de Mr. Jalopy como una experiencia iniciática: «Su garaje era la expresión personal de su filosofía. En su mundo particular, todos los objetos aparentemente inservibles adquieren un nuevo significado. Toda su vida gira en torno a reparar cosas o a inventar algo nuevo con lo viejo».

Aunque el propio Mr. Jalopy (que antes se llamaba Peter) intenta restarle méritos a su contribución al fenómeno: «Puede que la última chispa haya saltado aquí, pero la verdad es que el fenómeno del Do It Yourself (DiY) existe desde tiempos inmemoriales. La gente ha inventado siempre en sus garajes, en todos los vecindarios conocíamos a un "manitas" capaz de hacer funcionar cualquier cosa».

«Lo que ha cambiado ha sido la conciencia de grupo», reconoce Mr. Jalopy en su mundo particularísimo (y sorprendentemente pulcro) de radios, pedales y llantas. «Somos muchos y gracias a la tecnología nos estamos multiplicando. Internet está cambiando el mundo más rápido de lo que pensamos: ya no nos limitamos a crear redes, ahora nos vemos las caras, compartimos conocimientos y fabricamos increíbles objetos tridimensionales».

Mr. Jalopy se jacta de haber inventado el iPod más grande del mundo y el triciclo videoproyector para sesiones al aire libre, entre otros cachivaches fabricados a partir de aparatos preexistentes. «A los *makers* nos une un espíritu *punk* de amateurismo total. No hay mejor manera de avanzar que aprendiendo de tus mismos errores. Casi todos somos autodidactas y a casi todos nos mueve el mismo impulso de hermanar lo físico y lo digital».

Desde su taller en Los Ángeles, Mr. Jalopy reivindica todas las «erres» posibles mientras da nueva vida a las bicicletas moribundas que caen en sus manos: «La mejor bici para el medio ambiente es la que ya existe, no la que está hecha con materiales nuevos... Hay un valor añadido en trabajar con lo que otras manos han moldeado, como si los objetos tuvieran nueva vida».

Aunque le cuesta mucho salir de su taller, Mr. Jalopy suele escaparse todos los años al cónclave de San Mateo para reivindicar la Declaración de Derechos de los Makers o apuntarse al subversivo Manifiesto de los Autorreparadores, con una llave inglesa reemplazando la hoz y el martillo: «Reparar es mejor que reciclar. Reparar es salvar el planeta. Reparar es compartir y conectar».

SIMPLICIDAD RADICAL

Ser radical es ser fiel a tus raíces. Así lo entendió siempre el estadounidense **Jim Merkel**, autor de uno de esos libros de largo recorrido, *Simplicidad radical*, que cobra una nueva dimensión con cada lectura. Ser radical es también llevar las cosas hasta cierto extremo, y eso fue lo que hizo el propio Jim, que trabajó como ingeniero militar para la industria armamentística en Estados Unidos antes de dar un giro copernicano al ecopacifismo de pala y rastrillo.

Durante casi dos décadas, y en la época de las vacas gordas, Jim se las ingenió para plantar cara al consumismo y vivir con apenas 5.000 dólares al año (la media de dinero del que disponen los más de 7.000 millones de habitantes del planeta). Su experiencia fraguó en ese libro que ha dado la vuelta al mundo y que sigue siendo el faro insustituible para todos aquellos que quieran recorrer la senda de la simplicidad y reducir su huella ecológica.

Jim Merkel pasó largos inviernos en los bosques de Vermont viviendo en una casa de madera de 60 metros cuadrados que él mismo construyó, cultivando la mitad de sus propios alimentos (coles, zanahorias, patatas, avena) y moviéndose sobre todo en bicicleta (y ocasionalmente con un viejo Honda Civic para distancias largas).

La simplicidad extrema la llevó a rajatabla hasta cumplir los cincuenta. Conoció a Susan Cutting, su media naranja. Tuvieron un niño al que llamaron Walden en homenaje a Henry

David Thoreau («Simplificad, simplificad...»). Pasaron luego un tiempo en el centro de permacultura Newforest Institute, hasta que se instalaron finalmente en Belfast (Maine). Primero en una yurta, después en una casa autoconstruida con los máximos principios de eficiencia energética.

«La radicalidad sigue ahí, aunque un poco templada por la edad», reconoce Jim. «Mi amor por la Madre Tierra no ha menguado un ápice. Ahora bien, camino de los sesenta y con un hijo, tu perspectiva cambia. Digamos que no soy tan estricto y tengo que llegar a ciertos compromisos para que mis decisiones no afecten a mi vida en familia».

De común acuerdo, Jim y Susan decidieron echar raíces en este pueblo de algo más de 7.000 habitantes en la deslumbrante embocadura del río Penobscot, donde la lengua del Atlántico se funde mágicamente con la fronda de los bosques...

«Sin las complicaciones de una ecoaldea, nos sentimos parte de una comunidad más extensa y vibrante. Susan se deja llevar más por las sensaciones y está convencida de que este es nuestro lugar. A mí me mueven más las ideas, y aquí puedo trabajar mano a mano con gente comprometida, y seguir con mis clases a distancia de Sostenibilidad en el Unity College. Desde que trabajé para reverdecer desde dentro el campus de Dartmouth, siempre he querido estar muy en contacto con la gente joven».

Jim Merkel recuerda su propia juventud como si fuera otra vida. Nacido en Nueva York en 1958, se licenció como ingeniero electrónico y acabó trabajando para una contrata del Pentágono, TRW. «Vendía productos de alta tecnología a Irán e Irak cuando estaban en guerra. A finales de los años ochenta me mandaron a España a vender electrónica criptográfica. También tuve que negociar con regímenes brutales como el de Turquía».

Su epifanía ocurrió en 1989, cuando apuraba una cerveza belga en un bar de Estocolmo mientras pensaba en la venta al ejército sueco de su último ingenio: un ordenador que cabía en la palma de una mano y era capaz de resistir incluso a la onda expansiva de una bomba atómica.

«Recuerdo cómo esa noche los ojos se me quedaron clavados en la televisión: "¡Desastre ecológico en Alaska!". El casco partido del *Exxon Valdez* no dejaba de escupir petróleo y ahí estaban los cormoranes estrangulados y las focas asomando la cabeza entre la materia viscosa. Me sentí de alguna manera cómplice de todo aquello».

«Yo era un joven ingenuo y acomodado que con una mano votaba a Reagan y con la otra sostenía el manillar de una bicicleta», recuerda Jim. «Mis visitas a Europa y a otros lugares del mundo me sirvieron para ver los efectos de la política imperialista de mi país, que aún no resultaban tan patentes».

Tras su conversión al poco de cumplir los treinta, Jim Merkel fue vicepresidente del Sierra Club en Santa Lucia y militante de la bicicleta en San Luis Obispo. Dejó atrás California y saltó a la Costa Este con su Proyecto para la Vida Global, presto a dar el salto de frugalidad que ha marcado la segunda mitad de su vida.

«Digamos que tuve una crisis espiritual: mi espíritu estaba desesperado por saber cómo compartir la Tierra no solo con el resto de humanos, sino con todos los seres vivos. Si el planeta se nos ofreciera en un gran bufé, nosotros estaríamos entre los primeros 1.000 millones de habitantes y comeríamos 250 veces más que los últimos 1.000 millones. En Estados Unidos y en Europa tenemos la suerte de ser los primeros de la fila, ¿pero cómo hacer para que los últimos no se queden fuera del banquete?».

Con su elocuencia a prueba de bombas y su ejemplo de transformación vital, Merkel fue uno de los pilares del Foro de la Simplicidad Voluntaria, que nadó contracorriente en los «felices noventa». En esos años pasó una temporada en Kerala, donde aprendió y practicó la esencia de la simplicidad radical («aún hoy lavo mi ropa a mano en solidaridad con las mujeres que conocí en la India»).

El libro lo escribió antes de ser padre, con la experiencia acumulada de casi quince años viviendo con el imperativo de los 5.000 dólares al año. La frugalidad fue dando paso a la flexibilidad, pero sin renunciar a los principios con los que construyó su casa en Maine: «La madera es de pino y roble de los bosques cercanos. El aislamiento está hecho con papel de periódico. Los criterios son muy parecidos a la *passivhaus*, con ventana de triple vidrio y máximo aprovechamiento de la luz solar. Las placas térmicas nos dan agua caliente y las fotovoltaicas nos valen para las mínimas necesidades energéticas. Tenemos un sistema de saneamiento seco y compostable».

El pequeño Walden asistió al crecimiento de la casa y contribuyó con sus pequeñas manos al laborioso ensamblaje: «El niño ha recibido una lección impagable de autoconstrucción que esperamos le sirva con el tiempo. También ayuda en el jardín de permacultura, donde él mismo se sirve el desayuno. Para él la simplicidad es la normalidad. Y también un juego, una búsqueda apasionante y una constante celebración. Nadie tendrá que explicarle que esto lo hacemos por amor al planeta».

• • •

Graham Hill mira de reojo su bicicleta ultraligera, diseñada por él mismo en un blanco impoluto que crea la sensación de total simbiosis con la pared, como si quedara suspendida en vez de apoyada. La bicicleta, la cama plegable, el despacho multifuncional y todo lo que brilla y reluce en su luminoso pisito de 39 metros cuadrados forma parte de un experimento personal de «reducción de espacio» Life Edited.

Hill llegó al minimalismo por la vía del diseño. Desde los inicios de esta singladura, que empezó en realidad con el portal de ecología práctica TreeHugger, se propuso ir más allá y convertirse en ejemplo vivo de lo que predica.

Llamarle a alguien *treehugger* (literalmente, «abrazador de árboles») era poco menos que tildarle de ingenuo o iluso, ponerle el estigma de ecologista inadaptado. Hasta que llegó Hill, en plena eclosión primaveral de los blogs, y decidió bautizar a su retoño precisamente así, a modo de afrenta verde. «Corría el año 2004 y la mayoría de los sitios web estaban dedicados a la ecología del "no". Nosotros decidimos hacer algo distinto, poner el "sí" por delante y hablar de nuestras esperanzas y aspiraciones».

Tecnología y ecología pueden caminar de la mano, como lo hicieron el propio Graham Hill y su socio Ken Rother, que puso su visión estratégica en la web. Los dos se embarcaron a la busca de ideas y soluciones a los problemas más acuciantes del planeta. En poco tiempo, TreeHugger se convirtió en el blog más puntero de la ecología positiva en Estados Unidos. La compañía Discovery se percató y lo compró en el 2007.

Pero Hill y Rother no se dejaron cegar por el «pelotazo» verde. Ahí siguen, impulsando iniciativas para minimizar el impacto ecológico, como este Life Edited, que pretende sacarle todo el jugo posible al mínimo espacio. Con parte del dinero de TreeHugger, Hill compró dos pisos en Manhattan y convocó un concurso en el que participaron trescientos arquitectos y diseñadores de todo el planeta.

«¿Queremos construir una vida mejor o no queremos?». Esa debe ser la pregunta que nos debe unir a todos en la labor. Para Hill, la vida mejor obedece a una fórmula difícilmente rebatible: menos cosas, menos deudas, menos estrés, menos emisiones...

«En nuestro afán por más y más, los estadounidenses hemos perdido la alegría de vivir», sostiene Hill. «En menos de treinta años hemos triplicado nuestro espacio vital. Vivimos en casas más grandes, tenemos coches más grandes, hemos creado la boyante industria de los almacenes personales, que mueven al año 22.000 millones de dólares. Ocupamos más espacio. ¿Somos acaso más felices?».

La respuesta parece obvia. Hill nos invita a meter virtualmente todas nuestras pertenencias en una caja ficticia y a usar solo lo que necesitemos. «El espacio vital es sagrado. Tenemos que ser implacables con lo que nos sobra. Y descubrir la multifuncionalidad de los objetos. Y darnos cuenta de que lo pequeño es realmente sexy. Hay que hacer sitio en nuestra vida para lo realmente importante».

10
EDUCACIÓN

El 82 por ciento de los menores de doce años juega al aire libre menos de 1 hora al día (la media ante una pantalla es de 5 horas).

Unos 7,6 millones de niños y adolescentes participaron en la huelga climática de septiembre del 2019 organizada por Fridays for Future.

Una de cada cinco niñas en el mundo carece de acceso a la educación.

LA SABIDURÍA DE FÉLIX

Odile Rodríguez de la Fuente no tiene nada en contra del sobrenombre de «Félix, el amigo de los animales» con el que su padre pasó a la historia. Al fin y al cabo, es una denominación cariñosa que le acerca a los niños, que sirve para recordarlo como «un personaje simpático, popular y aventurero». Pero es un apelativo que se queda terriblemente corto para describir al mayor naturalista de nuestra historia, que fue también comunicador, antropólogo, filósofo, visionario, agitador de conciencias...

Su muerte en accidente aéreo, cuando viajaba en avioneta por Alaska para rodar uno de sus fascinantes documentales, provocó un duelo nacional y dejó una tremenda sensación de orfandad en grandes y pequeños. Al cabo de más de cuarenta años, su voz resuena como si estuviera vivo, su figura se engrandece y su legado sigue creciendo, condensado ahora en *Félix. Un hombre en la tierra*, el libro que le dedica la más pequeña de sus tres hijas.

«He querido redescubrir al Félix auténtico», confiesa Odile, que tenía siete años cuando ocurrió la tragedia y llenó el inmenso vacío siguiendo los pasos de su padre y estudiando biología y cine. «Creo que este libro destila lo extraordinario que fue, más allá de su labor como naturalista y divulgador científico. Félix fue también un pensador, un humanista que elevó nuestro nivel cultural».

«Y lo hizo llevado por su pasión y su necesidad de compartir con nosotros su asombro y su amor por el mundo natural», añade Odile. «Félix provocó un despertar colectivo, una reconexión con la naturaleza y con nuestra naturaleza atávica. Fue como un chamán o un filósofo socrático, con una visión holística e interconectada de la vida».

Félix. Un hombre en la tierra es como el intimísimo y definitivo cuaderno de campo de 375 páginas del «amigo del ser humano», con ilustraciones que nos devuelven aquel sentido de la aventura que tuvimos fugazmente de niños... El aullido del lobo. Y el vuelo del halcón. Y el águila perdicera, el buitre leonado y el quebrantahuesos. Y el último lince, el macho montés y el lirón careto. Especies que forman ya parte de nuestra eterna infancia, con aquella música tribal que anunciaba la llegada inminente de *El hombre y la tierra* y convocaba a la familia entera en el sofá.

Pasando las páginas de *Félix. Un hombre en la tierra*, uno tiene también la sensación de volver a escucharlo en aquellos programas hipnóticos de *La aventura de la vida* en la radio, a los que acudía sin guion y presto a improvisar. Y eso por no hablar de las páginas deslumbrantes de la Enciclopedia Salvat de la Fauna (con nada menos que 18 millones de volúmenes vendidos).

Toda la sabiduría de Félix está concentrada ahora en este homenaje palpitante de su hija, que lo recuerda como «un niño con piel de adulto» y nos invita a viajar hasta sus orígenes en Poza de la Sal (Burgos) para entenderlo todo. Allí disfrutó el futuro médico (antes que naturalista autodidacta) de casi total libertad para explorar su entorno hasta los diez años, cuando tuvo que pasar finalmente por el rigor escolar y decir adiós a sus llanuras soleadas y su afán explorador de niño prehistórico, como él mismo decía.

«Dichosa infancia campestre, maravillada cada día ante los secretos de la vida. Dichosa curiosidad antigua, telúrica, que colma tu sed directamente en las fuentes de la tierra y va ligando al hombre, mediante raíces fuertes y profundas, a la naturaleza de la que es síntesis y espejo».

«Mi padre temía que el ser humano se desnaturalizara cada vez más y acabara neurótico y perdido en el laberinto de su propia mente», recuerda Odile. «La mayoría de los niños crecen hoy en ciudades sin apenas contacto con la naturaleza y se les "domestica" cada vez antes en los colegios. Estamos forjando una sociedad futura desnaturalizada, vacía y muy perdida, lo que nos hace muy vulnerables y sin la fortaleza necesaria para afrontar los retos que se ciernen sobre nosotros».

El libro sitúa a Félix no solo en su entorno geográfico en el corazón de Castilla, donde podía escuchar bajo la luna llena el aullido del lobo, sino también en el contexto histórico y hostil de la España tardofranquista. «Estábamos al final de la dictadura, en medio del desarrollismo, que incitaba a la gente a dejar los pueblos y emigrar a las ciudades, en un país en el que existía la Junta de Extinción de Animales Dañinos».

Y, sin embargo, Félix tuvo la virtud de no provocar odios ni rencores con una visión radical para aquellos tiempos, con su mensaje de no agresión a la naturaleza... «Siempre fue un vitalista que veía el vaso medio lleno y que afrontaba los retos como estímulos. Quizá pensaba que estábamos tan confundidos que tendríamos que tocar fondo para tomar conciencia de las cosas que realmente importan en la vida».

Félix, como precursor casi de la teoría Gaia de James Lovelock, que considera la Tierra como un sistema vivo, complejo y autorregulado. Félix, como impulsor del movimiento ecologista, maestro reconocido por toda una generación. Félix, también, como pionero de la agricultura biológica y del «reciclaje total».

Más que ofrecernos su legado, Odile reivindica la rabiosa actualidad de su padre en estos momentos críticos y ante problemas como el cambio climático o la pérdida de biodiversidad: «Hace falta un grandísimo esfuerzo de educación y comunicación, y para mí —como para tantos otros que descubrieron su vocación de niños— el paradigma sigue siendo Félix. Él nos lanza mensajes atemporales que parecen escritos hoy mismo. Él nos trasmite la emoción de la vida y nos habla del vínculo y de la empatía con el medio natural. Yo creo que el mérito de mi padre fue "naturalizar" al ser humano. Nos hizo vernos a nosotros mismos en el espejo de la naturaleza».

Odile mantuvo vivo durante años el legado de Félix a través de la fundación que lleva su nombre y prolongó su mensaje a través de la revista *Agenda Viva* y de campañas como EnArbolar y ConSuma Naturalidad. También se sumó a la campaña Rewilding Europe y rompió una lanza por el mundo rural.

«Ahora lo más importante es comunicar», sostiene Odile Rodríguez de la Fuente. «Mi padre era un gran comunicador y un gran generador de cambio. Su visión no era atacar los síntomas, sino ir a la raíz del problema, redescubrir el vínculo entre el hombre y la tierra, crear una conciencia profunda y una ética ambiental».

Y se despide Odile dejándonos con algunas de las citas predilectas de su padre y recordándolo al final con sus halcones, esperando siempre «el estado físico y anímico óptimo» que los expertos en cetrería definen como *yarak*. «Félix fue un hombre que emprendió el vuelo de su vida en *yarak*, conectado consigo mismo y disfrutando al máximo de su singladura vital [...]. Nos estimuló a romper amarras con el miedo y adentrarnos en la vida con el corazón y el alma abiertos, a sentirnos parte de algo mucho mayor y poderoso que nos alberga y espera con infinita generosidad».

• • •

«No tenemos otro planeta. Y es maravilloso, azul, rutilante y único, como una piedra preciosa engarzada en el vacío, en el negro y silencioso espacio sideral. Y nosotros estamos dentro: en esta casa única que tenemos y que no sabemos cuidar. Solo tenemos un planeta y no podemos marcharnos de él».

«El hombre no es un ovni venido de una lejana galaxia. El hombre es un poema tejido con la niebla del amanecer, con el color de las flores, con el canto de los pájaros, con el aullido del lobo y el rugido del león».

«Los únicos seres que pueden transformar la energía solar en vida son las plantas. Todos los demás somos más o menos parásitos y subsidiarios del estrato vegetal que cubre la corteza de la Tierra».

«La humanidad no tiene que inventar nada nuevo. Lo único que debe hacer es funcionar con los mismos parámetros con los que funciona la biosfera, esa gran comunidad de seres vivos en la cual estamos integrados».

«No deja de resultar irónico el hecho de que la más gloriosa criatura que puebla nuestro mundo, la que atesora en sus circunvoluciones cerebrales la más poderosa y exitosa máquina que ha producido la evolución, sea precisamente la causante de la amenaza, del acoso, de la persecución implacable de la vida, aunque esa persecución implique su propia muerte».

«Nada es más sobrecogedor, ni más hermoso, en la noche alta estrellada, en la noche del páramo de Castilla, que el aullido lejano del lobo. Es como si nuestro planeta no hubiera perdido su espíritu salvaje, es como si la Tierra conservara todavía algo del lejano Paleolítico y estuviera viva, lozana y palpitante».

«Los entresijos de la ecología, los entresijos de esa ciencia que seguramente allá para el año 2000 será como una especie de decálogo, formarán la base de una filosofía a la cual el hombre, como todos los animales vivientes, tendrá que atenerse».

«Entre el hombre y la Tierra existe un abrazo profundo, un cordón umbilical irrompible, igual al que puede haber entre el niño y la madre cuando este permanece en el claustro materno».

«Me toca decirles nuevamente no adiós, sino hasta luego. Creo que en la vida nunca se puede decir adiós, pues formamos parte de un universo que se reconstruye a sí mismo. Somos eslabones de una larga cadena cuyo origen se pierde en la noche de los tiempos y cuyo fin está todavía por forjar».

LA NATURALEZA, MADRE Y MAESTRA

La escuela se llamaba Madreselva, en la Vera cacereña. Allí no había aulas ni paredes, los niños aprendían en el bosque. Había también una vieja furgoneta policial que servía de biblioteca, un tipi indio y una casita de madera que los chavales habían ayudado a construir. Las horas avanzaban de la manera más natural, sin las estrecheces académicas. Los niños jugaban y exploraban en libertad. Pasaban horas a cielo abierto en contacto con su entorno natural. Y no tenían ninguna prisa por volver a casa.

Recuerdo que llegué a Madreselva en un coche prestado que se quedó sin batería, atraído sin duda por la magia del lugar. Eso me permitió pasar más tiempo con mi anfitriona, **Heike Freire**, en su doble faceta de pedagoga y comunicadora. Nuestros caminos han confluido varias veces desde entonces, casi siempre en la encrucijada de la educación verde.

«Nuestros pueblos no son como los de Escocia o Suecia, con un bosque a la vuelta de la esquina», advierte la autora de *Educar en verde*. «Pero quien dice un bosque dice una dehesa, o una playa, o un espacio natural que queda cerca de la escuela. Y luego están los patios de cemento y hormigón, desaprovechados durante décadas, que ahora se están convirtiendo en jardines, huertos y vergeles. El caso es acercar los niños a la naturaleza, porque los niños son naturaleza y necesitan ese contacto no solo para su aprendizaje, también para su bienestar».

Heike se remite al «maestro» Richard Louv, autor de *Los últimos niños en el bosque*, que acuñó hace tiempo el concepto de «déficit de naturaleza». El término está bien para definir la gran carencia que tienen hoy los niños en estas junglas de asfalto que hemos creado. Pero lo último que necesitamos, me recuerda como buena experta en estos temas, es «un nuevo trastorno a la busca de una nueva medicina».

Heike Freire es también autora de *¡Estate quieto y atiende!*, en el que critica el sobrediagnóstico de la hiperactividad y el déficit de atención y se pregunta si no estamos ante «un reflejo de las dificultades de los niños para adaptarse a las enfermizas condiciones de vida que les impone la sociedad actual». En su opinión, «cuando a los niños les damos la oportunidad directa de conectarse con la tierra y sus ritmos, de desacelerar, de abrirse a la estimulación suave y no invasiva que proporciona el mundo natural, los síntomas del TDAH desaparecen o se reducen bastante».

En plena pandemia, Heike Freire escribió un cuento, «Caperucita y el CovidLobo» (con ilustraciones de Rocío Peña), en el que se puso en la piel de una niña durante el confinamiento. «El miedo va muy mal con el aprendizaje, y, sin embargo, lo seguimos utilizando», nos previene. La larga pausa debería haber servido, en su opinión, para replantear el papel de las escuelas y adaptarlas a las necesidades de los niños en estos momentos críticos, en vez de centrarse exclusivamente en los protocolos sanitarios y de distanciamiento social a la vuelta al cole.

«Los niños recibieron un "shock" muy fuerte durante el confinamiento, especialmente en España, donde estuvieron más de un mes y medio sin pisar la calle y privados del contacto con sus iguales», recuerda Heike. «Los maestros deben acogerlos y ayudarlos a elaborar esa vivencia traumática, y no volver a traumatizarlos. Y ahondar en la idea de la "escuela íntima", trabajando en grupos pequeños y con mezcla de edades. Y renaturalizar las escuelas, convertirlas en lugares de desarrollo humano, ir más allá de la formación académica y explorar las dimensiones emocionales, sociales, intuitivas y creativas de los niños».

Otra de sus preocupaciones es la «tecnosfera» en la que se mueven los niños desde edades cada vez más tempranas. Heike habla incluso de «la situación de arresto escolar, domiciliario y tecnológico» en la que viven los chavales, confinados el 76 por ciento de su tiempo entre cuatro paredes. Los niños españoles pasan al año una media de 990 a 1.200 horas ante las pantallas, frente a 960 horas en la escuela.

«La tecnología debe usarse en todo caso como complemento o para ampliar conocimientos, pero no puede convertirse en sucedáneo de la vida real», advierte Heike. «Un niño no puede crecer pegado a un móvil. Los chavales necesitan tocar, oler, sentir. Es la manera natural de desarrollar su psicomotricidad y su sociabilidad».

«Lamentablemente, el único objetivo de la educación oficial es crear "trabajadores competitivos en la economía global», se lamenta la autora de *Educar en verde*, que fue asesora del Gobierno francés desde el Instituto de Educación Permanente y se curtió junto a colaboradores de Ivan Illich y Paulo Freire. «El sistema está diseñado exclusivamente para aumentar la presión académica, y nos olvidamos de la dimensión integral de la educación. Para nada se tienen en cuenta la creatividad y el bienestar del niño. Todo tiene que ser productivo y evaluable».

Frente a la pedagogía blanca (las recompensas) y la pedagogía negra (los castigos), Heike reivindica el valor de la pedagogía verde, que propone a cambio un acompañamiento de los procesos naturales de desarrollo, autoconocimiento y aprendizaje en los niños. «El contacto con el entorno natural favorece ese reencuentro, la reconexión con nosotras mismas y con el planeta. La naturaleza es un espacio sabio y vivo en el que nuestra especie surgió hace cientos de miles de años. Nos ofrece experiencias que no tienen sustitutivo, especialmente en la infancia. Integrarla en la educación es empezar a construir esa transición ecológica que tanto necesitamos».

Más que como una «nueva» asignatura, Heike ve el medio ambiente como una materia transversal que empape todos los conocimientos: «Tiene que ser el nexo de todas las materias, el eje de un currículo mucho más flexible, donde cada cual pudiera construir su propia trayectoria. No tenemos ni idea de lo que requerirá el mercado de trabajo en diez o quince años, pero sabemos que necesitaremos buenas personas... Y seguramente agricultores para producir alimentos de proximidad. Y biólogos capaces de reparar los ecosistemas. E ingenieros que puedan diseñar tecnologías inspiradas por la naturaleza. Y artistas que puedan crear historias e imágenes que simbolicen una nueva cultura centrada en la vida y enraizada en la tierra».

Además de «renaturalizar» las escuelas, los niños han de mantener «una relación sostenida, cotidiana y continua» con la naturaleza. «Así es como se desarrolla la conciencia ecológica, alimentando esos sentimientos de amor al planeta con los que todo niño y niña vienen al mundo», señala Heike. «Con el tiempo, integrarán y defenderán esos valores que habrán vivido y practicado: sentirán la tierra como una extensión de ellos mismos, la cuidarán y la defenderán».

Ante cuestiones como el cambio climático o la pérdida de biodiversidad, la autora de *Educar en verde* recomienda contarles las cosas claras, pero sin caer en el excesivo alarmismo: «Si cargamos las tintas en la culpa por lo que estamos haciendo al planeta y el miedo a las consecuencias desastrosas, les transmitiremos esos sentimientos, además de una sensación de impotencia. Hay que favorecer en ellos el amor al planeta, antes que pedirles que lo salven».

La naturaleza como madre y maestra. Esa es la idea del último libro que se trae entre manos Heike Freire a partir de centenares de recuerdos de la infancia de gente de diferentes países, con distintos orígenes sociales, géneros, profesiones...

«Cuando pregunto a la gente que viene a mis talleres qué es lo que les aportó la naturaleza cuando eran niños, la mayoría me dicen que les ayudó a conectarse con ellos mismos. Creo que este retorno, este reencuentro con nosotras mismas, es la principal lección que nos imparte el mundo natural».

• • •

Los últimos niños en el bosque es uno de los libros que más han marcado mi vida de adulto. Como padre de tres hijos nacidos y crecidos en el duro asfalto, la falta de naturaleza en sus vidas empezaba a ser casi una obsesión. Por eso me caló tan hondo la obra de **Richard Louv**, que arrancaba con una pregunta ingenua y demoledora formulada en voz alta por su hijo Matthew: «Y dime, papá, ¿por qué lo pasabais mejor vosotros cuando erais niños?».

Richard Louv tiró de los recuerdos de aquella infancia perdida: las casas en los árboles, las cabañas en el bosque, los escondites en las espigas. Comparó su experiencia con la de los niños de la «generación Nintendo»: del coche a las actividades escolares, de las videoconsolas a las redes sociales...

No tardó en llegar a la conclusión de que nuestra infancia fue no solo más aventurera y divertida, sino también más sana. La obesidad, la depresión o la hiperactividad cada vez más comunes entre los niños son, a su entender, síntomas del «déficit de atención de la naturaleza».

«No se trata de una nueva enfermedad que se pueda tratar con medicamentos, sino de un auténtico trastorno social», nos explica Louv. «Estamos hablando de las mismas dolencias que aquejan a los animales cuando les sacas de su hábitat y los encierras en un zoo o en un laboratorio. Tan solo existe una cura posible: la vitamina N de Naturaleza».

Los últimos niños en el bosque ha creado todo un movimiento de vuelta a la naturaleza, encabezado por Children and Nature Network. Los clubs familiares de naturaleza brotan por doquier, y en las escuelas surgen programas como No Child Left Indoors para garantizar que los chavales gocen de las suficientes horas de aire libre. Los huertos escolares se propagan como esporas en ciudades como Nueva York, y en Suecia y en Escocia son ya populares las escuelas en el bosque.

«Lo que propongo no es un regreso nostálgico a una infancia que no existe», recalca Richard Louv. «Yo no me considero un padre antitecnológico, pero está claro que hace falta un equilibrio... Cuanta más tecnología incorporamos a nuestras vidas, más necesario es el contacto con la naturaleza, precisamente para compensar nuestra exposición a entornos artificiales».

«Para estimular en los niños la "biofilia", el amor a los seres vivos, es imprescindible que tengan experiencias a edades bien tempranas», sostiene Louv. «Hoy en día, muchos niños experimentan justo lo contrario: la "biofobia", el miedo a los entornos naturales. La siguiente generación tiene ante sí un reto que va más allá de la sostenibilidad: los niños van a tener que ser capaces de "crear naturaleza" en el futuro y de reinventar, por ejemplo, el modo en el que vive la mitad del planeta en las ciudades».

En uno de sus últimos libros, *The Nature Principle*, responde ahora a otra pregunta inquietante, formulada esta vez por una mujer entrada en años: «Usted habla de los niños, pero mírenos a nosotros. ¿Acaso los adultos no padecemos también el déficit de la naturaleza?».

Louv insiste en esta obra en las profundas contradicciones de la civilización occidental y en cómo afecta a los niños y a los menos niños: «En esta sociedad que hemos creado, cualquiera diría que para ser adulto hay que dejar atrás la naturaleza. Me gustaría ver un movimiento, similar al que existe ya entre educadores y padres, para traer la naturaleza a los barrios, a las casas y a los lugares de trabajo. Somos mucho más productivos cuando estamos en nuestro propio hábitat. La naturaleza es nutritiva...».

LA UTOPÍA PRÁCTICA

Lucho Iglesias y **Matricia Lana** se conocieron en un curso de permacultura en Brunete. Allí vivieron en comunidad y fueron alimentando el sueño de vivir en plena naturaleza en algún rincón de nuestra geografía. Al final encontraron su lugar en el mundo en Coín, a orillas del río Grande, en una finca que había estado abandonada durante catorce años y en la que crecían a duras penas los naranjos y brotaban por doquier las cañas. Así nació Caña Dulce, un vergel incomparable en el valle del Guadalhorce, a 30 kilómetros de Marbella, donde Lucho y Matri han ido dando forma a lo largo de veinte años y con el trabajo diario en equipo a su propia utopía. Los dos han cocreado también la Escuela de Permacultura. Ella está volcada hacia el «cuidado de la gente», él se dedica principalmente al «cuidado de la tierra».

«Tenemos todas las herramientas para hacer posible el paraíso», atestigua Lucho, una tercera parte de su vida dedicada a esta hectárea y media de terreno donde crece ahora una fronda comestible de naranjos, limoneros, melocotoneros, caquis, algarrobos, perales y hasta cuatrocientas variedades vegetales que convierten el bosque de Caña Dulce en «un superorganismo vivo».

Matri nació en Avilés, habituada desde niña al pulso entre la naturaleza y la industria en Asturias. Lucho se crio entre los bloques de ladrillo del barrio de la Concepción, en Madrid, y tuvo muy claro lo que quería ser de mayor cuando vio un documental sobre el australiano Bill Mollison, el padre de la permacultura…

«Descubrí de pronto que había una manera de diseñar asentamientos humanos sostenibles y en armonía con la naturaleza. Y que podemos hacer crecer maravillosos bosques comestibles, cultivar nuestros propios alimentos con el máximo respeto a la tierra y encontrar todo tipo de soluciones sobre la marcha. Porque la permacultura es ante todo muy práctica, ideal para construir poco a poco nuestra utopía».

«Utopía» es una de esas palabras que crea división sin remedio. Para unos, es poco menos que lo imposible. Para otros, es simplemente el lugar al que aún no hemos llegado, aunque no tardaremos. Lucho se encuentra sin duda entre estos últimos, y todo su afán es demostrar cómo nuestros sueños están más a mano de lo que creemos.

Utopía también es el título del documental de Lucho Iglesias y Álex Ruiz, ahí queríamos llegar. La película se estrenó antes de que golpeara la crisis del 2008, cuando hablar de agricultura ecológica, de los tejados verdes o de la banca ética era como remar contracorriente. Y, sin embargo, *Utopía* —premiada en el Festival Internacional de Cine del Medio Ambiente— tuvo una acogida entusiasta, duró cuatro meses en cartelera y supo sembrar a tiempo las semillas del cambio que despuntaba en el horizonte.

«Lo que ahora llamamos utopía posiblemente sea una realidad en treinta o cuarenta años, o incluso antes, al ritmo vertiginoso que están cambiando las cosas. Es increíble cómo se está dinamizando todo, y para mí el ejemplo más claro es la explosión de los huertos urbanos. La gente está descubriendo que el principal paso para empoderarse y para encontrar la fuente de salud y bienestar es precisamente cultivar tus alimentos».

Al cabo de los años, Lucho volvió a sentir la llamada del comunicador que lleva dentro con una segunda película. En *Cambio permanente* vemos el camino recorrido junto a su compañera Matri desde la construcción de su propia vivienda modular con materiales de la zona y asentada sobre una base de cantos rodados traídos del río. Podemos ver sus cambios personales, convertidos en padres de un hijo, al que criaron con apego en este hábitat incomparable.

Decenas de voluntarios e incontables estudiantes de bioconstrucción, yoga, cocinas vegana o autoconocimiento han contribuido a la metamorfosis del espacio, que ha ido creciendo hacia dentro y hacia fuera. Matri habla de la permacultura como «un camino de vida que deja un legado práctico a las generaciones venideras». La facilitación de grupos, el trabajo de procesos o la generación de confianza y vínculos es la parte hacia la que ella está volcada, mientras que Lucho familiariza a la gente con el aprecio y el cultivo de la tierra.

«Yo tenía claro que no quería vivir en la ciudad, aunque cuando vuelvo ahora a Madrid, a dar cursos y conferencias, me asombro de cómo funciona todo», reconoce Lucho Iglesias al pie de un naranjo. «Lo cierto es que uno viene con una idea idílica al campo y la experiencia te hace más realista. Cometes muchos errores y tienes algún que otro acierto, y así es como avanzas. El campo es un trabajo duro, de 12 a 14 horas muchos días. Pero a cambio te aporta algo que reconforta el alma».

Un día en la vida de Lucho y Matri arranca posiblemente con un paseo compartido por el bosque comestible, acompañados por su hijo y atraídos sin remedio por «la bendición de los cítricos»: naranjas dulces, naranjas sanguinas, mandarinas castellanas, clementinas... «La naranja es el alimento-medicamento básico. No hay palabras para describir todo lo que nos aportan. Son vitamínicas, depurativas, antioxidantes, estimulan nuestro sistema inmunitario... No podríamos vivir sin ellas».

Como buen permacultor, la misión fundamental de Lucho Iglesias consiste en «dinamizar» la finca, observar lo que funciona y lo que no, «buscar soluciones trabajando siempre con la naturaleza». El olor penetrante del purín de ortigas, aliado impagable del agricultor ecológico, nos saluda en la transición del bosque comestible hacia la huerta, con sus espacios de vida silvestre, los estanques, las zonas de relax, el bosque de ribera autóctono y los setos que van marcando suavemente los lindes.

«Todo va poco a poco en aumento, aunque la sensación que tienes siempre en el campo es que trabajas mucho para poco beneficio», reconocen Lucho y Matri. «Pero no nos podemos quejar: en un buen año podemos sacar 500 kilos de albaricoques, 200 de granadas, 200 de nueces. Aunque lo cierto es que ganas en muchas otras cosas. La tierra te da sobre todo paz y alegría».

Les pregunto cómo se imaginan este lugar al cabo de otros veinte años, aunque su sueño compartido va mucho más allá. «Nos gustaría ver que en el planeta brotan más y más proyectos de permacultura. Ya hay muchos, y lo bueno es que esta ciencia hermosa y multidisciplinar, permanente y cambiante al mismo tiempo, se adapta a todos los lugares y a todos los climas».

«Lo que nos preocupa es que en ese tiempo desaparezca la última generación con un conocimiento ancestral de la tierra», advierten los cofundadores de Caña Dulce. «Nosotros, con todo nuestro idealismo, no llegaremos nunca a esa relación simbiótica de nuestros abuelos. Nos reconforta, sin embargo, ver que cada vez hay más gente joven interesada por la permacultura. Esperemos que ellos sepan recoger y transmitir un legado de paz, salud y ecología».

• • •

Avanzando por la autovía A-7, serpenteando por esa Marbella «deluxe» venida a menos, llegamos a la salida 184 y enfilamos el majestuoso pico de la Concha. Conviene no liarse con el nombre de las urbanizaciones (Huerta del Prado, Lomas

Bellas, Montaña Marbella Club). Por un momento, en medio de ese laberinto hollywoodense, creeremos habernos perdido irremisiblemente.

Pero de pronto aparece el Arboretum Marbella: el bosque para la gente. Un inesperado vergel en lo que era un vertedero hace diez años. Un sabroso anticipo del otro mundo posible en plena Costa del Sol, con esa acogedora mimosa marcando la entrada con sus flores amarillas y convocando a decenas de vecinos bajo su sombra. Aquel día se sorteaban los huertos urbanos. Se repartían treinta lotes entre más de sesenta aspirantes. La alegría de unos y la decepción de otros se convirtió al final en entusiasmo compartido. Unos se comprometieron a hacer sitio a quienes no tuvieron suerte. Otros llegaron a pactos para quitar los lindes y fundir sus parcelas.

«A esto lo llamo yo no solo cultivar la tierra, sino cultivar conciencia», afirmaba con la emoción aún reciente **Alejandro César Orioli**, alma y fundador del Arboretum Marbella. Nacido en La Plata hace ya una cincuentena, Alejandro tuvo una vida anterior en Argentina, donde le picó como él dice «el bicho de la permacultura». El destino le llevó a la Costa del Sol, y aunque la crisis le golpeó duro, decidió echar raíces y empezar a transformar su entorno.

«La transición hacia un nuevo modelo hay que impulsarla sobre todo en lugares como Marbella. Otros pueblos y ciudades ya llevan tiempo marcando el camino, pero es aquí donde tenemos realmente un gran trabajo que hacer, recuperando el medio ambiente y creando comunidad, ayudando a crear espacios que salgan al encuentro de la nueva realidad económica y social».

Hace algo más de una década, la finca el Trapiche donde estamos era casi tierra de nadie, a merced de la burbuja inmobiliaria. Alejandro supo otear sin embargo las grandes posibilidades del terreno, a menos de kilómetro y medio del centro de Marbella y con vistas al mar. El proyecto se iba a llamar

Área de Recursos Ambientales, pero para darle algo más de personalidad se inclinaron por Arboretum: jardín dedicado primordialmente a árboles autóctonos y plantas leñosas. Las más de 10 hectáreas quedaron divididas en tres zonas: los huertos y el bosque comestible, el silvetum (con 130 especies de la comarca) y el corredor biológico del alcornocal subhúmedo (donde la prioridad fue devolverlo a su estado original). El Ayuntamiento dio su visto bueno, aunque el proyecto lo financiaron las grandes empresas establecidas en Marbella.

«Lo único que pedimos a las instituciones es que nos dejen hacer», apunta Alejandro. «Lo que necesitamos son espacios donde la gente se empodere realmente y se creen lazos muy fuertes. Es así como podemos realmente cultivar nuevos valores y convertirnos en protagonistas activos del cambio».

El Arboretum de Marbella tiene algo de frondoso laboratorio del futuro, con espacio para la bioconstrucción y el reciclaje, y con el huerto experimental de la entrada, donde confluyen los mayores que en su día trabajaron el campo y la nueva generación de hortelanos. Todos los años pasan por allí más de 7.000 visitantes, y la mitad son niños de las escuelas locales.

«Para nosotros es muy importante crear esa conexión y asegurarnos de que los niños tienen un contacto directo con la tierra y con los alimentos. Los mejores frutos que te puede dar la vida, las relaciones más intensas, se producen siempre en contacto con la naturaleza: bajo la sombra de un árbol, removiendo compost, esparciendo semillas».

Alejandro nos lleva finalmente a la parte más alta de la finca, con el espejismo del hotel Don Miguel a nuestras espaldas y la promesa del mar a lo lejos: «Yo imagino un futuro poblado de espacios como este, ganando sitio a la especulación, demostrando cómo se puede trabajar con la naturaleza para transformar sitios que a simple vista nos parecen irrecuperables».

MALALA

Malala de Maiwand fue una heroína pastún, venerada en Pakistán y Afganistán por haber inspirado la victoria sobre el ejército británico en 1880. A ella debe su nombre **Malala Yousafzai**, nacida poco más de un siglo después en una tierra en la que las mujeres se mueven como sombras y son conocidas directamente por su parentesco con el hombre de la casa: esposa de, hermana de...

«Malala es casi el único nombre de mujer reconocible en nuestra cultura, por eso lo eligió mi padre, como un desafío a la sociedad patriarcal en la que nos criamos. Es un nombre con connotaciones bélicas, que significa "valentía" y va ligado a la resistencia pastún. Pero tiene también otra connotación y puede significar "tristeza"».

Malala Yousafzai es una mujer valiente y nada triste, aunque reconoce que a veces tiene arranques de melancolía cuando piensa en su añorado valle de Swat, en Pakistán. Su padre, Ziauddin, era allí maestro de escuela, y ella creció gateando de clase en clase, moviéndose de pequeña entre libros y disfrutando de una infancia más o menos plácida, hasta que llegaron los talibanes.

«La educación es el futuro» fue la primera lección que recibió de su padre, defensor a ultranza de las escuelas seculares y el espíritu crítico frente al adoctrinamiento religioso de las madrasas, donde él mismo llegó a rezar y suplicar de niño: «Dios, hazme mártir».

Con esa impronta de rebeldía escrita en el nombre, cuando tenía doce años, Malala empezó a escribir un blog en la BBC en el que narraba los intentos de los talibanes por ocupar su valle y destruir las escuelas. Lo firmaba con seudónimo, pero su nombre y su rostro habían saltado las fronteras y su destino estaba ya escrito.

«¿Dónde está Malala?», preguntó de pronto un hombre armado que abordó el autobús escolar en el que viajaba en octubre del 2012. Disparó tres veces. No solo contra ella, también contra sus amigas Kainat Riaz y Shazia Ramzan. Malala resultó gravemente herida: una bala le alcanzó el lado izquierdo del rostro y estuvo varios días en estado crítico. Se temió por su vida, pero fue trasladada al hospital Queen Elizabeth de Birmingham, donde completó su rehabilitación intensiva, aunque nunca volvería a ser la misma.

«Lo que sufrimos mi familia y yo va por dentro», recordaba Malala a sus dieciocho años, mirando hacia atrás con sangre fría, con la voz templada y firme, en una entrevista que tuvimos en el 2015. «Aún tengo secuelas físicas en el lado izquierdo de mi rostro, no puedo sonreír como quisiera... Pero mi padre y yo firmamos un pacto de silencio sobre el tema. Es mejor dejar atrás el trauma y centrarnos en lo positivo, en cómo las cosas han cambiado y pueden cambiar aún más».

Malala había recibido el Premio Nobel de la Paz un año antes; su vida era un ir y venir por el mundo, precedida por el potente simbolismo de su nombre y de su causa. «La gente espera mucho de mí, es cierto. Pero yo también me exijo mucho, y este camino lo he elegido yo desde que decidí hablar por los derechos de todos los niños y niñas a recibir una educación».

Su padre, Ziauddin, aún no se separaba de ella y dejaba patente su huella en el documental *Él me llamó Malala*. Pero en el fondo sabía que estaba cercano el momento en que su hija, muy apegada también a su madre (Tor Pekai), reclamara su derecho a volar y acabara estudiando Filosofía y Políticas en Oxford, como la ex primera ministra paquistaní Benazir Bhutto (asesinada en el 2007).

Malala reconocía que su sueño es «intentar ser primera ministra», siempre y cuando fuera necesario para ver escolarizados a todos los niños y niñas de su país. «No me metería en política por ambición, sino para cambiar realmente las cosas, empezando por la educación. Quiero servir a mi país, y sueño con el momento en que pueda volver sin temer por mi seguridad o la de mi propia familia».

Con la firmeza de su recién conquistada mayoría de edad y en un inglés impecable, Malala reivindicaba sin titubear el poder de las mujeres como líderes. «A veces somos más fuertes que los hombres. No estoy hablando del poder del músculo o del poder del cuerpo. Se nos ha tachado como el sexo débil, cuando en realidad las mujeres tenemos formas más efectivas para ejercer el poder».

El islam, aseguraba, es «una religión de paz, humanidad y hermandad», tergiversada por un puñado de radicales. Impedir a las niñas ir a la escuela y forzar a las mujeres a salir acompañadas de casa son, a su entender, dos problemas más culturales que religiosos. Desde su privilegiada óptica y sin quitarse el hiyab («una mujer ha de tener el derecho a elegir lo que lleva puesto»), recalcaba todo lo que queda aún a las mujeres occidentales para conquistar la igualdad de género: «En muchos sectores, como la ciencia, tenemos aún poca representatividad. Y es imperdonable que los hombres sigan ganando mucho más por realizar el mismo trabajo».

«Feminismo» le resultaba de entrada una palabra «tramposa», pero después de escuchar a la actriz Emma Watson en el lanzamiento de la campaña HeForShe, decidió que había llegado el momento de definirse como tal: «Al principio dudaba porque es un término que provoca tantas reacciones negativas como positivas. Pero ahora me he dado cuenta de que es simplemente una palabra para definir la igualdad, y, de hecho, creo que hay muchos hombres feministas, empezando por mi padre».

Durante la crisis de los refugiados, Malala se implicó a fondo con su padre y visitó sobre el terreno los campamentos en la frontera de Siria con Jordania: «Los conflictos dejan sin escuela a más de 28 millones de niños en el mundo. Es muy trágico comprobar cómo el trauma de la guerra no solo destroza el presente, sino que deja a los más pequeños sin futuro. Eso es algo que no podemos tolerar».

A su paso por Canadá en el 2017, la activista pakistaní dio un paso más allá y estableció por primera vez el vínculo entre la educación y la defensa del medio ambiente: «Las niñas que estudian hoy en el mundo pueden tener la clave de los retos globales que tenemos por delante, como el cambio climático».

Los desastres naturales, como las inundaciones y los ciclones que asolan periódicamente el sur de Asia, recordó Malala, afectan principalmente a las mujeres. En episodios de clima extremo como las sequías en África, las niñas son normalmente quienes acarrean el agua con sus madres desde lugares muy lejanos y se ven obligadas a renunciar a la escuela.

En febrero del 2020, en la Universidad de Oxford, se produjo el insólito encuentro entre Malala Yousafzai y Greta Thunberg, que llevaban tiempo queriendo verse las caras y sellar alianzas. «Hoy he podido conocer a mi modelo a seguir. ¿Qué más puedo decir?», escribió Greta en las redes. A lo que Malala respondió con un guiño, refiriéndose a las huelgas climáticas: «Es la única amiga por la que faltaría a clase».

EDUCAR PARA LA VIDA

Poco a poco, y van ya más de veinte años, **Guillem Ferrer** ha ido haciendo camino en Mallorca. Primero, con ese «movimiento de personas para el cuidado de la tierra, el alma y la sociedad» que responde al curioso nombre de Poc a poc. Después, con los encuentros de Educació per la Vida, que han convertido Pollença en el referente obligado de educación holística. Y, finalmente, por ese viaje interior a la isla y a uno mismo por la senda del Camí de Lluc, con el reclamo de la Tramontana a lo lejos.

«El peregrino viaja por fuera para conocerse por dentro», recuerda Guillem, que antes que caminante y activista fue el alma del diseño de Camper, hasta que decidió explorar por su cuenta la vía de la simplicidad y del cambio social. «No hacen falta más zapatos», se dijo. Y, de hecho, lo que más le gusta es andar descalzo por su huerto en Mancor de la Vall, en su nuevo oficio de payés autosuficiente y comprometido.

Poco a poco, sin prisa pero sin pausa, Guillem Ferrer ha ido embarcando a sus amadas islas en una transformación interior, empezando por los cimientos de la educación. «El modelo de enseñanza, centrado exclusivamente en la mente, ha caducado. Los niños llevan un nuevo mundo en sus corazones y necesitan ejercitar también sus manos. Lo que aprenden en el colegio les aburre porque no les vale. Para que vuelvan a interesarse, hay que apelar a la conciencia y abrirles al mundo que les rodea. El objetivo primordial de la educación debería ser el autoconocimiento».

Mucho ha llovido desde que empezaron las *trobades* de Educació per la Vida, con Satish Kumar, Vandana Shiva, Fritjof Capra o Carlos González como maestros en el claustro del convento de Santo Domingo. Hablar de educación holística hace quince años era todo un sacrilegio. La idea de tener un huerto en cada escuela podía parecer entonces una utopía. Y, sin embargo, las semillas han dado sus frutos en una larga decena de centros realmente alternativos, con la ecoescuela de Sa Llavor marcando el camino.

Desde su altozano en Mancor de la Vall, en esa casa bioclimática abastecida por energía solar y custodiada por sus burras, Guillem Ferrer puede otear a lo lejos el alborozo escolar de Sa Llavor, homologada por la Consejería de Educación de las Islas Baleares y con el apoyo de Ecoliteracy de California. Otro de los grandes logros ha sido la primera ecoescuela pública de la isla, en Ses Marjades.

«Hemos logrado simultáneamente el despertar en las familias, la formación y la involucración de los profesores y la creación de centros experimentales. La educación holística tiene en cuenta todas las dimensiones del ser humano: cognitiva, social, emocional, artística, ecológica y espiritual. Hemos sacado a los niños de las aulas y hemos hecho hincapié en la trilogía cocina-huerto-bosque, que son lugares ideales para poner en práctica la biología, las matemáticas o la economía».

El nuevo paradigma, según Guillem Ferrer, empieza por un mejor conocimiento de uno mismo (espiritualidad) y del mundo que nos rodea (ecología), dos asignaturas inexistentes en los programas oficiales. «La educación para la vida es también la educación para la sostenibilidad: la capacidad para responder a las necesidades básicas de todos con lo que tenemos. Así es como funciona la naturaleza, creando y nutriendo comunidades. A nosotros nos toca hacer las conexiones y unir los puntos».

A la eterna pregunta «¿y saldrán igualmente preparados los niños en las escuelas holísticas?», Guillem no se cansa de responder: «La educación actual nos ha preparado para ser mejores consumidores y mejores trabajadores. La educación holística apunta sobre todo a preparar mejores personas, preparadas en el arte de vivir, dispuestas a ver las cosas de otra manera y a convertirse en coproductores de ese mundo en ciernes».

En sus encuentros anuales, Educació per la Vida abre el abanico a todo lo que está pasando en el planeta, y en el 2019 la atención se centró en Fridays for Future. «¿Qué ocurre cuando un grupo de estudiantes con conciencia y un grupo de profesores con conciencia unen sus fuerzas?», preguntó abiertamente Guillem Ferrer al medio millar de asistentes.

El claustro de Pollença fue testigo del singular hermanamiento de docentes y alumnos, que han trasladado el espíritu de las huelgas climáticas a Escoles pel futur, la red de centros comprometidos con el cambio climático y decididos a incorporarlo no solo en el currículum, sino también en la práctica de cada día.

Martina Dono, Marina Pascual y Marta Cifre, algo así como las tres Gretas mallorquinas, hicieron un llamamiento al movimiento inclusivo que está rompiendo moldes en la isla: «Aquí no hay límite de edad, ni por arriba ni por abajo. Todos somos agentes de cambio, en las escuelas o en nuestras propias familias, donde es necesario también un giro transformador. A veces cuesta porque la gente no se da cuenta de la dimensión del problema y de lo inminente que es. También es difícil convencerles de que los pequeños grandes cambios son importantes».

En el 2021, Guillem Ferrer pretende derribar definitivamente las barreras generacionales con un encuentro consagrado a la esperanza (de los jóvenes) y la experiencia (de los mayores). El activista infatigable está convencido de que se está gestando una auténtica revolución entre los jóvenes y que eso servirá para dar un nuevo rumbo a la isla en estos tiempos críticos y tras el impacto que el Coronavirus ha tenido en el turismo y en la economía.

A Mallorca, como a tantos otros lugares del planeta, le ha llegado el momento de mirarse hacia dentro, y Guillem Ferrer ve una íntima conexión entre el autoconocimiento y la relocalización: «En nuestro mundo interior podemos encontrar todas las respuestas. Podemos crear resiliencia con la meditación, el yoga o las prácticas espirituales. En el mundo exterior seremos capaces de encontrar las soluciones y crear resiliencia con el activismo comunitario. Pero no debemos caer en el engaño con el que hemos vivido hasta ahora. La conciencia de tu estado interior es más importante que lo que pase en el exterior».

Las pandemias, la contaminación, la codicia, la pérdida de biodiversidad o el cambio climático son, a su entender, manifestaciones «de la educación que hemos recibido en los últimos tiempos». «Sin la ecología y la espiritualidad en nuestras familias, en las escuelas y las universidades, la ignorancia y la violencia están servidas. Ahora la humanidad tiene una oportunidad para despertar a un nivel más alto de conciencia, si es que puede ir más allá del miedo».

• • •

«Tierra, alma, sociedad». Es la trilogía sagrada que **Satish Kumar**, peregrino y pensador, educador y activista, lleva divulgando desde hace casi dos décadas en Mallorca, la isla que inspiró el libro del mismo título y donde ahora cuenta con un centro demostrativo que lleva su nombre: Escola Kumar.

Año tras año, Kumar ha sentido la llamada del Mediterráneo y ha iluminado con su sabiduría ancestral y su afable sonrisa los encuentros de Educació per la Vida. A 15 kilómetros escasos de Palma, se ha ido forjando entretanto su particular visión de la educación holística, basada en el principio fundamental de «aprender haciendo». El autoconocimiento y la autosuficiencia son los dos pilares del centro en Sa Cabaneta, en la típica residencia familiar mallorquina, abierto a los educadores y los estudiantes que acaban la secundaria.

«La educación debe ser un entrenamiento de la mente, las manos y el corazón y debe desarrollar la capacidad de pensar, sentir y hacer», sostiene Kumar. «La educación es descubrir lo que somos para llegar a nuestro verdadero yo».

Pongamos que Satish Kumar nació hace algo más de ochenta años en Rajastán (India). De adolescente fue monje jainista, y a los dieciocho años se convirtió en apóstol de la no violencia. En 1963 recorrió sin dinero, en barco y a pie, los 12.000 kilómetros que separan las tumbas de Gandhi y de JFK, invitando a un «té de la paz» a los líderes de las potencias nucleares.

En el Reino Unido conoció a E. F. Schumacher, el autor de *Lo pequeño es hermoso*, que le invitó para que echara raíces en las colinas de Devon. Allí fundó The Small School y allí sigue al cabo de más de media vida, convertido en el alma del Schumacher College (la escuela internacional de educación integral). Su otra gran pasión durante años fue la revista *Resurgence*, que con el tiempo se fundió con *The Ecologist*, alternando la visión más espiritual y más reivindicativa de la ecología.

Autor de libros como *¿Turistas o peregrinos? Un peregrino de la Tierra* o *Tú eres, luego yo soy*, Kumar ha convertido la compasión y la interdependencia en el centro de sus enseñanzas, consagradas también a tender puentes entre ecología y economía.

«Conviene recordar que las dos palabras tienen la misma raíz en griego: *oikós*, que significa "casa". Una está dedicada al "conocimiento" y la otra a la "gestión". El problema es que durante muchos años hemos querido empezar la casa por el tejado. ¿Cómo se puede gestionar una casa sin antes conocerla? La economía tiene que ser subsidiaria de la ecología: no hay otro camino».

«La riqueza real está en la tierra y en los bosques, en las manos y en las comunidades humanas», sostiene Kumar. «Yo diría que estamos en los albores de un cambio desde abajo y desde lo local, sin necesidad de grandes líderes al estilo Gandhi. Nunca sabemos cuándo se producirá el giro, pero conviene recordar que a lo largo de la historia se han producido a veces cambios de una manera muy precipitada después de años de tenaces resistencias, como estamos viendo con el cambio climático».

Y los tres pilares del nuevo paradigma, asegura, serán la naturaleza, el individuo y la sociedad: «En esa trinidad se condensa la esencia de lo que somos, y a partir de ahí seremos capaces de avanzar hacia un nuevo modelo holístico e integrado, basado en la participación, en la diversidad y en la profunda interrelación de todo en esta vida».

Kumar extrae a su manera las lecciones de este tumultuoso siglo: «La vieja historia de separación tiene que dejar paso a la nueva historia de unidad entre lo interno y lo externo, entre la naturaleza y los humanos. Meditación y acción, intuición y razón, mente y materia se complementan entre sí. Necesitamos sanar las heridas causadas por la dualidad, los prejuicios y las divisiones con un bálsamo de amor incondicional hacia el planeta Tierra».

Y en momentos críticos como el que estamos, reivindica más que nunca el poder de la acción: «Nunca permitiremos que la desesperación disminuya nuestro optimismo. Los activistas tenemos que ser optimistas. El optimismo funciona. Con una esperanza duradera y un compromiso de vida, emprendemos el camino de la transformación. El activismo es un viaje y no un destino».

EPÍLOGO

BENDITA INQUIETUD

Un millón largo de organizaciones más o menos anónimas trabajan en silencio por el otro mundo posible. Nunca leeremos un titular así porque normalmente no hacen mucho ruido ni buscan la confrontación, aunque ocasionalmente salen a la calle. Pero manifestaciones hay todos los días (aunque ahora menos desde que se impuso el distanciamiento social) y los medios no tienden a darles importancia.

El autor, emprendedor y activista **Paul Hawken** tomó el pulso a ese mar de asociaciones repartidas por todo el planeta y las condensó en un libro, *Blessed Unrest*, en el arranque de la pasada década. El mundo se debatía entonces entre el abatimiento, la resignación y la austeridad en una crisis que iba para largo, o eso parecía.

«Nos quedan varios años de sombras», vaticinaba entonces Hawken en una mañana de intensa lluvia en Sausalito. «Pero hay un magma de cambio que se está gestando. Llega un momento en que la verdad no se puede ocultar más y va a acabar desbordándonos. Tenemos que tener paciencia y esperanza».

«El sufrimiento es un gran maestro», advertía Hawken en una lección igualmente válida para estos momentos. «Los tiempos difíciles nos hacen más creativos. Las situaciones duras nos obligan a mirarnos hacia dentro y a ver las cosas desde otra perspectiva, con más nitidez. Y ahora tenemos la suerte de crear, acceder y compartir información como nunca antes. Las ideas se propagan mucho más rápido y están aflorando realidades que durante mucho tiempo permanecieron escondidas».

«La gente está pasando a la acción, por eso soy optimista», proclama Hawken, que explora también el puente necesario entre esos dos mundos paralelos que rara vez caminan juntos: «Ningún movimiento de cambio social tiene sentido si no pasa por el cambio personal. Si uno quiere cambiar el mundo, primero tiene que estar convencido de que el mundo le necesita. Uno tiene que repetirse: "Yo soy el mundo", pero no de un modo egoísta, sino sintiéndose parte del todo».

Hawken apela también a un cambio de conciencia para dejar atrás los esquemas económicos y mentales que nos han metido en este callejón sin salida. «No podemos esperar a que un líder nos saque de este embrollo porque el liderazgo nos corresponde a nosotros. Los gobernantes, al fin y al cabo, están ahí para levantar la barrera cuando la presión de los ciudadanos se hace insostenible».

La primera vez que escuché a Paul Hawken, con su tono parsimonioso y reflexivo, fue a finales de los noventa en el cónclave anual de Bioneers, la tribu en la que confluían bajo el mismo paraguas emprendedores y ecologistas, científicos y filósofos, biólogos y sociólogos, artistas y líderes espirituales, unidos bajo un ambicioso lema: REVOLUCIÓN DESDE EL CORAZÓN DE LA NATURALEZA.

Aquellos encuentros en el «revolucionario» norte de California fueron la semilla de lo que ha terminado siendo este libro, que no hubiera sido posible sin las increíbles lecciones y los inolvidables encuentros con muchas de las personas que han ido apareciendo en estas páginas y otras que ya se fueron pero dejaron su huella indeleble.

Durante años, acompañado por el fotógrafo Isaac Hernández y ocasionalmente por el documentalista Pedro Barbadillo, la escapada a San Rafael desde Nueva York era obligatoria para despejar la neblina del día a día y asomarse al futuro.

Surgidos casi al mismo tiempo del lanzamiento de TED, a primeros de los años noventa, las conferencias de los «bioneros» pusieron el énfasis en la innovación para la sostenibilidad, al oreo de la Cumbre de la Tierra en Río, que popularizó el término.

«La sostenibilidad no es suficiente», aseguró sin embargo tiempo después Kenny Ausubel, cofundador junto a Nina Simons de Bioneers. «El término ha quedado desfasado por una sencilla razón: no podemos "sostener" la destrucción actual de la naturaleza. Tenemos que reparar todo el daño que hemos causado y afrontar los grandes problemas ambientales con la voluntad de encontrar soluciones».

«La hora de los lamentos quedó atrás», era otro de los mensajes lanzados por Ausubel, partidario de superar las batallas ecologistas que llevan cociéndose desde los años setenta y de dar un salto cualitativo hacia delante. «Este es el momento de pasar a la acción: no podemos esperar más. Las soluciones están delante de nuestros ojos: solo nos falta la determinación para aplicarlas lo antes posible y a gran escala».

La biomímesis, las ecomáquinas o el concepto *cradle to cradle* son algunas de las ideas lanzadas desde el foro de Bioneers que han acabado de despegar. El documental *La hora 11*, producido por Leonardo DiCaprio, giró en torno a esta tribu multidisciplinar y a la premisa de que el tiempo apremia, que el futuro del planeta dependerá de lo que seamos o no capaces de hacer en esta generación.

«Hemos querido ser una especie de antidepresivo global en estos tiempos que corren», recalcaba Kenny Ausubel, empeñado en estrechar el vínculo entre el medio ambiente y la salud. Fue en Bioneers precisamente donde Carolyn Raffensperger, al frente de la Red de Ciencia y Salud Ambiental, habló hace años del principio de precaución, adaptado ahora a los tiempos del Coronavirus.

«La idea es prepararse para un futuro difícil. Los que vivimos en el norte planeamos con antelación la llegada de la nieve y la posibilidad de quedarnos aislados. Esa debería ser ahora una de nuestras prioridades como sociedad: la creación de comunidades resilientes que puedan soportar mejor una pandemia, un desastre climático o una disrupción de las cadenas de alimentación. Lo ocurrido debería servirnos como lección: no hay peor enemigo que la complacencia».

• • •

Pese a llevar tres décadas viviendo fuera, cada viaje a España ha sido siempre para mí como una vuelta a casa. Madrid y Barcelona, y más tarde Sevilla, Vitoria o Málaga se fueron convirtiendo en ciudades muy cercanas. Mi empeño fue siempre trasplantar a nuestra cultura las ideas que funcionaban en otros países. Sobre la marcha descubrí que el cambio se estaba gestando por nuestras tierras más rápido de lo que pensaba.

Mi referencia fue durante muchos años BioCultura, en la Casa de Campo o en el Palau Sant Jordi. Recuerdo que en 1985, cuando yo empezaba a trabajar, el alcalde Enrique Tierno celebró la primera feria de productos ecológicos y consumo responsable en la capital como «un acontecimiento primordial para la vida en el futuro». No se equivocaba.

Durante aquellos años, BioCultura fue el cruce de caminos para todas esas alternativas que, pese a surgir en España con retraso, fueron ganando impulso año tras año. **Ángeles Parra** y la gente de Vida Sana tendieron el puente entre la ecología y la economía, y dieron la mayor visibilidad al sector «bio», mientras los activistas conspiraban por el otro mundo posible en las salas aledañas: ecoaldeas, agricultura urbana, cooperativas de consumo, monedas locales, nuevas economías...

«Nosotros practicábamos ya la economía del bien común cuando ni siquiera se había acuñado el concepto», recuerda Ángeles. «Muy pocos hablaban de productos ecológicos cuando empezamos. Pero lo que era una tendencia minoritaria se fue convirtiendo en un espacio abierto para todos, hasta el punto de congregar a más de 100.000 personas en cuatro días. La gente está despertando porque sabe que hay que encontrar una alternativa viable».

«Esta nueva "eco-nomía" se está gestando en realidad desde hace décadas y es ahora cuando empieza a dar frutos notables», señala la directora de BioCultura, que extiende ya sus redes por más de diez ciudades, incluida Lisboa. «Otra economía despunta porque otra sociedad se está abriendo paso. No soy futuróloga, pero sé que muchas personas van a apostar por esta nueva forma de hacer las cosas pensando en el bien social y planetario».

Desde la doble plataforma de Vida Sana y BioCultura, Ángeles experimentó y analizó así el impacto de la pandemia: «Es una oportunidad, intencionada o no, de confinarnos mentalmente con el miedo y con el empobrecimiento. Y es también una oportunidad para darle un gran giro a nuestra sociedad y a su modelo productivo y económico y comenzar la transición hacia la sostenibilidad. Aunque esto va a requerir una apuesta sin precedentes para la sociedad».

En BioCultura fui tejiendo precisamente la red que compone la parte española de este libro, que se fue ampliando con los años. Allí conocí a mis mejores amigos, como Manolo Vílchez, el mayor conocedor de la ecología autóctona, asociado entonces con **Jordi Miralles** en la Fundación Tierra, implicada en la educación ambiental con un bello lema: LOS PEQUEÑOS CAMBIOS SON PODEROSOS.

«Durante veinticinco años conseguimos introducir innovaciones para la ecología práctica», recuerda Jordi. «Desde las cocinas solares al primer "solardoméstico" para autogenerar electricidad verde desde cualquier enchufe casero, pasando por los talleres de horticultura urbana o por el concepto de funerales ecológicos».

Biólogo de formación, Jordi Miralles ha tenido siempre la virtud de hermanar a su gentil manera el activismo ecológico con la vertiente práctica y con una visión holística que le lleva a interpretar así lo que ha sucedido en el arranque de la década: «La primavera del 2020 ha sido la encrucijada en la forma de entender la habitabilidad del planeta. La epidemia fue posiblemente una invención para imponer nuevos paradigmas socioeconómicos y mantener el estatus de la clase dominante. Esta crisis sanitaria es la primera guerra sin destrucción de edificios que cambiará mentalidades y formas de vivir, especialmente cuando empiece la posguerra».

«Pero lo ocurrido es también una alarma para asumir la espiritualidad del ser humano en armonía con Gaia», sostiene Jordi. «Algunos sostienen que es Gaia quien ha creado el virus para que nos detengamos... En cualquier caso, este es solo el principio. No hay cambios inmediatos. La lucha entre seguir exprimiendo los recursos hasta la última gota o vivir en simplicidad vital y desde la compasión por el planeta no ha hecho más que empezar. Tenemos que diseñar un proyecto como civilización, y eso nos va a llevar varios lustros».

• • •

Este libro pretendía ser un compendio de lo posible en el arranque de la «década crítica». Lo impensable lo ha convertido sobre la marcha en algo distinto, acaso en un atisbo de esperanza a la salida del túnel. Su escritura ha estado sin embargo marcada por la tragedia de fondo y por todo lo que ha sucedido alrededor: del pánico inicial al aislamiento forzoso, del distanciamiento social a ese estado de vigilancia total que amenaza con perpetuarse más allá de la emergencia sanitaria.

«Muchas de las medidas de emergencia a corto plazo están aquí para quedarse», advertía Yuval Noah Harari, el pensador más influyente del siglo XXI, en una honda reflexión del mundo poscoronavirus en las páginas del *Financial Times*. «Decisiones que en tiempos normales llevarían años se toman en minutos. Tecnologías inmaduras y peligrosas se ponen en marcha porque el riesgo de la inacción es aún mayor. Países enteros sirven como conejillos de indias de experimentos sociales a gran escala».

El autor de *Sapiens* y *Homo Deus* nos prevenía contra ese estado de «vigilancia bajo la piel» que se ha implantado ya en China y que puede extenderse a otros países y propiciar un recorte de libertades sin precedentes. «En estos tiempos de crisis, nos enfrentamos a dos decisiones particularmente importantes», advertía Harari. «La primera es entre el Estado totalitario de vigilancia y el empoderamiento de los ciudadanos. La segunda es entre el aislacionismo nacionalista y la solidaridad global».

El gran dilema es también si esta crisis nos llevará a la parálisis o a la reacción, a una preocupante marcha atrás o a una proyección hacia un futuro necesariamente distinto. La pelota puede caer hacia un lado u otro del tejado, como apuntaba el historiador israelí: «Si elegimos la desunión y el aislamiento, no solo prolongaremos la crisis, sino que dará lugar a peores catástrofes en el futuro. Si elegimos la solidaridad global, será una victoria no solo contra el Coronavirus, sino también sobre todas las crisis que puedan asaltar a la humanidad en el siglo XXI».

Sostiene Harari que la cualidad esencial para este siglo imprevisible y trepidante es precisamente la resiliencia. «Nunca sabemos lo que nos deparará el futuro, pero tenemos que estar emocionalmente preparados para responder con flexibilidad mental y poder adaptarnos a los cambios», apunta el autor de *Sapiens*, que advierte cómo esa preciada cualidad no se aprende en los libros, sino por propia experiencia.

Lo impensable ha constituido, sin duda, un curso acelerado de resiliencia para toda la sociedad. Superado el trauma, tal vez hayamos salido vapuleados, pero también fortalecidos. Las circunstancias difíciles sacan muchas veces lo mejor de nosotros y nos permiten asomarnos al futuro con ansias renovadas. ¿A qué esperamos?

AGRADECIMIENTOS

Este libro no habría sido posible sin el impulso y la inspiración directa de dos grandes amigos y ecohéroes: Isaac Hernández (fotógrafo, explorador de la «otra América» y autor del documental *Better Together*) y Manolo Vílchez (pionero de las cocinas solares, entusiasta de la bicicleta y gran conocedor de nuestra geografía alternativa).

Muchas de las historias que aquí se cuentan vieron por primera vez la luz en las páginas de *El Mundo*, en la etapa irrepetible de Pablo Jáuregui como redactor jefe de Ciencia. Gracias al maestro Gustavo Catalán, y a Rosa Tristán y Pedro Cáceres, integrantes de la mejor sección de Ciencia y Medio Ambiente que imaginarse pueda. Gracias también a Miguel G. Corral por los momentos compartidos en la cumbre de París, y, por supuesto, a Teresa Guerrero, que mantuvo la llama viva a pesar de la pandemia.

Quiero enviar también una ola de gratitud a Mallorca, y a mi eterno anfitrión Guillem Ferrer, que año tras año convoca en la isla a un plantel de primera fila de la ecología mundial en Educació per la Vida. Reitero también mi agradecimiento a Ángeles Parra, el «alma» de BioCultura, y a Kenny Ausubel, artífice de Bioneers.

Gracias también a Montse Cano, Manu Corral y Claudina Navarro, compañeros de viaje en www.elcorreodelsol.com. Gracias a Toni Marín, editor de EcoHabitar, donde empezó a tomar cuerpo «la ciudad posible». Gracias también a

Integral, *Cuerpomente*, *Viure en Família* y otras publicaciones que me han abierto las puertas en las dos últimas décadas. Gracias a la gran familia de APIA (Asociación de Periodistas de Información Ambiental) por admitirme en sus filas pese a llevar media vida fuera de España y dedicado a otros asuntos.

Gracias finalmente a todos esos ecohéroes anónimos que trabajan día a día por un planeta mejor, allá donde estén.

Vallauri, Ugo, 359
Vílchez, Manolo, 107

Wadhams, Peter, 205
Walker, Liz, 71
Wallace-Wells, David, 144
Warhurst, Pam, 110
Weisman, Alan, 126
Wiking, Meik, 31

Wilson, Edward O., 129
Wolfe, George, 214

Yousafzai, Malala, 389

Zalasiewicz, Jan, 147
Zeidler, Liz, 65
Zeidler, Mark, 65